"十四五"普通高等教育本科部委级规划教材

基础化学实验

Jichu Huaxue Shiyan

张超　黄玉　郑青◎主编

中国纺织出版社有限公司

内 容 提 要

本书为基础化学实验课程适用教材，注重化学实验独立设课的基础性和系统性。全书分为八章，主要内容包括：化学实验中要求了解的实验室安全与环保、实验数据的采集与处理，仪器的认识、洗涤和干燥等实验基础知识；化学实验基本操作和实验技术；精选的经典无机化学实验、有机化学实验、分析化学实验、物理化学实验和仪器分析实验。本书对实验基本操作、实验技术和实验方法进行了较为详细而精炼的描述，适合作为化学、食品、生物、材料、环境、药学等相关专业的基础化学实验教材。

图书在版编目（CIP）数据

基础化学实验/张超，黄玉，郑青主编. --北京：中国纺织出版社有限公司，2022.7
“十四五”普通高等教育本科部委级规划教材
ISBN 978-7-5180-9477-6

Ⅰ. ①基… Ⅱ. ①张… ②黄… ③郑… Ⅲ. ①化学实验—高等学校—教材 Ⅳ. ①06-3

中国版本图书馆 CIP 数据核字（2022）第 059452 号

责任编辑：郑丹妮 国 帅　　责任校对：楼旭红
责任印制：王艳丽

中国纺织出版社有限公司出版发行
地址：北京市朝阳区百子湾东里 A407 号楼　邮政编码：100124
销售电话：010—67004422　传真：010—87155801
http://www.c-textilep.com
中国纺织出版社天猫旗舰店
官方微博 http://weibo.com/2119887771
北京市密东印刷有限公司印刷　各地新华书店经销
2022 年 7 月第 1 版第 1 次印刷
开本：787×1092　1/16　印张：18
字数：429 千字　定价：58.00 元

凡购本书，如有缺页、倒页、脱页，由本社图书营销中心调换

《基础化学实验》编委会

主　审　刘进兵（邵阳学院）

尹乐斌（邵阳学院）

主　编　张　超（邵阳学院）

黄　玉（邵阳学院）

郑　青（邵阳学院）

副主编（按姓氏笔画排序）

阳怡锋（邵阳学院）

杨腊祥（邵阳学院）

黄曦明（邵阳学院）

普通高等教育食品专业系列教材
编委会成员

前　言

化学是研究物质的组成、结构、性质、制备及应用的基础学科，和其他科学技术一样，是人类认识世界、改造世界的工具之一。而化学实验则是化学科学赖以形成和发展的基础，是检验化学科学知识真理性的标准。

本书主要面向大学低年级学生，重点介绍了化学实验基本原理、基本技能及一些经典的实验，教给学生进入后续相关领域如化学、生物学、地质学、化学工程与技术、食品科学与工程、材料科学与工程、环境科学与工程、药学等的基本化学实验技能和基本研究方法，介绍化学实验研究中所用到的各类仪器、设备及装置。

本书分为八章，包括化学实验中要求掌握的基本实验技术、实验室安全及环保问题，并列出了七十四个实验。本书由张超、黄玉和郑青主编，张超、黄玉、阳怡锋、郑青共同编写第一至三章内容，黄玉编写第四章内容，张超编写第五章内容，阳怡锋编写第六章内容，黄曦明编写第七章内容，杨腊祥编写第八章内容。郑青负责全书的整理和校正工作。

由于编者水平有限，书中疏误之处在所难免，敬请广大读者批评指正。

编者

2022 年 1 月

目　　录

第一章 绪论

第一节 实验须知

实验规则是人们在长期从事实验工作中总结出来的经验。遵守实验规则，可以确保实验安全、有序进行，可以减少甚至避免实验过程对环境造成的危害。化学实验中发生事故的主观原因主要是操作者的安全意识不强或者对化学实验的基本知识不了解。因此，同学们在进入实验室前必须认真学习本章知识，为后续顺利完成实验打下坚实的基础。

一、实验要求

为了保证实验顺利进行，要求学生必须做到以下几点：

①预习。进实验室前，必须认真预习实习内容，通过查阅参考资料、手册，了解各种原料和产品的理化性质，并按要求完成预习报告，标注出预习过程中遇到的问题。

②操作。实验过程要集中注意，规范操作，注意安全，时刻保持实验室和实验台面的整洁，不得离开岗位。

③记录。学生必须人手一个实验记录本，如实记录实验中观察到的现象和数据（对部分难以准确描述的现象可采用手机拍摄图片/视频方式记录下来），要养成随做随记的良好习惯，切不可等实验结束后凭回忆补写实验记录，更不能编造、修改或删减实验数据。

④实验报告。实验结束后应及时书写实验报告，内容可根据实验项目的具体情况而定。一般实验报告应包括：实验目的，实验原理，实验仪器、设备及装置图，原料规格及理化参数，实验步骤/记录，结果及处理，结果分析，实验心得等。

二、实验室注意事项

①遵守实验室各项规章制度。

②熟悉实验室的安全防护器材及灭火用具的存放位置，初次进入任一间实验室均需了解实验室东西陈设，知道水、电开关及垃圾桶、废液桶摆放位置。

③实验开始前应按实验项目需求领取仪器，公共仪器和用具应在指定的地点使用并保持整洁。要节约用水、电、煤气和药品，如有损坏仪器要办理登记换领手续。

④实验过程中产生的固体垃圾放在指定的地点，不得乱丢，更不得丢入水槽；废溶剂要倒入指定的容器中统一处理。

⑤实验结束后应报告指导老师，并将水、电、煤气关闭，将仪器清洗干净并放到指定位置。值日生应打扫实验室。

第二节　实验室安全

化学实验室是消防重点场所，非常容易发生安全事故，因此必须引起高度重视。

①实验室每一层楼要装有消防栓，每间实验室配备类型合适的灭火器和消防沙。

②实验室需装有喷淋器、洗眼器，配备防护眼罩、防火面罩和急救药箱，高压钢瓶有固定装置。

③当进行存在危险隐患的实验时，要根据实验情况采取必要的安全措施，如佩戴防护眼镜、面罩或橡胶手套等。

④使用易燃、易爆药品时，要远离明火，严禁在实验室内吸烟、吃东西，实验结束后要认真洗手。

一、实验室事故的预防

1. 火灾的预防

实验室中使用的有机溶剂大多数是易燃的，而且多数反应需要加热，因此在化学实验中防火就显得十分重要。预防火灾必须注意以下几点：

①实验装置安装要正确，操作必须规范，加热前必须再次检查。

②操作和处理易挥发、易燃试剂时不可存放在敞口容器内，要远离火源。加热时必须采用具有回流冷凝的装置，且采用水浴进行加热，切勿使容器密闭，否则，会造成爆炸。当附近有露置的易燃溶剂时，切勿点火。

③实验室内不得存放大量易燃物。

④蒸馏装置不能漏气，如发现漏气时，应立即停止加热，检查原因。接收瓶不宜用敞口容器如广口瓶、烧杯等，而应用窄口容器如锥形瓶等。在蒸馏低沸点易燃液体时，应注意将接收瓶出来的尾气用橡皮管引入下水道或室外。

⑤不得把燃着或者带火星的火柴梗、高温的固体残渣等丢入垃圾桶，否则极易发生危险。

2. 爆炸事故的预防

为了防止爆炸事故的发生，在实验室一定要注意以下事项：

①装置安装要正确，常压和加热系统一定要与大气相通，切不可密闭加热；减压系统中严禁使用锥形瓶、平底烧瓶等不耐压的仪器。

②切勿使易燃易爆的气体接近火源，H_2、C_2H_2、CS_2、乙醚及汽油的蒸气与空气或 O_2 混合，皆可因火花、电花而引起爆炸。

③在蒸馏醚类化合物如乙醚、四氢呋喃等之前，必须检查是否有过氧化物存在，如有过氧化物，必须先用硫酸亚铁除去过氧化物，再进行蒸馏，但蒸馏时切勿蒸干（除去乙醚中过氧化物的方法详见附录）。

④在使用易燃易爆物如氢气、乙炔或遇水会发生激烈反应的物质如（钾、钠等）时，要特别小心，必须严格按照实验要求操作。

⑤对于单独存在易爆炸的固体如重金属乙炔化物、苦味酸、三硝基甲苯、硝酸铵等不能

重压或撞击，以免引起爆炸，这些危险的残渣，必须小心销毁。例如，重金属乙炔化物可用浓盐酸或浓硝酸使它分解，重氮化合物可加水煮沸使它分解等。此外，部分化学试剂混合后可发生爆炸，如 $KMnO_4$ 加甘油或 S，NH_4NO_3 加锌粉和水滴等；强氧化剂与还原剂接触，也极易引起爆炸，故在使用氧化剂如 $KClO_3$、HNO_3、$HClO_4$ 和 H_2O_2 等时必须注意。

⑥对反应过于激烈的实验，应引起特别注意。有些化合物因受热分解，体系热量和气体体积突然猛增而发生爆炸，对这类反应，应严格控制加料速度，并采取有效措施，使反应缓慢进行。

⑦部分闪点低、但在实验室中又常用的溶剂（如石油醚、乙醚、丙酮），在使用时须远离火源、热源、电源。常见易燃液体的闪点如表 1-1 所示。

表 1-1　常见易燃液体的闪点*

液体名称	闪点/℃	液体名称	闪点/℃
汽油	-58~10	四氢呋喃	-17
石油醚	-50	乙酸乙酯	-4
乙醚	-45	甲苯	4
乙醛	-38	甲醇	10
正己烷	-23	乙醇	12
丙酮	-18	丁醇	29

*闪点：指在规定条件下，可燃液体加热到它的蒸气和空气组成的混合气体与火焰接触时，能产生闪燃的最低温度。闪点越低，燃爆危险性越大。

3. 中毒事故的预防

①剧毒药品应有专人负责收发，并告知使用者操作规程。实验后的有毒残渣必须作妥善而有效的处理，不准乱丢。

②接触剧毒物质时必须戴橡皮手套，操作后应立即洗手，切勿让毒品接触五官或伤口。

③反应中会产生有毒或腐蚀性气体的实验应在通风橱内进行并装有吸收装置，实验室内要保持空气流通，使用后的器皿应及时清洗，实验开始后不要把头部伸入通风橱内。

二、实验室事故的处理与急救

1. 火灾的处理

实验室一旦发生失火，应首先关闭电源，然后迅速把周围易燃物移开，遇到不同的火情应选择正确的灭火方式，灭火的原则是降温或隔绝空气。常用的灭火器及其使用范围如表 1-2 所示。

①若火势小，可用数层湿布把着火的仪器包裹起来。如在小器皿内着火（如烧杯或烧瓶内），可盖上石棉网等，隔绝空气而灭火，绝不能用口吹。

②如果油类着火，要用消防沙或灭火器灭火，也可撒上干燥的固体碳酸氢钠粉末。

③如果电器着火，应切断电源，然后用干粉灭火器灭火，但绝不能用水或泡沫灭火器灭火，以免触电。

④若衣服着火，切勿惊慌乱跑，应迅速脱下衣服或立即卧地打滚，或迅速以大量水灭火。

⑤无论使用哪种灭火器材，都应将灭火器的喷出口对准火焰的底部，从火的四周开始向中心扑灭。

表 1–2　常用的灭火器及其使用范围

灭火器类型	药液成分	适用范围
酸碱式	H_2SO_4、$NaHCO_3$	非油类、非电器的一般灭火
泡沫灭火器	$Al_2(SO_4)_3$、$NaHCO_3$	油类起火
二氧化碳灭火器	液态 CO_2	电器、小范围油类和忌水的化学品失火
干粉灭火器	$NaHCO_3$ 等盐类、润滑剂、防潮剂	油类、可燃性气体、电器设备、精密仪器、图书文件和遇水易燃药品的初起火灾

2. 割伤和烫伤

在玻璃加工或使用玻璃仪器时，常会因使用者操作不当而发生割伤。如果被玻璃割伤，应先取出玻璃碎片，洗净伤口后涂上碘酒，再用消毒纱布包扎。严重割伤而致大量出血时，应在伤口上方约 10 cm 处扎紧，防止大量出血并立即送医院医治。

在玻璃加工及加热等操作时，稍不留意便会发生烫伤，若发生烫伤，先用大量自来水冲洗（降温），然后在患处涂抹烫伤膏，烫伤严重者涂烫伤膏后立即送往医院。

3. 化学灼伤

强酸、强碱和溴等化学药品触及皮肤均可引起烧伤，因此在使用或转移这类药品时要做好防护措施并加倍小心。如果不小心被化学药品灼伤，应立即擦掉药品并用大量水冲洗，然后再用以下方法处理。

①酸灼伤。皮肤被酸液灼伤，立刻用大量流动清水冲洗（若被浓硫酸沾污时应先用干抹布吸去浓硫酸，然后用清水冲洗），再用 3%~5%碳酸氢钠溶液洗涤；眼睛溅入酸性试剂，应就近用大量清水或生理盐水彻底冲洗，如无冲洗设备，可将眼浸入盛清水的盆内，切忌因疼痛而紧闭眼睛，经上述处理后立即送医院眼科治疗。

②碱灼伤。皮肤被碱液灼伤，立刻用大量水冲洗，然后用 3%硼酸溶液或 1%~2%醋酸溶液进行进一步冲洗，再用水洗，涂上油膏；眼睛不慎溅有碱液，应先拭去眼外的碱液，然后用流动的清水冲洗，再用 1%硼酸溶液或 1%稀醋酸溶液洗涤。

③溴灼伤。应立即用酒精洗涤，然后涂上甘油或烫伤膏。

灼烧严重的经急救后速送医院治疗。

三、实验室废液的处理

实验室中经常会产生某些有毒的气体、液体和固体，都需要及时排弃，特别是某些剧毒物质，如果直接排出就可能污染周围空气和水源，损害人体健康。因此，对废液和废气、废渣要经过一定的处理后，才能排弃。

产生少量有毒气体的实验应在通风橱内进行。通过排风设备将少量毒气排到室外，使排出气在外面大量空气中稀释，以免污染室内空气。产生毒气量大的实验必须备有吸收或处理装置。如二氧化氮、二氧化硫、氯气、硫化氢、氟化氢等可用导管通入碱液中，使其大部分吸收后排出，一氧化氮可点燃转成二氧化氮。少量有毒的废渣常埋于地下（应有固定地点）。下面主要介绍一些常见废液处理的方法。

①无机实验中通常大量的废液是废酸液。废酸缸中废酸液可先用耐酸塑料网纱或玻璃纤维过滤，滤液加碱中和，调节 pH 至 7~8 后就可排出，少量滤渣可埋于地下。

②废铬酸洗液可以用高锰酸钾氧化法使其再生，重复使用。氧化方法为：先在 110~130℃下将其不断搅拌、加热、浓缩，除去水分后，冷却至室温，缓缓加入高锰酸钾粉末。每 1000 mL 加入 10 g 左右，边加边搅拌直至溶液呈深褐色或微紫色，不要过量，然后直接加热至有三氧化硫出现，停止加热。稍冷，通过玻璃砂芯漏斗过滤，去除沉淀；冷却后析出红色三氧化铬沉淀，再加适量硫酸使其溶解即可使用。少量的废铬酸洗液可加入废碱液或石灰使其生成氢氧化铬（Ⅲ）沉淀，将此废渣埋于地下。

③氰化物是剧毒物质，含氰废液必须认真处理。对于少量的含氰废液，可先加氢氧化钠调至 pH>10，再加入几克高锰酸钾使 CN^- 氧化成氰酸盐，并进一步分解为二氧化碳和氮气。

④含汞盐废液应先调节 pH 为 8~10，然后加适当过量的硫化钠生成硫化汞沉淀，并加硫酸亚铁生成硫化亚铁沉淀，从而吸附硫化汞共沉淀下来。静置后分离，再离心，过滤。清液汞含量降到 0.02 mg/L 以下可排放。少量残渣可埋于地下，大量残渣可用焙烧法回收汞，但要注意一定要在通风橱内进行。

⑤含重金属离子的废液，最有效和最经济的处理方法是加碱或加硫化钠把重金属离子变成难溶性的氢氧化物或硫化物沉积下来，然后过滤分离，少量残渣可埋于地下。

第三节　实验数据的记录与处理

一、测量误差与表示方法

1. 误差与偏差

准确度与误差：准确度是指测量值（x）与真实值（x_T）之间相差的程度，用误差表示。误差越小，表明测量结果的准确度越高。反之，准确度就越低。误差可以表示为绝对误差和相对误差。

绝对误差：
$$E_a = x - x_T$$

相对误差：
$$E_r = \frac{E_a}{x_T} \times 100\%$$

绝对误差和相对误差都有正值和负值，绝对误差只能显示出误差变化和范围，不能确切地表示测量精度。相对误差表示误差在测量结果中所占的百分比，测量结果的准确度常用相对误差表示。绝对误差可以是正值或是负值，正值表示测量值较真实值偏高，负值表示测量值较真实值偏低。

精密度与偏差：精密度是指在相同条件下多次测量结果相互吻合的程度，表现了测定结果的再现性。精密度用偏差表示。偏差越小，说明测定结果的精密度越高。

设一组多次平行实验测得数据为 x_1，x_2，…，x_n。

算术平均值：
$$\bar{x} = \frac{x_1 + x_2 + \cdots + x_n}{n} = \frac{1}{n}\sum_{i=1}^{n} x_i$$

绝对偏差：
$$d = x - \bar{x}$$

极差：
$$R = x_{max} - x_{min}$$

相对偏差：
$$RD = \frac{d}{\bar{x}} \times 100\%$$

绝对平均偏差：
$$\bar{d} = \frac{|d_1| + |d_2| + \cdots + |d_n|}{n} = \frac{1}{n}\sum_{i=1}^{n} |d_i|$$

相对平均偏差：
$$\mathrm{RMD} = \frac{\bar{d}}{\bar{x}} \times 100\%$$

（样本）标准偏差：
$$s = \sqrt{\frac{\sum_{i=1}^{n}(x_i - \bar{x})^2}{n - 1}}$$

其中 $n-1$ 称为自由度，用 f 表示。

上述各种偏差中，相对平均偏差是分析化学实验中最常用的表示方法。

由以上分析可知，误差是以真实值为标准，偏差是以多次测量结果的平均值为标准。误差与偏差，准确度与精密度的含义不同，必须加以区别。但是由于在一般情况下，真实值是不知道的，因此，处理实际问题时常常在尽量减小系统误差的前提下，用多次平行测量值的均值用来表示结果。

2. 误差的种类及其产生的原因

（1）系统误差

系统误差是某种固定的原因造成的。即所测的数据不是全部偏大就是全部偏小。系统误差的主要来源有：

①实验所根据的理论或采用的方法不够完善，这是一种影响最为严重的系统误差。

②所用的仪器构造有缺点，如天平两臂不等，仪器示数刻度不够准确，磨损或腐蚀的砝码等都会造成系统误差。

③所用的样品纯度不够高，如所用试剂中含有少量的杂质。

④实验时所控制的条件不合适，如控制恒温时，恒温槽的温度一直偏高或一直偏低等。

⑤实验者感官不够灵敏或者某些固有的习惯使读数有误差。例如在读取仪器刻度值时，有的偏高，有的偏低；在鉴定分析中辨别滴定终点颜色时有的偏深，有的偏浅；操作计时器时有的偏快，有的偏慢。在作出这类判断时，经常容易造成单向的系统误差。

系统误差是影响测量准确度的最重要因素，在同样条件下，测量次数的增加不能消除这种误差，只有找出误差的来源，才能将其消除。

（2）随机误差

随机误差也称偶然误差。这是由于一些难以控制的偶然因素引起的误差。由于引起原因有偶然性，所以误差是可变的，有时大，有时小；有时是正值，有时是负值，因此，随机误差是无法测量的，是不可避免的，也是不能加以校正的。造成随机误差的原因大致包括以下几个方面。

①实验者在每次读数时对仪器最小分度值以下的估读数很难做到完全准确。

②实验仪器中的某些活动的部件在指示测量结果时，不一定完全准确。

③测定过程中环境条件（温度、湿度、气压等）的微小变化。

随机误差是无法校正的，只有对物理量进行多次的重复测量，才能提高测量的精密度。

除上述两类误差外，还有因工作疏忽而引起的过失误差。如用错试剂、器皿不清洁、试剂加入量过多或不足、读数或计算错误、不严格按照分析步骤或按不准确的分析方法进行操作等均可引起很大的误差，这些都应力求避免。

（3）准确度与精密度的关系

系统误差反映测定结果的准确度；偶然误差反映测定结果精密度。测定结果准确度高，一定要精密度好，表明每次测定结果再现性好。若精密度很差，说明测定结果不可靠，已失去衡量准确的前提。有时测量精密度很好，说明其偶然误差很小，但不一定准确度就高。只有在系统误差小时或者相互抵消之后，才能做到精密度好、准确度高。因此，我们在评价测量结果的时候，必须将系统误差的影响结合起来，以提高测量结果的准确性。

3. 提高测量结果准确度的方法

为了提高测量结果准确度，应尽量减小系统误差、偶然误差和过失误差。认真仔细地进行多次测量，取其平均值作为测量结果，这样可以减小偶然误差并消除过失误差。在测量过程中，提高准确度的关键是尽量减小系统误差。

①校正测量仪器和测量方法。用国家校准方法与选用的测量方法相比较，以校正所选用的测量方法。对准确度要求较高的测量，要对所选用的仪器，如天平砝码、滴定管、移液管、容量瓶、温度计等进行校正。但准确度要求不高时（如允许相对误差$<0.1\%$），一般不必校正仪器。

②空白试验。空白试验是在同样测定条件下，用不含被测物的空白试样代替原样品（如用蒸馏水代替试液），用同样的方法进行实验，其目的就是消除由试剂带进杂质所造成的系统误差。

③对照试验。对照试验是用已知准确成分或含量的标准样品代替待测样品，在同样的测定条件下，用同样的方法进行测定的一种方法。其目的就是判断试剂是否失效、反应条件是否控制适当、操作是否正确、仪器是否正常运转等。

对照试验也可以用不同的测定方法，或由不同单位不同人员对同一样品进行测定来互相对照，以说明所选方法的可靠性。

二、有效数字与计算规则

1. 有效数字

有效数字可分为两类：一类是自然数，用以计量事物的件数或表示事物次序的数；另一类是有效数，是指在分析工作中实际能够测量到的数字。所谓能够测量到的数字是包括了最后一位估计的、不确定的数字。

有效数字的位数与被测物的大小和测量仪器的精密度有关。在化学实验中，经常需要对某些物理量进行测量并根据测得的数据进行计算。到底要取用几位有效数字，这要根据操作者所用的分析方法和测量仪器的精密度来决定。例如，用托盘天平称量某物为7.8 g，因为托盘天平只能精确到0.1 g，所以质量可表示为（7.8±0.1）g，它的有效数字是两位。如果将该物放在分析天平上称量，得到的结果是7.8125 g，由于分析天平能准确称量到0.0001 g，所以质量表示为（7.8125±0.0001）g，它的有效数字是5位。

2. 数字修约规则

在记录一个测量所得的数据时，数据中只应保留一位可疑数字。而在处理数据过程中，涉及到的各测量值的有效数字位数可能不同，需要根据有效数字中的计算规则，确定各测量值的有效数字位数。

应保留的有效数字位数确定之后，舍弃多余数字的过程称为数字修约。

修约规则："四舍六入五成双"。

即：被修约的尾数的首位≤4　　舍去

被修约的尾数的首位≥6　　进位

被修约的尾数的首位为5
- 5后为"0"
  - 进位后得偶数，则进位
  - 进位后得奇数，则不进位
- 5后有数

例如，将下列数据修约为两位有效数字

0.2146 → 0.21

7.36 → 7.4

7.451 → 7.5

7.45 → 7.4

7.35 → 7.4

3. 有效数字的使用规则

①加减运算。在进行加减运算时，所得结果的小数点后面的位数与各加减数中小数点后面位数最少者相同。

②乘除运算：在进行乘除运算时，所得的有效数字的位数，应与各数中最少的有效数字位数相同，而与小数点位置无关。

③对数运算：在进行对数运算中，真数有效数字的位数与对数的尾数的位数相同，而与首数无关。首数是供定位用的，不是有效数字。

④只有在涉及直接或间接测定物理量时才考虑有效数字，对那些不确定的数值、不连续物理量及从理论计算出的数值没有可疑数字，其有效数字位数可以当作无限，取用时可以根据需要保留。

三、化学实验数据记录和处理

1. 化学实验数据的记录

学生要有专门的实验记录本/实验报告本，标上页数，不得撕去任何一页。绝不允许将数据记在单页纸上、小纸片上，或随意记在其他地方。实验数据应按要求记在实验记录本或实验报告本上。

实验过程中的各种测量数据及有关现象，应及时、准确且清楚地记录下来，记录实验数据时，要有严谨的科学态度，要实事求是，切忌夹杂主观因素，绝不能随意拼凑或伪造数据。

实验过程中涉及的各种特殊仪器的型号和标准溶液浓度等，也应及时准确记录下来。记录实验数据时，应注意其有效数字的位数。用万分之一的分析天平称量时，要求记录至0.0001 g；滴定管及移液管的读数，应记录至0.01 mL。

2. 化学数据处理

为了表示实验结果并分析其中规律，需要将实验中记录的数据进行归纳和整理。通常处理实验数据有以下3种方法。

（1）列表法

在化学实验中，最常用的是函数表。将自变量 X 和应变量 Y 对应排成表格，以表示两者的关系。列表应注意以下几点：

①每一表格必须有简明的名称，即有表题。

②行名及量纲。将表格分为若干行，每一变量应占表格中一行，每一行的第一列写上该行变量的名称及量纲。如 P（压力）/Pa。

③每一行所记数字要排列整齐，小数点应对齐，应注意其有效数字位数。

④自变量的选择有一定灵活性。通常选择较简单的变量（如温度、时间、浓度等）作为自变量，公共的乘方因子应放在栏头注明。

（2）作图法

实验数据常要用作图来处理，作图可直接显示出数据的特点、数据变化的规律。根据作图还可求得斜率、截距、外推值等。因此，作图法是一种十分有用的数据处理方法。

作图法也存在作图误差，若要获得良好的图解效果，首先是要获得高质量的图形。因此，作图技术的好坏直接影响实验结果的准确性。下面就作图法处理数据的一般步骤和作图技术做简要介绍。

①准备材料。作图需要应用直角坐标纸、铅笔、透明直角三角板、曲线尺等。

②选取坐标轴。在坐标纸上画两条互相垂直的直线，一条为横轴，另一条为纵轴，分别代表实验数据的两个变量，习惯上以自变量为横坐标，应变量为纵坐标。坐标轴旁需要标明代表的变量和单位。

坐标轴上比例尺的选择。从图上读出有效数字与实验的有效数字要一致。每一格所对应的数据要易读且有利于计算。要考虑图的大小布局，要能使数据的点分散开，有些图不必把数据的零值放在坐标原点。若图形为直线，其与坐标轴的夹角最好保持在45°左右。

③标定坐标点。根据数据的两个变量在坐标内确定坐标点，符号可用×、⊙、△等表示。同一曲线上各个相应的标定点要用同一种符号。

④画出图线。用均匀光滑的曲线（或直线）连接坐标点，要求这条线能通过较多的点，不要求通过所有的点。没有被连上的点，也要均匀分布在曲线的两边。

（3）用电子表格 Excel 处理实验数据

Excel 是美国微软（Microsoft）公司的一种办公软件，有一系列版本。Excel 有友好的用户界面、卓越的数据处理和数据分析能力，它预装的各种函数多达245个，单是统计函数就有80个，用户还可以自行编辑各种公式，或将各个函数组合使用，各种图标化的提示与仅用鼠标就可进行的操作使一般人可以很快掌握基本的操作，而无需经过培训。方便的智能型复制功能，极大地减轻了计算工作量，并使大部分结果可以自动生成。

使用 Excel 可以使大量的计算工作变得快捷和准确，而且只输入一次原始数据就可以反复引用，有兴趣的同学可以参阅有关 Excel 的参考书。除了本文介绍的统计处理内容外，检验论文中常用的如显著性检验等统计操作也可在 Excel 中方便进行。

第四节　实验报告的书写

基础化学实验大致可分为三种类型：制备实验、测定性实验和验证性实验。

1. 制备实验

主要写出物质制备原理、流程、原料量、产量、产率、产品质量及性质等。原料经多步化工操作过程处理，最终得到产品。一般流程可用“框图”表示，每一操作可作为一个“框图”。

2. 测定性实验

该类型实验主要是测定数据及数据处理过程。所有原始数据都要记录准确无误，计算时应该有具体数据处理过程。

3. 验证性实验

主要是物质性质的验证，可加深对反应原理和物质性质的理解。一般可分为实验步骤、实验现象、反应方程式及解释、结论等。在实验报告中要注意这四部分应该一一对应。

具体实验报告内容的书写实例见附录九。

第二章　仪器的认识、洗涤和干燥

第一节　无机分析实验常用仪器

无机分析实验常用到的仪器见表 2-1。

表 2-1　无机分析实验常用的仪器介绍

仪器	规格	主要用途	使用方法和注意事项	理由
试管　离心试管	玻璃制品，分硬质和软质，有普通试管和离心试管（也叫离心机管）。普通试管又有翻口、平口，有刻度、无刻度，有支管、无支管，有塞、无塞之分。离心试管也有刻度和无刻度的 规格：有刻度的试管和离心试管按容量（mL）分，常用的有 5、10、15、20、25、50 等；无刻度试管按管外径（mm）×管长（mm）分，有 8×70、10×75、10×100、12×100、12×120、15×150、30×200 等	1. 在常温或加热条件下用作少量物质的反应容器，便于操作和观察 2. 收集少量气体 3. 支管试管还可检验气体产物，也可接到装置中 4. 离心试管还可用于沉淀分离	1. 反应液体不超过试管容积 1/2，加热时不超过 1/3 2. 加热前试管外面要擦干，加热时要用试管夹 3. 加热液体时，管口不要对人，并将试管倾斜与桌面成 45°，同时不断振荡，火焰上端不能超过管内液面 4. 加热固体时，管口应略向下倾斜 5. 离心试管不可直接加热	1. 防止振荡时液体溅出或受热溢出 2. 防止有水滴附着受热不匀，使试管破裂，以免烫手 3. 防止液体溅出伤人。扩大加热面防止暴沸，防止受热不均匀使试管破裂 4. 增大受热面，避免管口冷凝水流回管底而引起破裂 5. 防止破裂
烧杯	玻璃质，分硬质软质，有一般型和高型，有刻度和无刻度的几种 规格：按容量（mL）分，有 50、100、150、200、250、500、1000 等。此外还有 1、5、10 的微型烧杯	1. 常温或加热条件下作大量物质反应容器，反应物易混合均匀 2. 配制溶液 3. 代替水槽	1. 反应液体不得超过烧杯容量的 2/3 2. 加热前将烧杯外壁擦干，烧杯底要垫石棉网	1. 防止搅动时液体溅出或沸腾时液体溢出 2. 防止玻璃受热不均匀而破裂

续表

仪器	规格	主要用途	使用方法和注意事项	理由
锥形瓶	玻璃质，分硬质和软质，有塞和无塞，广口、细口和微型 规格：按容量（mL）分，有 50、100、150、200、250、500 等	1. 反应容器 2. 振荡方便，适用于滴定操作	1. 盛液不能太多 2. 加热应垫石棉网或置于水浴中	1. 避免振荡时溅出液体 2. 防止受热不均而破裂
滴瓶	玻璃质，分棕色、无色两种，滴管上带有乳胶头 规格：按容量（mL）分，有 15、30、60、125	盛放少量液体试剂或溶液，便于取用	1. 棕色瓶盛放见光易分解或不太稳定的物质 2. 滴管不能吸得太满，也不能倒置 3. 滴管专用，不得弄乱，弄脏	1. 防止物质分解或变质 2. 防止试剂侵蚀乳胶头
细口瓶	玻璃质，有磨口和不磨口，无色、棕色和蓝色 规格：按容量（mL）分，有 100、125、250、500、1000 等 细口瓶又叫试剂瓶	储存溶液和液体药品的容器	1. 不能直接加热 2. 瓶塞不能弄脏、弄乱 3. 盛放碱液应用胶塞 4. 有磨口塞的细口瓶不用时应洗净并在磨口处垫上纸条 5. 有色瓶盛见光易分解或不太稳定的溶液或液体	1. 防止玻璃破裂 2. 防止沾污试剂 3. 防止碱液与玻璃作用，使塞子打不开 4. 防止黏连，不易打开玻璃塞 5. 防止物质分解或变质
广口瓶	玻璃质，有无色、棕色，磨口和不磨口，磨口有塞，若无塞的上口是磨砂的则为集气瓶 规格：按容量（mL）分，有 30、60、125、250、500 等	1. 储存固体药品用 2. 集气瓶还用于收集气体	1. 不能直接加热，不能放碱，瓶塞不得弄脏、弄乱 2. 作气体燃烧实验时瓶底应放少许砂子或水 3. 收集气体后，要用毛玻璃片盖住瓶口	1. 防止玻璃破碎 2. 防止瓶破裂 3. 防止气体逸出

续表

仪器	规格	主要用途	使用方法和注意事项	理由
称量瓶	玻璃质，分高型、矮型两种 规格：按容量（mL）分：高型有 5、10、20、25、40 等。矮型有 5、10、15、30 等	准确称取一定量固体药品时用	1. 不能加热 2. 盖子是磨口配套的，不得丢失，弄乱 3. 不用时应洗净，在磨口处垫上纸条	1. 玻璃破裂 2. 易使药品沾污 3. 防止黏连，打不开玻璃盖
研钵	瓷质，也有玻璃，玛瑙或铁制品 规格，以口径大小表示	1. 研碎固体物质 2. 固体物质的混合	1. 大块物质只能压碎，不能舂碎 2. 放入量不宜超过研钵容积的 1/3 3. 易爆物质只能轻轻压碎，不能研磨	1. 防止击碎研钵和杵，避免固体飞溅 2. 以免研磨时把物质甩出 3. 防止爆炸
量筒	玻璃质 规格：按容量（mL）分，有 5、10、20、25、50、100、200 等 上口大下部小的叫量杯	用于量取一定体积的液体	1. 应竖直放在桌面上，读数时，视线和液面水平，读取与弯月面底相切的刻度 2. 不可加热，不可做实验（如溶解、稀释）容器 3. 不可量热溶液	1. 读数准确 2. 防止破裂 3. 加热会使容积不准确
移液管　吸量管	玻璃质，分刻度管型（吸量管）和单刻度大肚型（移液管）两种。还有完全流出式和不完全流出式 规格：按刻度最大标度（mL）分，有 1、2、5、10、25、50 等；微量的有 0.1、0.2、0.25、0.5 等 此外还有自动移液枪	精确移取一定体积的液体时用	1. 将液体吸入，液面超过刻度，再用食指按住管口，轻轻转动，使液面降至刻度后，用食指按住管口，移往指定容器上，放开食指，使液体注入 2. 使用时先用少量待取液润洗 3 次 3. 吸管残留的最后一滴液体，不要吹出（完全流出式除外）	1. 确保量取准确 2. 确保所取液浓度或纯度不变 3. 制管时已考虑

续表

仪器	规格	主要用途	使用方法和注意事项	理由
酸式滴定管 碱式滴定管	玻璃质，分酸式（具玻璃活塞）和碱式（具乳胶管连接的玻璃尖嘴）两种 规格：按刻度最大标度（mL）分，有25、50、100等。微量的有1、2、3、4、5、10等	滴定时用，或用于量取较准体积的液体时用	1. 用前洗净、装液前要用预装溶液润洗3次 2. 使用酸式管滴定时，用左手开启旋塞；碱管用左手轻捏橡皮管内玻璃珠，溶液即可放出，碱管要注意赶尽气泡 3. 酸管旋塞应涂凡士林，碱管下端橡皮管不能用洗液洗 4. 酸管、碱管不能对调使用	1. 保证溶液浓度不变 2. 防止将旋塞拉出而喷漏，便于操作；赶出气泡是为读数准确 3. 旋塞旋转灵活，洗液腐蚀橡皮 4. 酸液腐蚀橡皮，碱液腐蚀玻璃，使旋塞粘住而损坏
容量瓶	玻璃质 规格：按刻度以下的容量（mL）分，有5、10、25、50、100、250、500、1000等。也有塑料塞的	配制准确浓度溶液时用	1. 溶质先在烧杯内全部溶解，然后移入容量瓶 2. 不能加热，不能代替试剂瓶用来存放溶液	1. 配制准确 2. 避免影响容量瓶容积的精确度
长颈漏斗 漏斗	玻璃质或搪瓷质，分长颈和短颈两种 规格：按斗径（mm）分，30、40、60、100、120等 此外钢制热漏斗专用于热滤	1. 过滤液体 2. 倾注液体 3. 长颈漏斗常装配气体发生器，加液用	1. 不可直接加热 2. 过滤时漏斗颈尖端必须紧靠承接滤液的容器壁 3. 长颈漏斗作加热时斗颈应插入液面内	1. 防止破裂 2. 防止滤液溅出 3. 防止气体从漏斗溢出
布式漏斗	布式漏斗为瓷质，规格以直径（mm）表示 抽滤瓶为玻璃质。规格按容量（mL）分，有50、100、250、500等。两者配套使用	用于晶体或沉淀的减压过滤（利用抽气管或真空泵降低抽滤瓶中压力来减压过滤）	1. 不能直接加热 2. 滤纸要略小于漏斗的内径，才能贴紧 3. 先开抽气管，后过滤。过滤完毕后，先分开抽气管与抽滤瓶的连结处，后关抽气管	1. 防止玻璃破裂 2. 防止滤液由边上漏滤，过滤不完全 3. 防止抽气管水流倒吸

续表

仪器	规格	主要用途	使用方法和注意事项	理由
干燥管	玻璃质，还有其他形状的 规格：以大小表示	干燥气体	1. 干燥剂颗粒要大小适中，填充时松紧要合适，不与气体反应 2. 两端要用棉花团 3. 干燥剂变潮后应立即换干燥剂，用后应清洗 4. 两头要接对（大头进气，小头出气）并固定在铁架台上使用	1. 加强干燥效果，避免失效 2. 避免气流将干燥剂粉末带出 3. 避免沾污仪器，提高干燥效率 4. 防止漏气，防止打碎
洗气瓶	玻璃质，形状有多种 规格：按容量（mL）分，有 125、250、500、1000 等	净化气体用，反接也可做安全瓶（或缓冲瓶）用	1. 接法要正确（进气管通入液体中） 2. 洗涤液注入容器高度 1/3，不得超过 1/2	1. 接不对，达不到洗气的目的 2. 防止洗涤液被气体冲出
表面皿	玻璃质 规格：按直径（mm）分，有 45、65、75、90 等	盖在烧杯上，防止液体迸溅或其他用途	不能用火直接加热	防止破裂
蒸发皿	瓷质，也有玻璃、石英、铂制品，有平底和圆底两种 规格：按容量（mL）分，有 75、200、400 等	口大底浅，蒸发速度大，所以作蒸发、浓缩溶液用，随液体性质不同可选用不同材质的蒸发皿	1. 能耐高温，但不宜骤冷 2. 一般放在石棉网上加热	1. 防止破裂 2. 受热均匀
坩埚	瓷质，也有石墨、石英、氧化锆、铁或铂制品 规格：按容量（mL）分，有 10、15、25、50 等	强热、煅烧固体用。随固体性质不同可选用不同材质的坩埚	1. 放在泥三角上直接强热或煅烧 2. 加热或反应完毕后用坩埚钳取下时，坩埚钳应预热，取下后应放在石棉网上	1. 瓷质，耐高温 2. 防止骤冷而破裂，防止烧坏桌面

续表

仪器	规格	主要用途	使用方法和注意事项	理由
持夹 单爪夹 铁圈 铁架台	铁制品，铁夹现在有铝制的 铁架台有圆形的也有长方形的	用于固定或放置反应容器。铁圈还可代替漏斗架使用	1. 仪器固定在铁架台上时，仪器和铁架的重心应落在铁架台底盘中部 2. 用铁夹夹持仪器时，应以仪器不能转动为宜，不能过紧过松 3. 加热后的铁圈不能撞击或摔落在地	1. 防止站立不稳而翻倒 2. 过松易脱落，过紧可能夹破仪器 3. 避免断裂
毛刷	以大小或用途表示。如试管刷、滴定管刷等	洗刷玻璃仪器	洗涤时手持刷子的部位要合适。要注意毛刷顶部竖毛的完整程度	避免洗不到仪器顶端，或刷顶撞破仪器
试管架	有木质和铝制的，有不同形状和大小的	放试管用	加热后的试管应用试管夹夹住悬放架上	避免骤冷或遇水使之炸裂
(铜) (木) 试管夹	有木制、竹制，也有金属（钢或铜）制品，形状也不同	夹持试管	1. 夹在试管上端 2. 不要把拇指按在夹子的活动部分 3. 一定要从试管底部套上和取下试管夹	1. 便于摇动试管，避免烧焦夹子 2. 避免试管脱落 3. 操作规范化的要求
漏斗架	木制品，有螺丝可固定于铁架或木架上，也叫漏斗板	过滤时承接漏斗用	固定漏斗架时，不要倒放	以免损坏

续表

仪器	规格	主要用途	使用方法和注意事项	理由
三脚架	铁制品或铝制品，有大小、高低之分，比较牢固	放置较大或较重的加热容器	1. 放置加热容器（除水浴锅外）应先放石棉网 2. 下面加热灯焰的位置要合适，一般用氧化焰加热	1. 使加热容器受热均匀 2. 使加热温度高
燃烧匙	匙头铜质，也有铁制品	进行固气燃烧反应用	1. 放入集气瓶时应由上而下慢慢放入，且不要触及瓶壁 2. 硫黄、钾、钠燃烧实验，应在匙底垫上少许石棉或砂子 3. 用完立即洗净匙头并干燥	1. 保证充分燃烧，防止集气瓶破裂 2. 发生反应，腐蚀燃烧匙 3. 避免腐蚀、损坏匙头
泥三角	由铁丝捏成，套有瓷管，有大小之分	灼烧坩埚时放置坩埚用	1. 使用前应检查铁丝是否断裂，断裂的不能使用 2. 坩埚放置要正确，坩埚底应横着斜放在三个瓷管中的一个瓷管上 3. 灼烧后小心取下，不要摔落	1. 铁丝断裂，灼烧时坩埚不稳也易脱落 2. 灼烧更快 3. 以免损坏
药匙	由牛角、不锈钢、瓷或塑料制成，有大小、长短之分	拿取固体药品用。药匙两端各有一个勺，一大一小。根据用量大小分别选用	避免沾污试剂，发生事故	
石棉网	由铁丝编成，中间涂有石棉。有大小之分	石棉是一种不良导体，它能使受热物体均匀受热，避免造成局部高温	1. 应先检查，石棉脱落的不能用 2. 不能与水接触 3. 不可卷折	1. 起不到作用 2. 以免石棉脱落或铁丝锈蚀 3. 石棉松脆，易损坏

续表

仪器	规格	主要用途	使用方法和注意事项	理由
水浴锅	铜制品或铝制品	用于间接加热，也可用于粗略控温实验中	1. 应选择好圈环，使加热器皿没入锅中2/3 2. 经常加水，防止将锅内水烧干 3. 用完将锅内剩水倒出并擦干水浴锅	1. 使加热物品受热均匀 2. 防止将水浴锅烧坏 3. 防止锈蚀（如铜制品会生铜绿）
坩埚钳	铁制品，有大小、长短的不同（要求开启或关闭钳子时不要太紧或太松）	夹持坩埚加热或往高温电炉（马弗炉）中放或取坩埚（也可用于夹取热的蒸发皿）	1. 使用时必须用干净的坩埚钳 2. 坩埚钳用后，应尖端向上平放在实验台上（如温度很高，则应放在石棉网上） 3. 实验完毕后，应将钳子擦干净，放入实验柜中，保持干燥	1. 防止弄脏坩埚中的药品 2. 保证坩埚钳尖端洁净，并防止烫坏实验台 3. 防止坩埚钳锈蚀
螺旋夹 自由夹 自由夹	铁制品，自由夹也叫弹簧夹、止水夹或皮管夹等。螺旋夹也叫节流夹	在蒸馏水储瓶、制气或其他实验装置中关闭流体的通路。螺旋夹还可控制流体的流量	一般将夹子夹在连接导管的胶管中部，或夹在玻璃导管上。螺旋夹还可随时夹上或取下。应注意： 1. 应使胶管夹在自由夹的中间部位 2. 在蒸馏水储瓶的装置中，夹子夹持胶管的部位应常变动 3. 实验完毕，应及时拆卸装置，夹子擦净放入柜中	1. 防止夹持不牢，漏液或漏气 2. 防止长期夹持，胶管黏结 3. 防止夹子弹性减小和夹子锈蚀

第二节　有机实验常用玻璃仪器

有机实验常用的玻璃仪器有普通玻璃仪器和标准磨口玻璃仪器。

一、普通玻璃仪器

图 2-1 是有机化学实验常用的普通玻璃仪器，第一节中介绍过的玻璃仪器不再赘述。目前在大部分学校中这类仪器已被标准磨口仪器所取代，因此只做简单介绍。

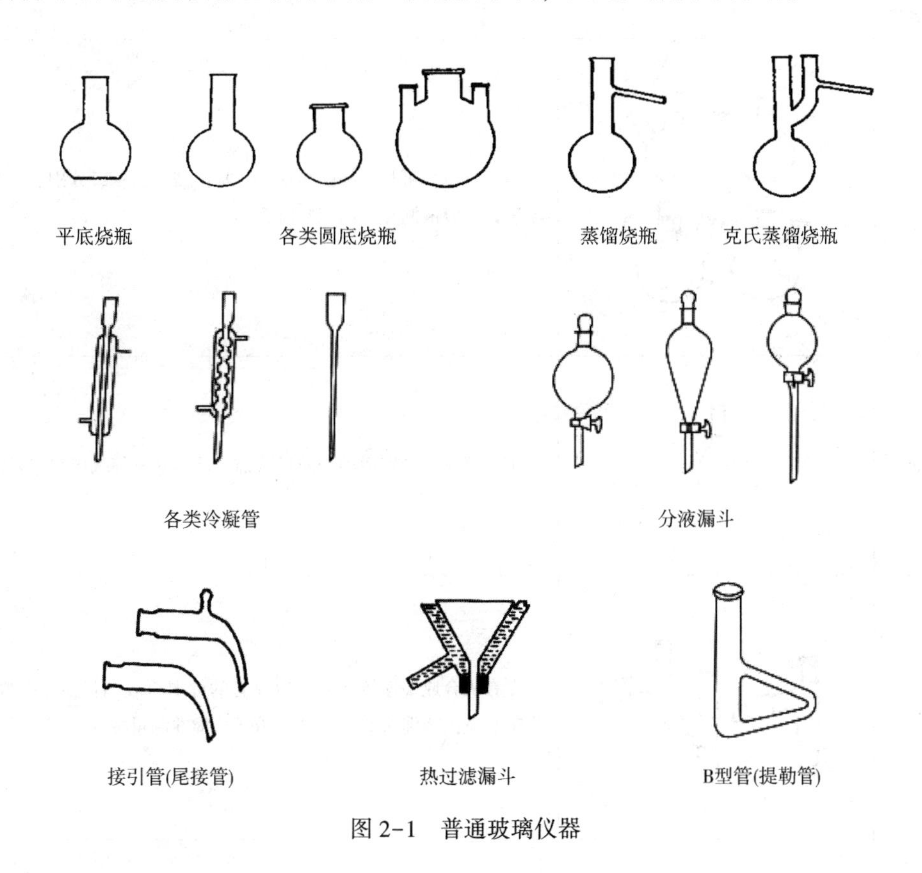

图 2-1　普通玻璃仪器

二、标准磨口玻璃仪器

标准磨口玻璃仪器是按国际通用的技术标准制造的，常用的标准磨口规格为 10、12、14、16、19、24、29、34、40 等，实验室常见的有 14、19、24 和 29，这里的数字编号是指磨口最大端的直径（mm）。有的标准磨口仪器用两个数字，如 19/26，表示大端的直径为 19 mm，磨口长度为 26 mm。使用时，同类规格的接口可任意互换，不同类型规格的部件可借助变径接头使之连接起来。使用标准磨口玻璃仪器既可免去配塞子的麻烦手续，又能避免反应物或产物被塞子沾污。使用标准磨口玻璃仪器时必须注意以下 4 点。

①磨口处应经常保持清洁，使用磨口仪器时一般不需涂润滑剂以免沾污产物，但在反应中若有强碱性物质时，则要涂以少量真空油脂或凡士林以防黏结，减压蒸馏时也要涂一些真空脂类的润滑剂，以增强磨砂接口的密合性。

②使用后应立即拆卸洗净。以防磨口连接处黏牢致使拆卸困难。

③装拆时应注意相对的角度，不能在角度偏差时进行硬性装拆，否则，极易造成破损。

④磨口套管和磨塞应该是由同种玻璃制成的，迫不得已时，才用膨胀系数较大的磨口

套管。

表2-2列出了常见标准磨口玻璃仪器及其应用。

表2-2　常见标准磨口玻璃仪器及其应用

玻璃仪器名称	图片	应用
烧瓶	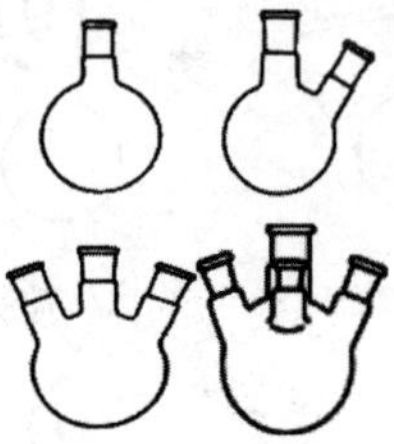	用于反应，可长时间强热使用，根据需要，瓶口分别安装搅拌器、温度计、滴液漏斗、回流冷凝管等
梨形烧瓶		用于反应，特别适用于减压蒸馏、旋转蒸发等减压浓缩装置
蒸馏头	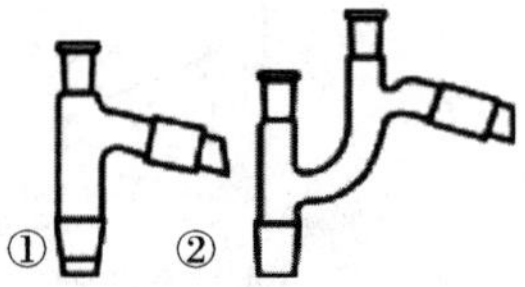 ①　②	在有机合成中连接烧瓶与冷凝管的标准口玻璃仪器，有普通蒸馏头①和克氏蒸馏头②（可用于减压蒸馏并测量蒸气温度）等
冷凝管1	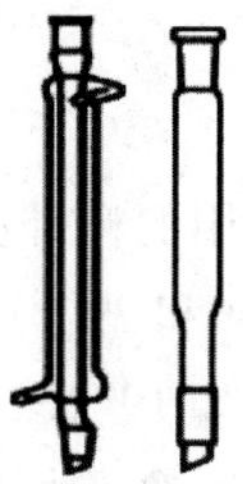	主要用于蒸馏，根据溶剂的沸点高低，选择不同的冷凝管。当蒸馏物沸点小于140℃选择直形冷凝管，超过140℃时，一般使用空气冷凝管，以免直形冷凝管通水冷却导致玻璃内外温差大而炸裂，不可用于回流
冷凝管2	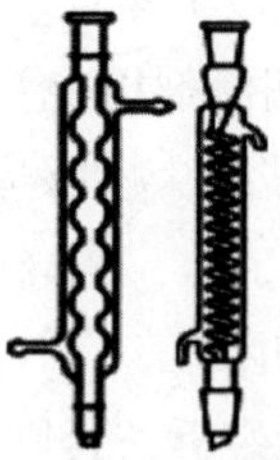	主要用于回流，蒸气冷凝后又流回反应体系，冷凝面积较直形冷凝管大，冷凝效率稍高。蛇形冷凝管主要用于冷凝收集沸点偏低的蒸馏产物或用于沸点低的液体回流

续表

玻璃仪器名称	图片	应用
尾接管	① ② ③ ④	做承接用，收集馏出的馏分，真空尾接管③可用于减压蒸馏装置等试验的馏分收集，当要接收多个馏分时，可采用三叉燕尾管④
分液漏斗		漏斗颈有一个玻璃旋塞（目前市售的也有聚四氟乙烯塞，可避免塞子黏结），主要用于萃取、分液操作
恒压滴液漏斗		恒压滴液漏斗可用于投加液体试剂或分液，它可保证内部压强不变，使漏斗内液体顺利流下
韦氏分馏柱		又称刺形分馏柱，每隔一段距离就有一组向下倾斜的刺状物，主要用于分离沸点差相近的液体混合物，较同样长度的填充柱分流效率低
变径接头		用于玻璃仪器的接口处，来调整口径大小不一的仪器
分水器		用于分离反应过程中生产的水，以提高可逆反应的效率

第三节　玻璃仪器的洗涤和干燥

一、常用玻璃仪器的洗涤

仪器用完后应养成立即清洗的习惯，清洗玻璃仪器的一般方法是把仪器和毛刷淋湿，蘸取肥皂粉或洗涤剂，刷洗仪器内外壁，除去污物后，用清水洗涤干净。若一般方法难于洗净污垢时，则根据污垢的性质选用适当的洗液进行洗涤。如酸性污垢可用碱性洗液洗涤；碱性污垢可用酸性洗液洗涤；有机污垢则用碱液或有机溶剂洗涤。

实验室较常用的几种洗液有强酸氧化剂洗液及酸、碱性溶剂洗液等。

（1）铬酸洗液

铬酸洗液是用重铬酸钾（$K_2Cr_2O_7$）和浓硫酸（H_2SO_4）配成，$K_2Cr_2O_7$ 在酸性溶液中有很强的氧化能力，对玻璃仪器又极少有侵蚀作用，所以这种洗液在实验室内使用广泛。清洗方法是：倾去器皿内的水，慢慢倒入洗液，让其充分浸润器壁，数分钟后把洗液倒回洗液瓶中，再用自来水冲洗器皿数遍；如果器壁上沾有少量碳化物，可加洗液浸泡一段时间后再小火加热至冒出气泡，碳化物可被除去。当洗液颜色变绿，表示洗液已经失效，可利用高锰酸钾活化。

活化方法：先在110~130℃下将其不断搅拌、加热、浓缩，冷却至室温，缓缓加入 $KMnO_4$ 粉末，每1 L加入10 g左右，边加边搅拌直至溶液呈深褐色或微紫色，然后直接加热至有 SO_3 出现，停止加热。稍冷，通过玻璃砂芯漏斗过滤，除去沉淀；冷却后析出红色 CrO_3 沉淀，再加适量硫酸使其溶解即可使用。

（2）碱性洗液

碱性洗液用于洗涤有油脂和一些有机物（如有机酸）的仪器，用此洗液是采用长时间（24 h以上）浸泡法或浸煮法。从碱洗液中捞取仪器时，要戴乳胶手套，以免烧伤皮肤。常用的碱洗液有：NaOH的乙醇溶液、碳酸钠液、碳酸氢钠液、磷酸钠液以及磷酸氢二钠液等。

（3）纯酸洗液

根据器皿污垢的化学性质，直接用浓盐酸（HCl）或浓硫酸（H_2SO_4）、浓硝酸（HNO_3）浸泡或浸煮器皿（温度不宜太高，否则浓酸挥发刺激人）。

（4）有机溶剂

当胶状或焦油状的有机污垢如用上述方法不能洗去时，可用汽油、甲苯、二甲苯、丙酮、酒精、乙酸乙酯等有机溶剂擦洗或浸泡。但用有机溶剂作为洗液浪费较大，能用刷子洗刷的大件仪器尽量采用碱性洗液，只有无法使用刷子的小件或特殊形状的仪器才使用有机溶剂洗涤，如活塞内孔、移液管尖头、滴定管尖头、滴定管活塞孔等，但要加盖以免溶剂挥发。用有机溶剂作为洗涤剂时，必须回收溶剂，重复使用。

若用于精制产品或供有机分析用的仪器，则自来水冲洗后还需用蒸馏水进行清洗。判断仪器是否已经清洗干净，采用的方式是：将玻璃仪器倒置，使自来水顺着器壁流下，内壁被水均匀润湿后留一层薄而均匀的水膜，且不挂水珠，则表示该玻璃仪器已被清洗干净。玻璃仪器洗净的标准示意图如图 2-2 所示。

洗净：水均匀分布(不挂水珠)

未洗净：器壁附着水珠(挂水珠)

图 2-2 玻璃仪器洗净的标准示意图

二、玻璃仪器的干燥

化学实验中经常要使用干燥的玻璃仪器，故要养成在每次实验后马上把玻璃仪器洗净并干燥的习惯，以便下次实验时使用。干燥玻璃仪器的方法有下列 3 种。

1. 自然风干

自然风干是指把已洗净的仪器在干燥架上自然风干，这是常用和简单的方法。但必须注意，若玻璃仪器洗得不够干净时，水珠便不易流下，干燥就会较为缓慢。

2. 烘干

把玻璃器皿顺序从上层往下层放入烘箱烘干，放入烘箱中干燥的玻璃仪器，一般要求不带有水珠。器皿口向上，带有磨砂口玻璃塞的仪器，必须取出活塞后，才能烘干，烘箱内的温度保持 100~105℃。干燥好后，待烘箱内的温度降至室温时才能取出。切不可把很热的玻璃仪器取出，以免破裂。当烘箱已工作时则不能往上层放入湿的器皿，以免水滴下落，使热的器皿骤冷而破裂。

3. 吹干

有时仪器洗涤后需立即使用，可使用吹干，即用气流干燥器或电吹风把仪器吹干。首先将水尽量沥干后，加入少量丙酮或乙醇摇洗并倾出，先通入冷风吹 1~2 min，待大部分溶剂挥发后，再吹入热风至完全干燥为止，最后吹入冷风使仪器逐渐冷却。

带有刻度的计量玻璃仪器，不能用加热的方法进行干燥，否则会因玻璃的热胀冷缩影响仪器的精密度。

除此之外，还有烤干、气流烘干、有机溶剂干燥法，常见玻璃仪器的干燥方法如图 2-3 所示。

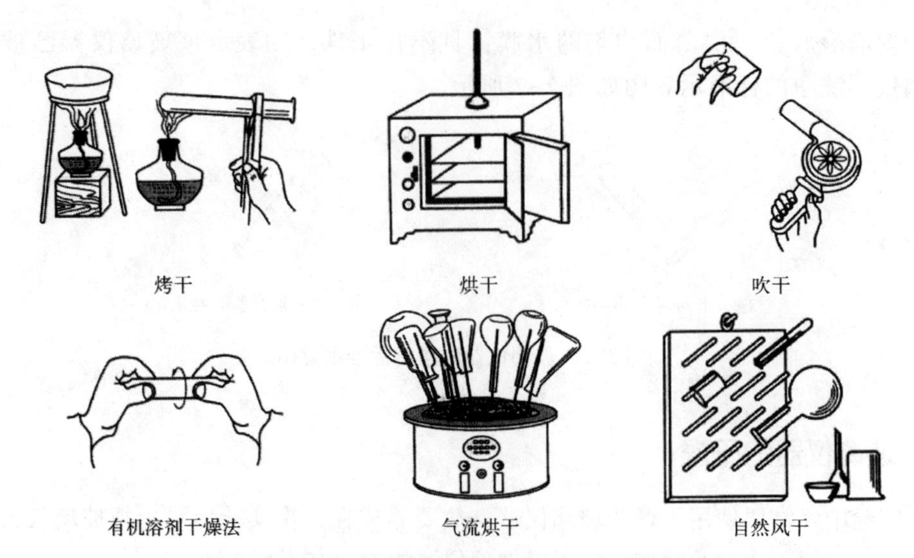

图 2-3　常用玻璃仪器的干燥方法

第三章　化学实验基本操作和实验技术

第一节　化学试剂的规格及取用

一、试剂的规格

化学试剂是用以研究其他物质组成、性状及其质量优劣的纯度较高的化学物质。化学试剂的纯度级别及其类别和性质，一般在标签的左上方用符号注明，规格则在标签的右端，并用不同颜色的标签加以区别。

化学试剂的纯度标准分五种：国家标准以符号“GB”表示，原化学工业部标准“HG”，原化学工业部暂行标准“HGB”。

按照药品中杂质含量的多少，我国生产的化学试剂（通用试剂）的等级标准基本上可分为四级，级别的代表符号、规格标志及适用范围如表 3-1 所示。

表 3-1　化学试剂的级别

级别	一级品	二级品	三级品	四级品	
名称	保证试剂（优级纯）	分析试剂（分析纯）	化学纯	实验试剂	生物试剂
英文名称	Guarantee Reagent	Analytical Reagent	Chemical Pure	Laboratorial Reagent	Biological Reagent
英文缩写	G. R.	A. R.	C. P.	L. R.	B. R.
瓶签颜色	绿	红	蓝	棕或黄	黄或其他色

试剂选用应根据实验的不同要求选用不同级别的试剂。在一般基础化学实验中，化学纯级别的试剂就已符合实验要求，但在有些实验中要使用分析纯级别的试剂。

随着科学技术的发展，对化学试剂的纯度也越加严格，越加专门化，因而出现了具有特殊用途的专门试剂。如高纯试剂，以符号 CGS 表示；色谱纯试剂，以符号 GC、GLC 表示；生化试剂以符号 BR、CR、EBP 表示等。

二、试剂的存放

试剂存放的容器和方法如下。

①细口试剂瓶。用于保存溶液试剂，通常为玻璃制品，也有聚乙烯制品，有无色和棕色两种，遇光易变化的试剂（如硝酸银等）用棕色瓶。玻璃瓶的磨口塞各自成套，注意不要混

淆，聚乙烯瓶盛苛性碱较好。

②广口试剂瓶。用于装少量固体试剂，有无色和棕色两种。

③滴瓶。用于盛逐滴滴加的试剂，例如指示剂，也有无色和棕色两种。使用时用中指和无名指夹住胶头和滴管的连接处，捏（松）住（开）胶头，以吸取或放出试液。

④洗瓶：内盛蒸馏水，主要用于洗涤沉淀，原来是玻璃制品，目前几乎由聚乙烯瓶代替，只要用手捏一下瓶身即可出水。

三、试剂的取用

1. 试剂瓶塞子打开的方法

欲打开市售固体试剂瓶上的软木塞时，可手持瓶子，使瓶斜放在实验台上，然后用锥子斜着插入软木塞将塞取出。即使软木塞渣附在瓶口，因瓶是斜放的，渣不会落入瓶中，可用卫生纸擦掉。

盐酸、硫酸、硝酸等液体试剂瓶，多用塑料塞（也有用玻璃磨口塞的）。塞子打不开时，可用热水浸过的布裹上塞子的头部，然后用力拧，一旦松动，就能拧开。

细口试剂瓶塞也常有打不开的情况，此时可在水平方向用力转动塞子或左右交替横向用力摇动塞子，若仍打不开时，可紧握瓶的上部，用木柄或木锤从侧面轻轻敲打塞子，也可在桌端轻轻叩敲，请注意，绝不能手握下部或用铁锤敲打。

用上述方法还打不开塞子时，可用热水浸泡瓶的颈部（即塞子嵌进的那部分）。也可用热水浸过的布裹着，玻璃受热后膨胀，再仿照前面做法拧松塞子。

2. 试剂的取用方法

每一试剂瓶上都必须贴有标签，写明试剂的名称、浓度和配制日期，并在标签外面涂上一薄层蜡来保护它。

取用试剂药品前，应看清标签。取用时，先打开瓶塞，将瓶塞反放在实验台上。如果瓶塞上端不是平顶而是扁平的，可用食指和中指将瓶塞夹住（或放在清洁的表面皿上），绝不可将它横置桌上以免沾污。不能用手接触化学试剂。应根据用量取用试剂，这样既能节约药品，又能取得好的实验结果。取完试剂后，一定要把瓶塞盖严，绝不允许将瓶盖张冠李戴。然后把试剂瓶放回原处，以保持实验台整齐干净。

（1）固体试剂的取用

①要用清洁、干燥的药匙取试剂。药匙的两端为大小不同的两个匙，分别用于取大量固体和少量固体。应专匙专用。用过的药匙必须洗净擦干后才能再使用。

②注意不要超过指定用量取药，多取的不能倒回原瓶，可放在指定的容器中供他人使用。

③要求取用一定质量的固体试剂时，可把固体放在干燥的纸上称量。具有腐蚀性或易潮解的固体应放在表面皿上或玻璃容器内称量。固体的颗粒较大时，可在清洁干燥的研钵中研碎。研钵中所盛固体的量不要超过研钵容量的1/3。

④往试管（特别是湿试管）中加入固体试剂时，可用药匙或将取出的药品放在对折的纸片上，伸进试管约2/3处（图3-1、图3-2）。加入块状固体时，应将试管倾斜，使其沿管壁慢慢滑下（图3-3），以免碰破管底。

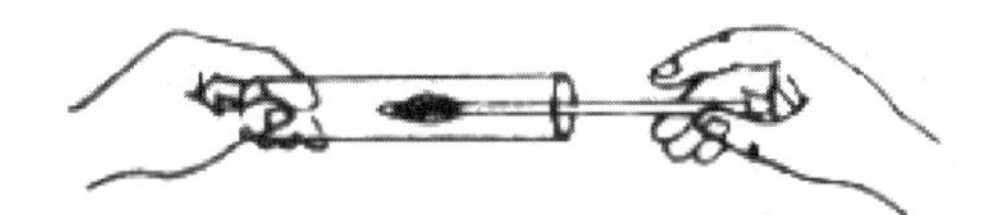

图 3-1　用药匙往试管里送入固体试剂

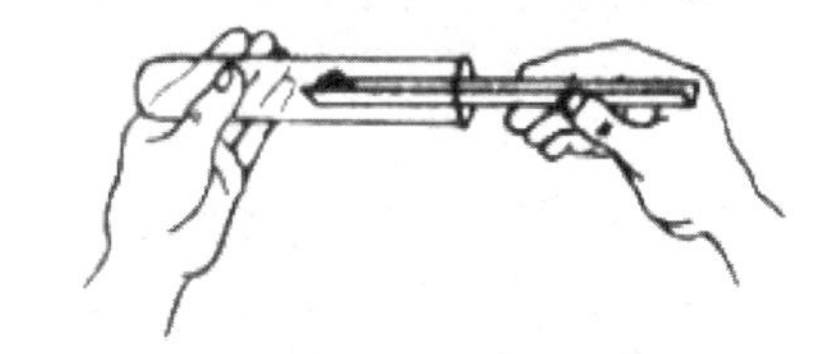

图 3-2　用纸槽往试管里送入固体试剂

图 3-3　块状固体沿管壁慢慢滑下

⑤要求准确称取一定质量的固体试剂时，可直接称量，也可用称量瓶按减重法进行称量，即称取试剂的量是由 2 次称量的差来计算的。操作步骤是：取一个洗净并干燥的称量瓶，在台秤上粗称其质量，将比需要量稍多的试剂放进称量瓶，然后在分析天平上精确称量，称准至 0. 1 mg。再自天平中取出，将它拿到准备盛放试样的烧杯上方，打开瓶盖，使称量瓶倾斜，用瓶盖轻轻敲击瓶口上部，使试剂慢慢落入烧杯中，当估计倾出的试剂已够量时，仍在烧杯上方一边轻轻敲击瓶口，一边将瓶竖起，使黏在瓶口的试剂落入瓶中或烧杯中，然后盖好瓶盖再在天平上准确称量（如果倒出试剂不足量，则重复上述操作，直到符合要求为止）。2 次质量之差值即烧杯中试剂的质量。

在使用称量瓶时要注意不能直接用手拿取，因为手的温度高而且有汗，会使称量结果不准确，因此在拿取称量瓶和瓶盖时应先用洁净的纸条叠成两三层厚的纸带，分别将它们套在称量瓶和瓶盖上，再用手捏住纸条操作（图 3-4）。

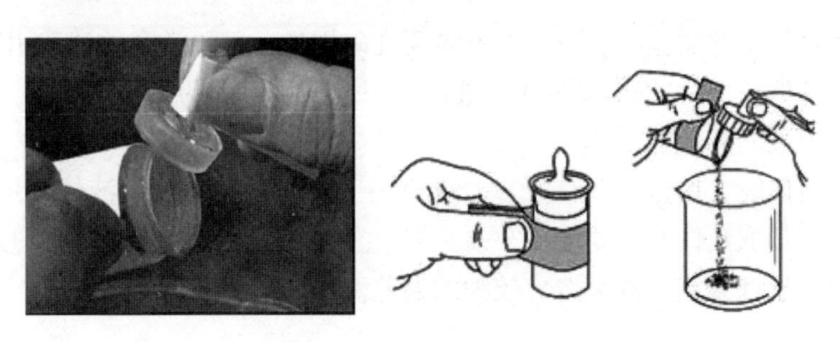

图 3-4　称量瓶的拿法及从称量瓶中取出试剂

⑥有毒药品要在教师指导下取用。

（2）液体试剂的取用

①从滴瓶中取用液体试剂时，要用滴瓶中的滴管，滴管决不能伸入所用的容器中，以免接触器壁而沾污药品（图 3-5）。如用滴管从试剂瓶中取少量液体试剂时，则需用附于该试剂瓶的专用滴管取用。装有药品的滴管不得横置或滴管口向上斜放，以免液体流入滴管的橡皮头中。

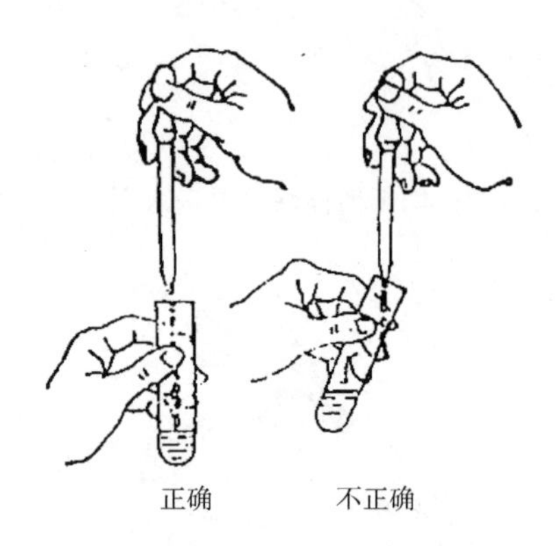

图 3-5　滴液滴入试管的方法

②从细口瓶中取用液体试剂时，用倾注法。先将瓶塞取下，反放在桌面上，手握住试剂瓶上贴标签的一面，逐渐倾斜瓶子，让试剂沿着洁净的试管壁流入试管或沿着洁净的玻璃棒注入烧杯中（图 3-6）。注出所需量后，将试剂瓶口在容器上靠一下，再逐渐竖起瓶子，以免遗留在瓶口的液滴流到瓶的外壁。

图 3-6　倾注法

③在试管里进行某些实验时，取试剂不需要准确用量，只要学会估计取用液体的量即可。例如用滴管取用液体，1 mL 相当多少滴，液体占一个试管容量的几分之几等。倒入试管里溶液的量，一般不超过其容积的 1/3。

④定量取用液体时，用量筒或移液管。量筒用于量度一定体积的液体，可根据需要选用不同容量的量筒。量取液体时，要按图 3-7 所示，使视线与量筒内液体的弯月面的最低处保持水平，偏高或偏低都会读不准而造成较大的误差。

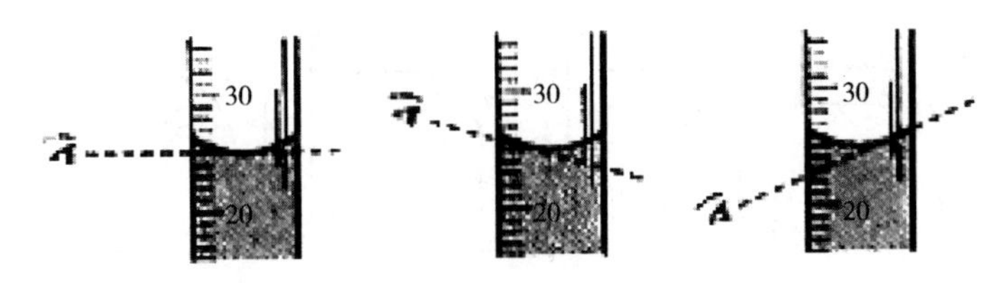

图 3-7　读取量筒内液体的体积

第二节　简单玻璃管的加工和塞子的钻孔

一、玻璃管的加工

1. 截割和熔烧玻璃管

第一步：锉痕。将玻璃管放在小木块上，用锉刀向前或向后迅速、用力锉出一道划痕，不是往复锯。

第二步：截断。两手大拇指齐放在划痕的背后向前推压，同时食指向外拉。

第三步：熔光。前后移动并不停转动，熔光截面。灼热的玻璃管应放在石棉网上冷却，不要用手去摸，以免烫伤。

2. 弯曲玻璃管

第一步：烧管。加热时均匀转动，左右移动用力匀称，稍向中间渐推（图 3-8）。

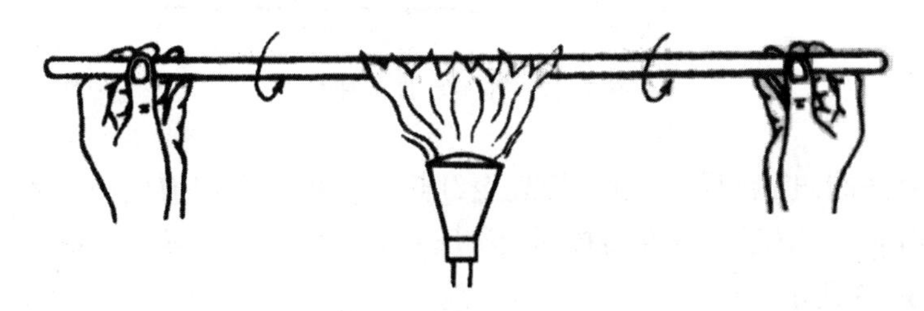

图 3-8　加热玻璃管的方法

第二步：弯管。掌握火候，取离火焰用“V”字形手法，弯好后冷却变硬再撒手（弯小角管时可多次弯成，如图 3-9 所示先弯成 M 部位的形状，再弯成 N 部位的形状）。弯管好坏的比较和分析如图 3-10 所示。

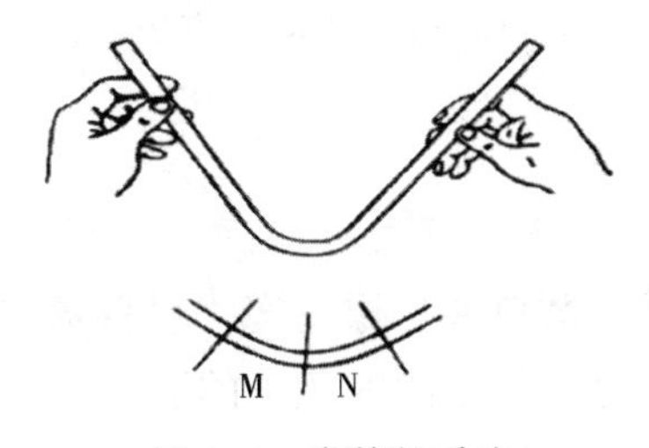

图 3-9　弯管的手法

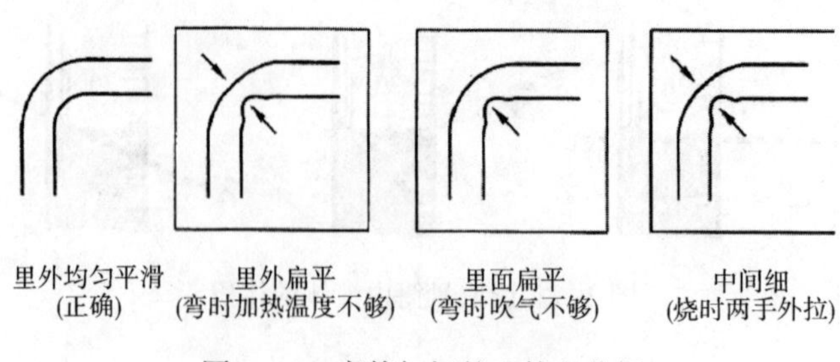

图 3-10　弯管好坏的比较和分析

3. 制备滴管（拉制玻璃管）

第一步：烧管。同上，但要烧得时间长，玻璃软化程度大些。

第二步：拉管。边旋转，边拉动，控制温度使狭部至所需粗细（图 3-11）。拉管好坏的比较如图 3-12 所示。

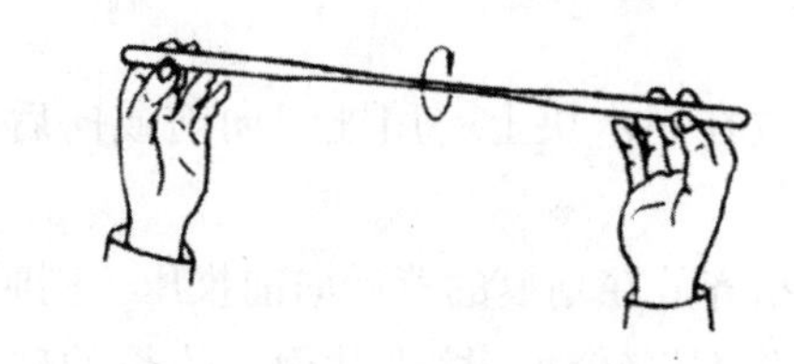

图 3-11　拉管的手法

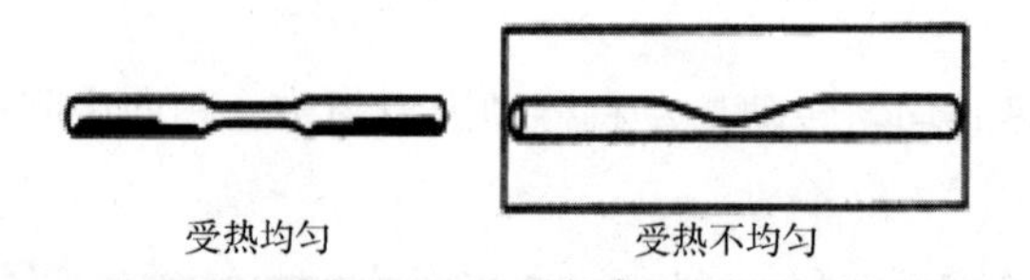

图 3-12　拉管好坏的比较

第三步：扩口（例如制滴管）。管口灼烧至红热后，用金属锉刀柄斜放管口内迅速而均匀旋转，或将管口灼烧至红热后迅速在石棉网上按压一下。待冷却后再套上胶帽，即得胶头滴管。扩口的方法如图 3-13 所示。

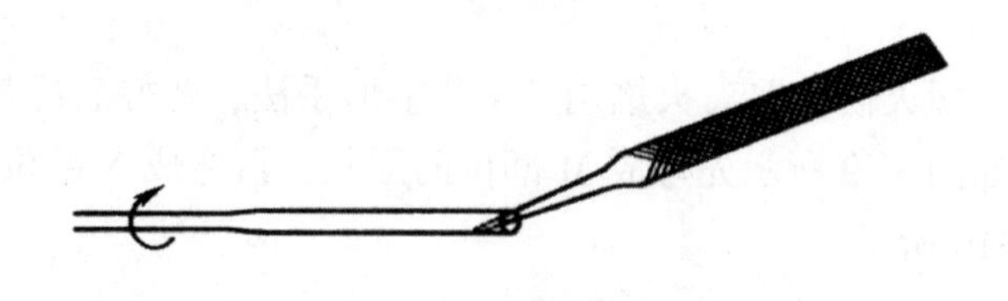

图 3-13　扩口的方法

二、塞子钻孔

化学实验室常用的塞子有玻璃磨口塞、橡皮塞、塑料塞和软木塞。玻璃磨口塞能与带有磨口的瓶口很好地密合，密封性好，但不同的瓶子的磨口塞不能任意调换，否则不能很好密合。使用前最好用塑料绳将瓶塞与瓶体系好。这种瓶子不适于装碱性物质。不用时洗净后应在塞与瓶口中间用纸条夹住，防止久置后塞与瓶口粘住打不开。橡皮塞可以把瓶子塞得很严密，并且可以耐强碱性物质的侵蚀，但它易被酸、氧化剂和某些有机物质（如汽油、苯、丙酮、二硫化碳等）所侵蚀。软木塞不易与有机物作用，但易被酸碱所侵蚀。

如需在塞子上插入玻璃管或温度计时，必须在塞子上钻孔。钻孔的工具是钻孔器（图 3-14），是一组直径不同的金属管，一端有柄，另一端很锋利，另外还有一根带圆头的铁条，用来捅出钻孔时嵌入钻孔器中的橡皮。现在也常使用电动钻孔器来打孔，简单方便。

图 3-14　钻孔器和钻孔器使用

钻孔的步骤如下：

（1）塞子大小的选择

塞子的大小应与仪器的口径相适合，塞子进入瓶颈或管颈部分不能少于塞子本身高度的 1/2，也不能多于 2/3，如图 3-15 所示。

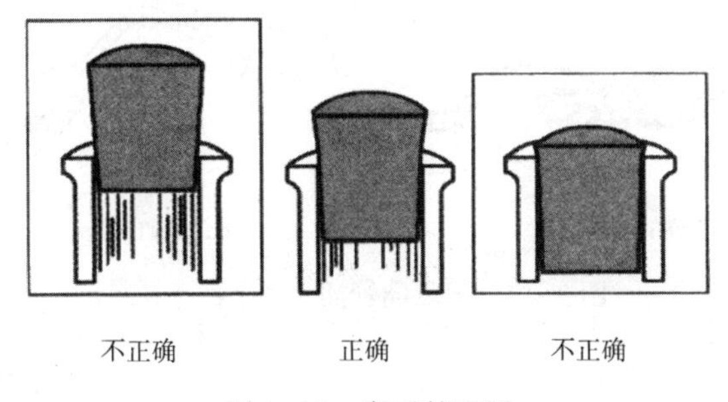

图 3-15　塞子的配置

（2）钻孔器的选择

选择一个比要插入橡皮塞的玻璃管口径略粗的钻孔器，因为橡皮塞有弹性，孔道钻成后会收缩使孔径变小。对于软木塞，应选用比管径稍小的钻孔器。因为软木质软而疏松，导管可稍用力挤插进去而保持严密。

（3）钻孔的方法

软木塞使用前要放在木塞压榨器中把它压软压紧。软木塞和橡皮塞钻孔方法完全一样。如图 3-16 所示，将塞子小的一端朝上，平放在桌面上的一块木板上（避免钻坏桌面），左手持塞，右手握住钻孔器的柄，并在钻孔器前端涂点甘油或水，将钻孔器按在选定的位置上，以顺时针的方向，一面旋转，一面用力向下压向下钻动。钻孔器要垂直于塞子的面上，不能左右摆动，更不能倾斜，以免把孔钻斜。钻到超过塞子高度 2/3 时，以反时针方向一面旋转，一面向上拉，拔出钻孔器。

按同法从塞子大的一端钻孔。注意对准小的那端的孔位，直到两端的圆孔贯穿为止。拔出钻孔器，捅出钻孔器内嵌入的橡皮。

钻孔后，检查孔道是否合用，如果玻璃管可以毫不费力地插入圆塞孔，说明塞孔太大，塞孔和玻璃管之间不够严密，塞子不能使用；若塞孔稍小或不光滑时，可用圆锉修整。

图 3-16　钻孔方法

三、玻璃管插入橡皮塞的方法

用甘油或水把玻璃管的前端湿润后，如图 3-17 所示，先用布包住玻璃管，然后手握玻璃管的前半部，把玻璃管慢慢旋入塞孔内合适的位置。如果用力过猛或者手离橡皮太远，都可能把玻璃管折断，刺伤手掌，务必注意。

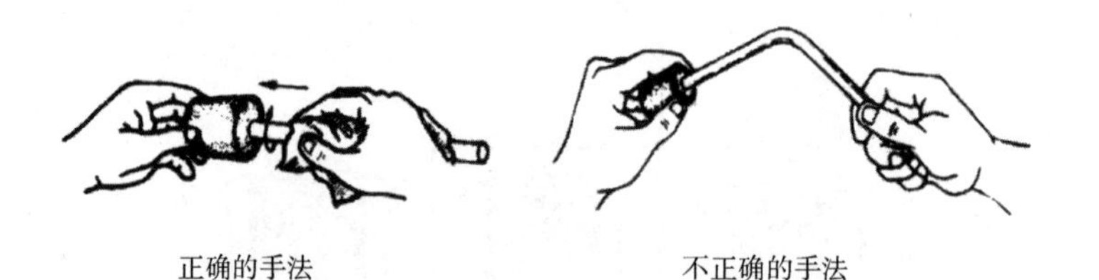

图 3-17　把玻璃管插入塞子的手法

第三节　基本度量仪器的使用方法

液体体积量器根据其使用方法的不同分为“量出”和“量入”式两种类型。量出式量器用于测量自量器内排出的液体的体积，用符号“Ex”表示，移液管、吸量管、滴定管等属于量出式量器；量入式量器用于测量注入量器（内壁干燥）内液体的体积，用符号“In”表示，容量瓶属于量入式量器。而量筒分为量出式和量入式两种类型，使用时应加以区分。

一、量筒的使用

量筒是化学实验室中最常用的度量液体的仪器。它有各种不同的容量，可根据不同需要选用。例如量取 8.0 mL 液体时，为了提高测量的准确度，应选用 10 mL 量筒（测量误差为±0.1 mL)，如果选用100 mL量筒量取8.0 mL液体体积，则至少有±1 mL的误差。读取量筒的刻度值，一定要使视线与量筒内液面（半月形弯曲面）的最低点处于同一水平线上（图3-18），否则会增加体积的测量误差。量筒不能做反应容器用，不能装热的液体。

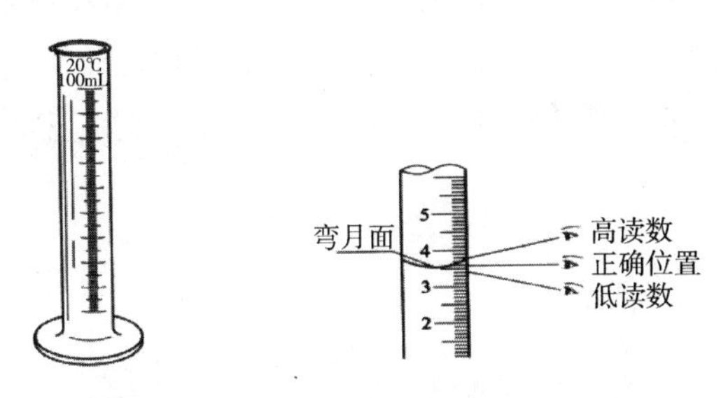

图3-18　量筒和量筒刻度的读数

二、移液管和吸量管的使用

移液管和吸量管（图3-19）是用于准确移取一定体积的量出式的玻璃量器。移液管是中间有一膨大部分（称为球部）的玻璃管，球部上和下均为较细窄的管颈，上端管颈刻有一条标线，也称“单标线吸量管”，常用的移液管有2 mL、5 mL、10 mL、25 mL、50 mL等规格。

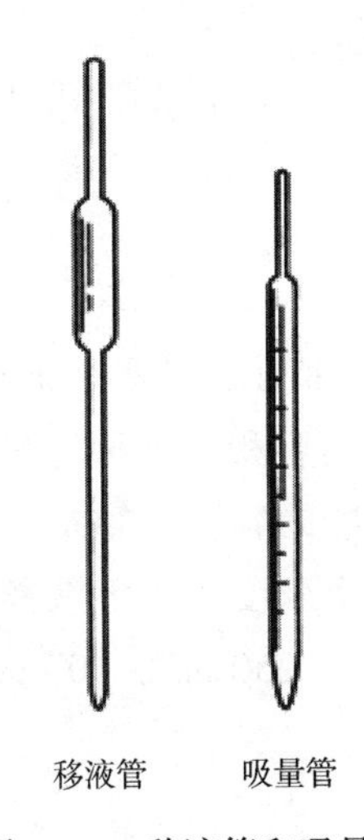

图3-19　移液管和吸量管

吸量管是具有分刻度的玻璃管，也称分度吸量管。用于移取非固定量的溶液。常用的吸量管有1 mL、2 mL、5 mL、10 mL等规格。

移取溶液的操作：移取溶液前，必须用滤纸将管尖端内外的水吸去，然后用欲移取的溶液润洗2~3次，以确保所移取溶液的浓度不变。移取溶液时，用右手的大拇指和中指拿住管颈上方，下部的尖端插入溶液中1~2 cm，左手拿洗耳球，先把球中空气压出，然后将球的尖端接在移液管口，慢慢松开左手使溶液吸入管内。当液面升高到刻度以上时，移去洗耳球，立即用右手的食指按住管口，将移液管下口提出液面，管的末端仍靠在盛溶液器皿的内壁上，略为放松食指，用拇指和中指轻轻捻转管身，使液面平稳下降，直到溶液的弯月面与标线相切时，立即用食指压紧管口，使液体不再流出。取出移液管，以干净滤纸片擦去移液管末端外部的溶液，但不得接触下口，然后插入承接溶液的器皿中，使管的末端靠在器皿内壁上，此时移液管应垂直，承接的器皿倾斜约 30°，松开食指，让管内溶液自然地全部沿器壁流下，等待 10~15 s 后，拿出移液管。如移液管未标“吹”字，残留在移液管末端的溶液，不可用外力使其流出，因移液管的容积不包括末端残留的溶液。移液管的使用如图 3-20 所示。

有一种 0.1 mL 的吸量管，管口上刻有“吹”字。使用时，末端的溶液必须吹出，不允许保留。

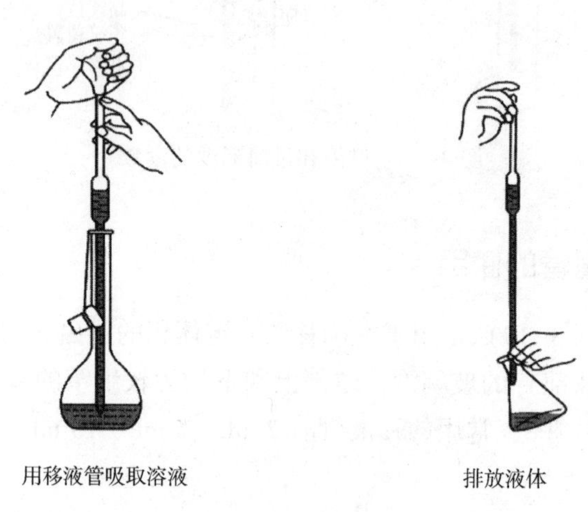

图 3-20　移液管的使用

三、容量瓶的使用

容量瓶是一种细颈梨形的平底瓶，带有磨口塞。瓶颈上刻有环形标线，表示在所指温度下（一般为 20℃）液体充满至标线时的容积，这种容量瓶一般是“量入”的容量瓶。但也有刻有两条标线的，上面一条表示量出的容积。容量瓶主要是用来把精密称量的物质配制成准确浓度的溶液，或是将准确容积及浓度的浓溶液稀释成准确浓度及容积的稀溶液。常用的容量瓶有 25 mL、50 mL、100 mL、250 mL、500 mL、1000 mL 等各种规格，常和移液管配合使用。

容量瓶的使用方法如下：

（1）容量瓶使用前应检查是否漏水

检查的方法如下：注入自来水至标线附近，盖好瓶塞，右手托住瓶底，将其倒立 2 min，观察瓶塞周围是否有水渗出。如果不漏，再把塞子旋转 180°，塞紧、倒置，如仍不漏水，则可使用。使用前必须把容量瓶按容量器皿洗涤要求洗涤干净。

容量瓶与塞要配套使用。瓶塞须用尼龙绳把它系在瓶颈上，以防掉下摔碎。系绳不要很长，2~3 cm，以可启开塞子为限。

（2）配制溶液的操作方法

将准确称量的试剂放在小烧杯中，加入适量水，搅拌使其溶解（若难溶，可盖上表面皿，稍加热，但须放冷后才能转移），沿玻璃棒把溶液转移至容量瓶中。烧杯中的溶液倒尽后烧杯不要直接离开玻璃棒，而应在烧杯扶正的同时使杯嘴沿玻璃棒上提 1~2 cm，随后烧杯离开玻璃棒，这样可避免杯嘴与玻璃棒之间的一滴溶液流到烧杯外面。然后用少量水涮洗杯壁 3~4 次，每次的涮洗液按同样操作转移至容量瓶中。当溶液达到容量瓶的 2/3 容量时，应将容量瓶沿水平方向摇晃使溶液初步混匀（注意：不能倒转容量瓶!），再加水至接近标线，最后用滴管从刻线以上 1 cm 处沿颈壁缓缓滴加蒸馏水至溶液弯月面最低点恰好与标线相切。盖紧瓶塞后旋转一定角度使其更紧密，用食指压住瓶塞，另一只手托住容量瓶底部，倒转容量瓶，使瓶内气泡上升到顶部，边倒转边摇动如此反复倒转摇动多次，使瓶内溶液充分混合均匀，如图 3-21 所示。

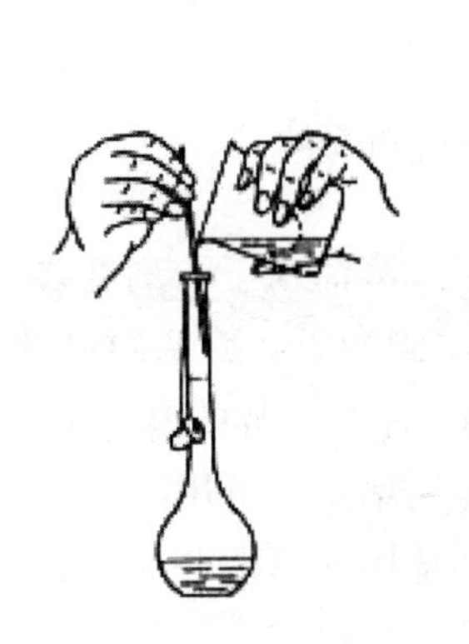
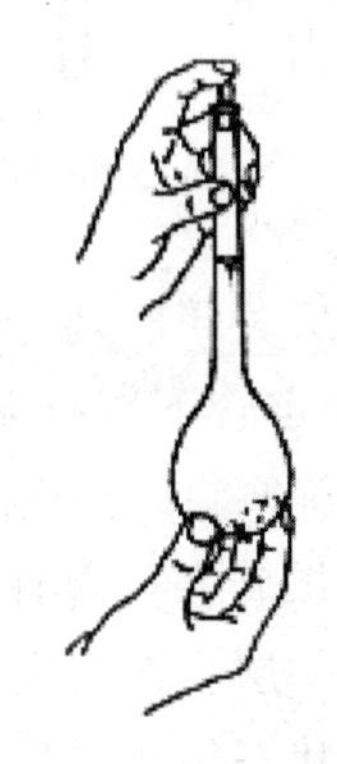
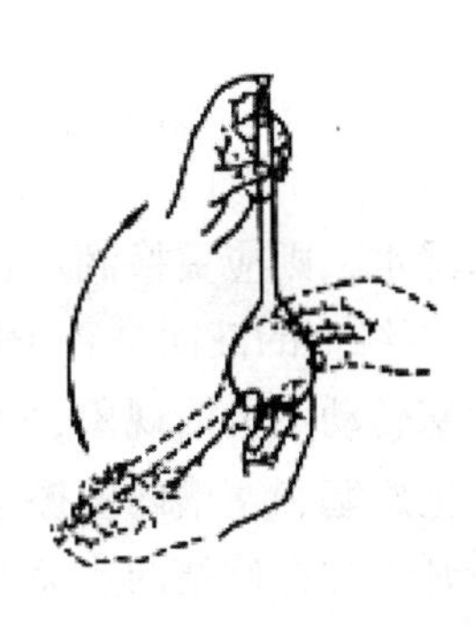

图 3-21 容量瓶的使用

容量瓶是量器而不是容器，不宜长期存放溶液，如溶液需使用一段时间，应将溶液转移至试剂瓶贮存，试剂瓶应先用该溶液涮洗 2~3 次，以保证浓度不变。

容量瓶不得在烘箱中烘烤，也不许以任何方式对其加热。

四、滴定管的使用

滴定管是滴定时用来准确测量流出标准溶液体积的量器。它的主要部分管身是用细长而且内径均匀的玻璃管制成，上面刻有均匀的分度线，下端的流液口为一尖嘴，中间通过玻璃旋塞或乳胶管连接以控制滴定速度。常量分析用的滴定管标称容量为 50 mL 和 25 mL，最小刻度为 0.1 mL，读数可估计到 0.01 mL。

滴定管一般分为两种：酸式滴定管和碱式滴定管（图 3-22）。酸式滴定管的下端有玻璃活塞，可盛放酸液及氧化剂，不宜盛放碱液。碱式滴定管的下端连接一橡皮管，内放一玻璃珠，以控制溶液的流出，下面再连一尖嘴玻管，这种滴定管可盛放碱液，而不能盛放酸或氧化剂等腐蚀橡皮的溶液。现在使用较多的是酸碱通用的滴定管，活塞为聚四氟乙烯材料，使用更方便。

1. 滴定管的洗涤

干净的滴定管用水润湿后，其内壁应不挂水珠，否则说明有污迹。如果滴定管无明显的油污，可用滴定管刷蘸肥皂水或洗涤剂洗刷（切不可用去污粉洗）；如果有明显的油污，可用 5%左右的铬酸洗液浸泡约 10 min（必要时可用温热的洗液浸泡），然后将洗液放回原瓶中，先用自来水冲洗滴定管，洗至流出液为无色，再用去离子水润洗 3~4 次。

2. 滴定管的检漏与旋塞涂油

已洗涤干净的滴定管应进行检漏。对酸式滴定管，应先鉴定旋塞与滴定管是否配套，若

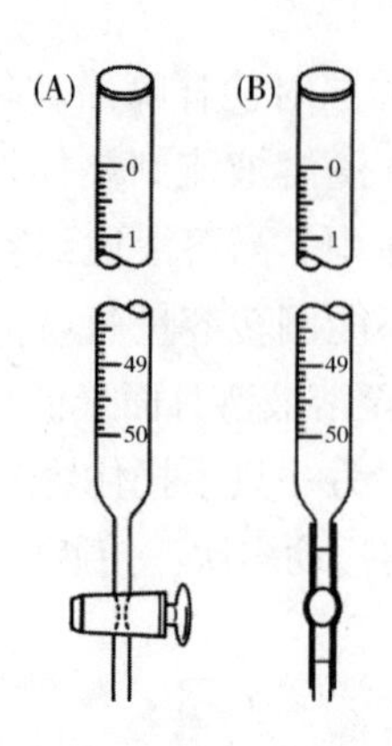

图 3-22　酸式滴定管（A）和碱式滴定管（B）

不配套而引起漏水，则应更换滴定管。然后关闭旋塞，装入蒸馏水至一刻度线，直立静置约 2 min，观察刻度线上的液面是否下降，滴定管下端有无水滴滴下，旋塞隙缝处有无水渗出。若有漏水或旋塞转动不灵活现象，则应将旋塞涂以凡士林。涂凡士林的方法是：将旋塞取下，用干净的滤纸把旋塞和塞槽内壁擦干（如果旋塞孔内有油垢堵塞，可用细金属丝轻轻剔去），用手指蘸少量凡士林在旋塞两头涂上薄薄一层，然后把旋塞插入塞槽并压紧，向同一方向旋转几圈，直至转动部分的油膜呈均匀透明状态为止。最后用橡皮圈套住旋塞，以防旋塞脱落而打碎。此时，滴定管应不漏水，且旋塞转动灵活。滴定管的涂油方法如图 3-23 所示。

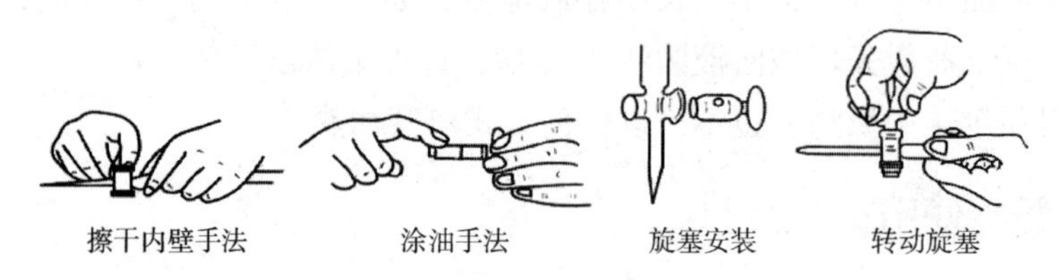

图 3-23　滴定管的涂油方法

对碱式滴定管，可装入蒸馏水至一刻度线后，直立静置约 2 min，观察刻度线上的液面是否下降，滴定管下端尖嘴上有无水滴滴下。如有漏水现象，则应更换乳胶管或管中的玻璃珠，然后将乳胶管与尖嘴和滴定管主体部分连接好，再试其是否漏水。

3. 操作溶液的装入

为避免装入滴定管的操作溶液被管内残留的水所稀释，确保操作溶液浓度不变，在装入操作溶液之前，应先用操作溶液润洗滴定管内壁 2~3 次。润洗的方法是：从试剂瓶中倒入操作溶液约 10 mL，然后平托滴定管，慢慢转动，使溶液均匀润湿整个滴定管内壁，第 1 次润洗液从上口放出，第 2 次和第 3 次润洗液从下口放出。

润洗后即可往滴定管装操作溶液。装液时，应注意将待装溶液从试剂瓶直接注入滴定管，不得借助任何其他器皿，以免污染或改变操作溶液的浓度。

装好操作液后，滴定管下端尖嘴内应无气泡，否则在滴定过程中气泡被赶出，将影响操作溶液体积的准确测量。排除滴定管下端气泡的方法是：对酸式滴定管，快速旋开旋塞同时向下顿一下滴定管，气泡即可排除；对碱式滴定管，应将滴定管倾斜约 45°，将乳胶管向上弯曲，使管嘴向上，然后捏挤玻璃珠处的乳胶管，使溶液从管嘴喷出，即可排除气泡（图 3-24）。

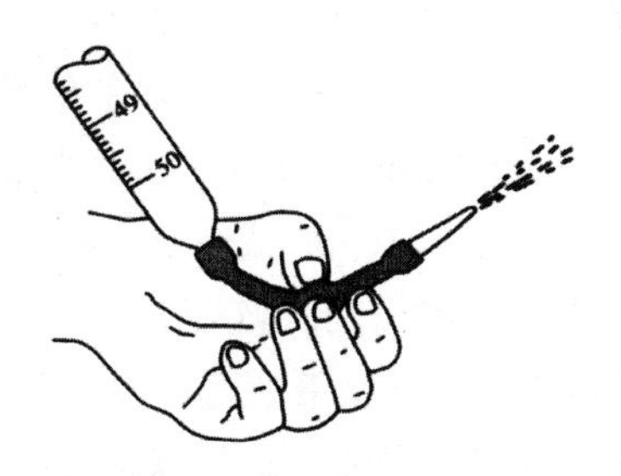

图 3-24　碱式滴定管排气

4. 读数

常用滴定管的容量为 50 mL，每一大格为 1 mL，每一小格为 0.1 mL，读数可读到小数点后两位，即准确到 0.01 mL。读数时，滴定管应保持垂直，视线应与管内液体凹面的最低处保持水平，偏低偏高都会带来误差（图 3-25）。

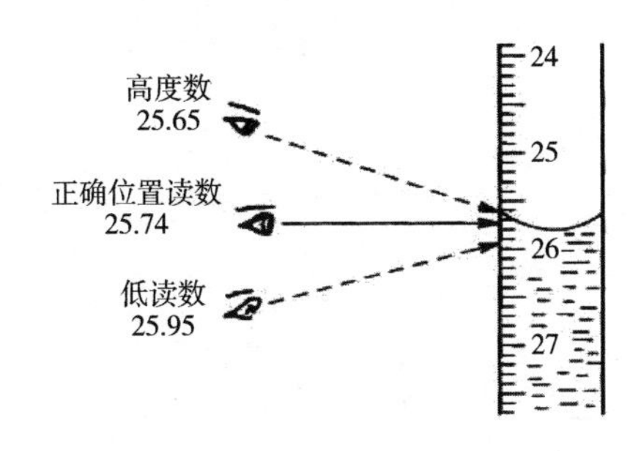

图 3-25　目光在不同位置得到的滴定管读数

此外，在每次滴定前，最好将滴定管液面调节至刻度为 0.00 mL 处，这样可使每次滴定所用溶液的体积几乎均固定在滴定管的某一体积范围内，以减小因滴定管刻度不匀或内径上下不一致造成的体积误差。同时，滴定要一次完成，避免由于溶液量不足需要再次装入溶液而增加滴定管读数的次数，使读数误差增大。

滴定管读数前，应注意管出口嘴尖上有无挂着液滴。若在滴定后挂有液滴读数，这时是无法读准确的。一般读数遵循的原则有：

①读数时应将滴定管从滴定管架上取下来，用右手大拇指和食指捏住滴定管上部无刻度处，使滴定管保持垂直，然后读数。

②无色和浅色溶液在滴定管内的弯月面比较清晰，读数时，应读弯月面下缘实线的最低点，为此，读数时，视线应与弯月面下缘实线的最低点相切，即视线应与弯月面下缘实线的最低点在同一水平面上。对于有色液体（如高锰酸钾、碘等），其弯月面是不够清晰的，每次读数时，视线应与液面两侧的最高点相切，这样才较易读准。

③为便于读数准确，在管装满或放出溶液后，必须等 1~2 min，使附着在内部的溶液流下来后，再读数。如果放出液的速度较慢（如接近计量点时就是如此），那么可只等 0.5~1 min，即可读数。记住，每次读数前，都要看一下，管壁有没有挂水珠，管出口尖嘴处有无悬挂液

滴，管嘴有无气泡。

④读取的值必须读至毫升小数点后第二位，即要求估计到 0.01 mL。正确掌握估计 0.01 mL 读数的方法很重要。滴定管上两个小刻度之间为 0.1 mL，是如此之小，要估计其 1/10 的值，是要进行严格训练的。可以这样来估计：当液面在此两小刻度之间时，即为 0.05 mL；若液面在两小刻度的 1/3 处，即为 0.03 mL 或 0.07 mL；当液面在两小刻度的 1/5 时，即为 0.02 mL 或 0.08 mL 等。一般不估计为 0.01 mL 或 0.09 mL。

⑤对于蓝带滴定管，读数方法与上述相同。蓝带管在刻度线的另一侧有一条从上到下的蓝色细线及宽的白色背景，当蓝带滴定管盛溶液后将有似两个弯月面的上下两个尖端相交（光折射产生的效果），此上下两尖端相交点的位置，即为蓝带管的读数的正确位置。一般来说蓝带管更便于读数，特别是对于有色液体不方便弯月面读数时。

5. 滴定操作

使用酸式滴定管时，必须用左手拇指、食指及中指控制活塞（图 3-26），旋转活塞的同时应稍稍向里（左方）用力，以使玻璃塞保持与塞槽的密合，防止溶液漏出。必须学会慢慢旋开活塞以控制溶液的流速。

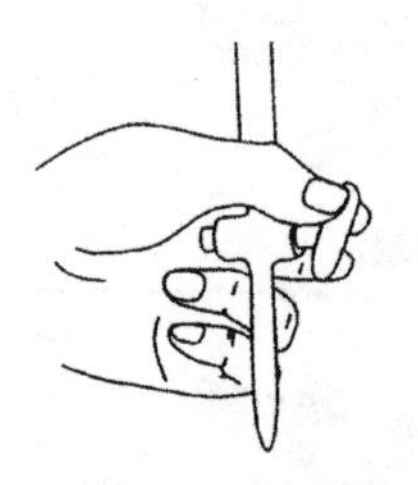

图 3-26　左手旋转活塞

使用碱式滴定管时，必须用左手拇指和食指捏住橡皮管中玻璃球上部，轻轻地往一边挤压玻璃球外面的橡皮管，使橡皮管与玻璃球之间形成一条缝隙，溶液即从滴定管中滴出，要能掌握缝隙的大小以控制溶液流出的速度（注意，手指不要捏玻璃球下部的橡皮管，否则在放手时，会在尖嘴玻璃管中出现气泡）。

滴定时，将滴定管垂直地夹在蝴蝶夹上，下端伸入锥形瓶口约 1 cm，锥形瓶下放一块白瓷板，以便于观察溶液颜色的变化。左手按上述方法操作滴定管，右手拇指、食指和中指拿住锥形瓶颈，沿同一方向按圆周摇动锥形瓶，不要前后振动。开始滴定时无明显变化，液滴流出的速度可以快一些（呈串珠状），随后，滴落点周围出现暂时性的颜色变化，但摇动锥形瓶后颜色迅速复原。当接近终点时，颜色复原较慢，这时就应逐滴加入，每加 1 滴后把溶液摇匀，临近终点时应微微转动活塞（或轻轻挤压玻璃球外的橡皮管），使溶液悬在出口尖嘴上，但不落下，形成半滴，用锥形瓶内壁把液滴沾下来，用洗瓶中的水冲洗锥形瓶内壁，摇匀。如此重复操作，直到刚刚出现达到终点时应有的颜色，并保持 30 s 不消失时，即为滴定终点。

在烧杯中滴定时，所用的滴定方法和在锥形瓶中基本相同，滴定过程中需均匀地搅拌溶液，搅拌不应碰到烧杯底或壁。滴定近终点加半滴时，应用玻璃棒接触悬着的液滴，将其沾下，浸入烧杯中搅匀。

滴定操作如图 3-27 所示。

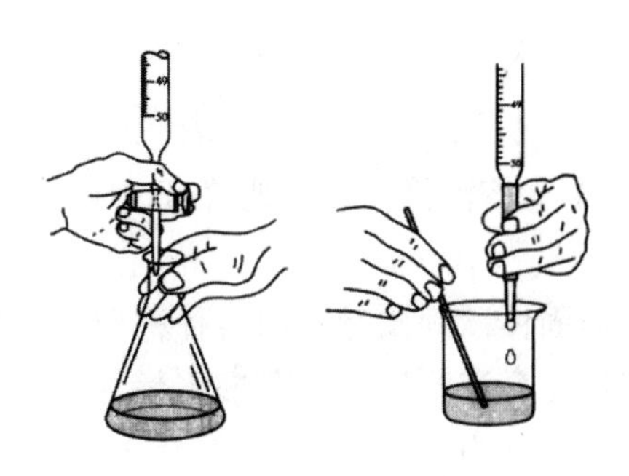

图 3-27　滴定操作

第四节　溶液的配制

在化学实验中，常常需要配制各种溶液来满足不同实验的要求。如果实验对溶液浓度的准确性要求不高，一般利用台秤、量筒、带刻度烧杯等低准确度的仪器来配制就能满足需要。如果实验对溶液浓度的准确性要求高，如定量分析实验，这就须使用分析天平、移液管、容量瓶等高准确度的仪器配制溶液。对于易水解的物质，在配制溶液时还要考虑先以相应的酸溶解易水解的物质，再加水稀释。无论是粗配还是准确配制一定浓度、一定体积的溶液，首先要计算所需试剂的用量，包括固体试剂的质量或液体试剂的体积，然后再进行配制。

不同浓度的溶液在配制时的具体计算及配制步骤如下。

一、由固体试剂配制溶液

1. 质量分数

因为

$$x = \frac{m_{溶质}}{m_{溶液}}$$

所以

$$m_{溶质} = \frac{x \cdot m_{溶剂}}{1 - x} = \frac{x \cdot V_{溶剂} \cdot \rho_{溶剂}}{1 - x}$$

其中，$m_{溶质}$为固体试剂的质量；x 为溶质质量分数；$m_{溶剂}$为溶剂质量；$\rho_{溶剂}$为溶剂的密度，3.98℃时，对于水 $\rho = 1.0000$ g/mL；$V_{溶剂}$为溶剂体积。

计算出配制一定质量分数的溶液所需固体试剂质量，用台秤称取，倒入烧杯，再用量筒取所需蒸馏水也倒入烧杯，搅动，使固体完全溶解即得所需溶液，将溶液倒入试剂瓶中，贴上标签备用。

2. 质量摩尔浓度

$$m_{溶质} = \frac{M \cdot b \cdot m_{溶剂}}{1000} = \frac{M \cdot b \cdot V_{溶剂} \cdot \rho_{溶剂}}{1000}$$

其中，M 为相对分子质量；b 为质量摩尔浓度。其他符号说明同上。

配制方法同“质量分数”。

3. 物质的量浓度

$$m_{溶质} = c \cdot V \cdot M$$

其中，c 为物质的量浓度；V 为溶液体积。其他符号说明同上。

（1）粗略配制

算出配制一定体积溶液所需固体试剂质量，用台秤称取所需固体试剂，倒入带刻度烧杯中，加入少量蒸馏水搅动使固体完全溶解后，用蒸馏水稀释至刻度，即得所需的溶液。然后将溶液移入试剂瓶中，贴上标签，备用。

（2）准确配制

先算出配制给定体积准确浓度溶液所需固体试剂的用量，并在分析天平上准确称出它的质量，放在干净烧杯中，加适量蒸馏水使其完全溶解。将溶液转移到容量瓶中（与所配溶液体积相应的），用少量蒸馏水洗涤烧杯 2~3 次，冲洗液也移入容量瓶中，继续加蒸馏水至刻度线，充分摇匀。最后将溶液移入试剂瓶中，贴上标签，备用。

二、由液体（或浓溶液）试剂配制溶液

1. 质量分数

①混合两种已知浓度的溶液，配制所需浓度溶液的计算方法是：把所需的溶液浓度放在两条直线交叉点上（即中间位置），已知溶液浓度放在两条直线的左端（较大的在上，较小的在下）。然后每条直线上两个数字相减，差额写在同一直线另一端（右边的上、下），这样就得到所需的已知浓度溶液的份数。如由 85%和 40%的溶液混合，制备 60%的溶液：需取用 20 份的 85%溶液和 25 份的 40%的溶液混合。

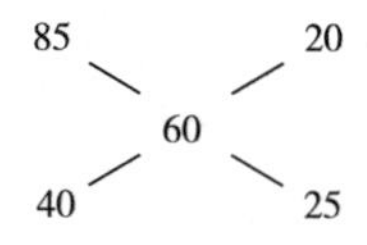

②用溶剂稀释原液制成所需浓度的溶液，在计算时只需将左下角较小的浓度写成零表示是纯溶剂即可。

如用水把 35%的水溶液稀释成 25%的溶液：取 25 份 35%的水溶液兑 10 份的水，就得到 25%的溶液。

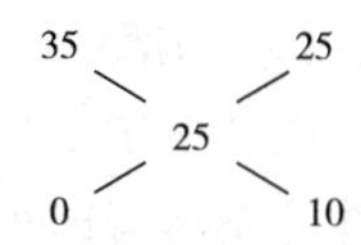

配制时应先加水或稀溶液，然后加浓溶液。搅动均匀，将溶液转移到试剂瓶中，贴上标签，备用。

2. 物质的量浓度

（1）计算

①由已知物质的量浓度溶液稀释。

$$V_{原} = \frac{c_{新} V_{新}}{c_{原}}$$

其中，$c_{新}$为稀释后溶液的物质的量浓度；$V_{新}$为稀释后溶液的体积；$c_{原}$为原溶液的物质的量浓度；$V_{原}$为取原溶液的体积。

②由已知质量分数溶液配制。

$$c_{原} = \frac{\rho \cdot x}{M} \times 1000，V_{原} = \frac{c_{新} V_{新}}{c_{原}}$$

其中，M 为溶质的摩尔质量；ρ 为液体试剂（或浓溶液）的密度。其他符号说明同上。

（2）配制方法

①粗略配制。先用比重计测量液体（或浓溶液）试剂的相对密度，从有关表中查出其相应的质量分数，算出配制一定物质的量浓度的溶液所需液体（或浓溶液）用量，用量筒量取所需的液体（或浓溶液），倒入装有少量水的有刻度烧杯中混合，如果溶液放热，需冷却至室温后，再用水稀释至刻度。搅动使其均匀，然后移入试剂瓶中，贴上标签备用。

②准确配制。当用较浓的准确浓度的溶液配制较稀准确浓度的溶液时，先计算，然后用处理好的移液管吸取所需溶液注入给定体积的洁净的容量瓶中，再加蒸馏水至标线处，摇匀后，倒入试剂瓶中，贴上标签备用。

三、特殊溶液的配制

配制饱和溶液时，所用溶质应比计算量稍多，加热使之溶解后，冷却，待结晶析出后，取用上层清液以保证溶液饱和。

有一些易水解的盐，配制溶液时，需加入适量酸，再用水或稀酸稀释；有些易被氧化或还原的试剂，常在使用前临时配制，或采取措施，防止氧化或还原。如配制 $FeSO_4$、$SnCl_2$ 溶液时，除用稀酸溶解外，还需加入金属铁或者金属锡。

经常大量使用的溶液，可先配制成浓度为使用浓度 10 倍的储备液，需要用时取储备液稀释 10 倍即可。

第五节　加热与冷却

有些化学反应在室温下进行得非常缓慢甚至反应不发生，为了加速化学反应，往往需要加热；有些反应则非常剧烈，可能放出大量的热量或者气体，使反应剧烈难以控制或者因温度过高导致产物分解，所以需要控制反应温度在室温或低于室温。另外，许多基本操作如溶解、蒸馏、重结晶等也要用到加热和冷却。

一、热源

加热分为直接加热和间接加热。实验室常用的热源有酒精灯、煤气灯、电热套、电炉、马弗炉等。

1. 酒精灯

（1）构造（图 3-28）

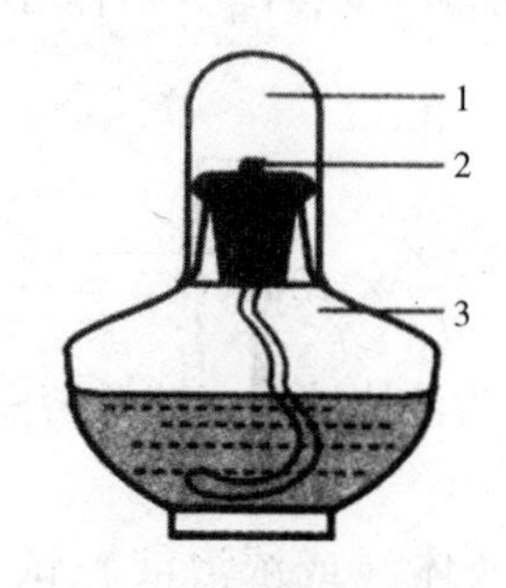

图 3-28　酒精灯的构造

1—灯帽　2—灯芯　3—灯壶

（2）使用方法（图 3-29）

1.检查灯芯，并修整

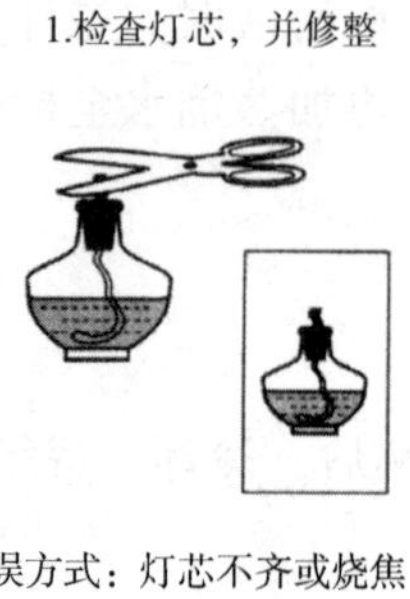

错误方式：灯芯不齐或烧焦

2.添加酒精
(加入量为1/2~1/3灯壶)

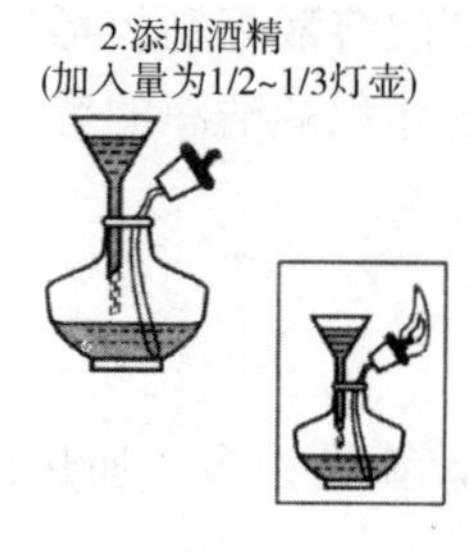

错误方式：燃着时不能加酒精

3.点燃

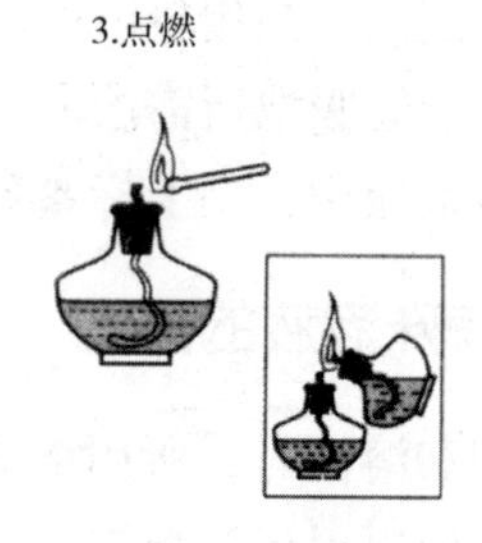

错误方式：不能用酒精灯点燃酒精灯

4.熄灭

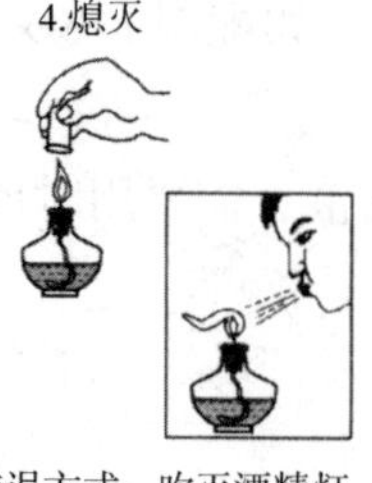

错误方式：吹灭酒精灯

5.加热

6.若要使灯焰平稳，可加金属网罩

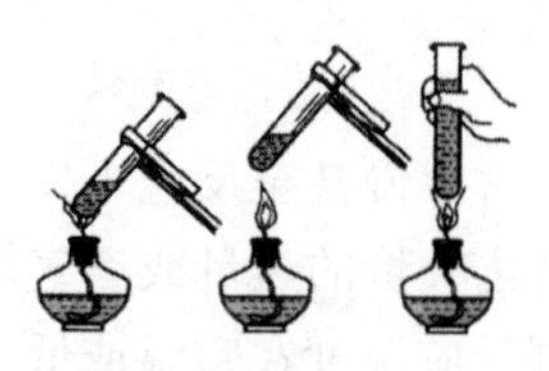

错误方式：使用火焰的部位不对，不要用手拿试管

图 3-29　酒精灯的使用方法

安全操作：酒精是易燃品，使用时一定要按规范操作，切勿洒溢在窗口外面，以免引起火灾。

2. 煤气灯

（1）构造（图 3-30）

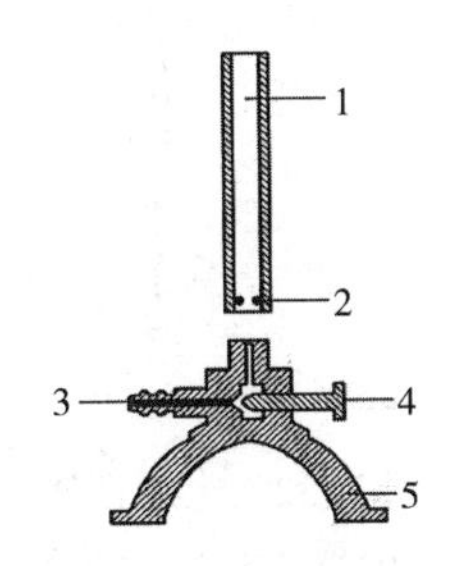

图 3-30　煤气灯的构造

1—金属灯管　2—空气入口　3—煤气入口　4—针阀　5—灯座

（2）使用方法（图 3-31）

1.点燃

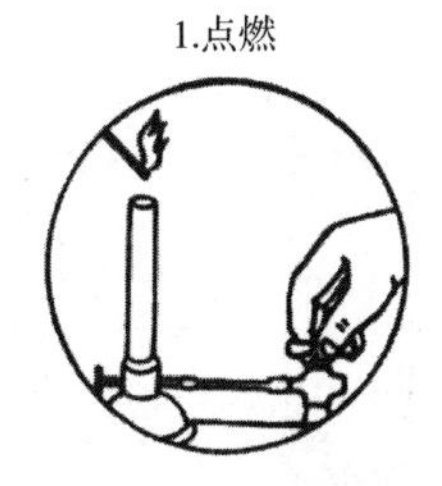

先划火，后开气

2.调节

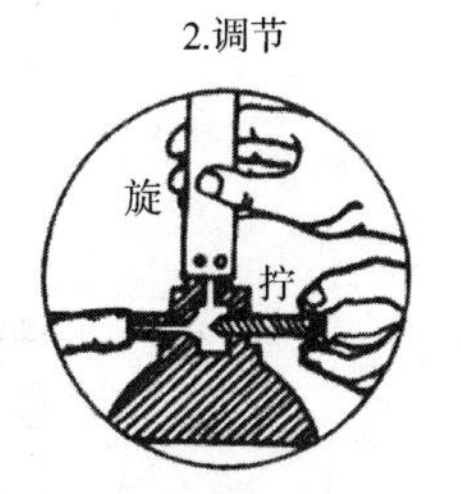

上旋灯管空气进入量增大，向里拧针阀，煤气进入量减少

3.加热

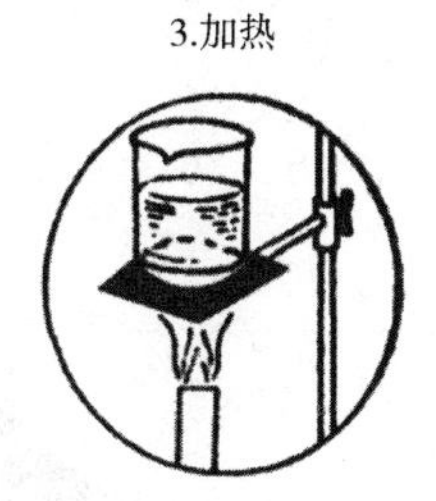

氧化焰加热

4.关闭

向里拧针阀，并关煤气开关

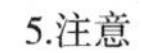

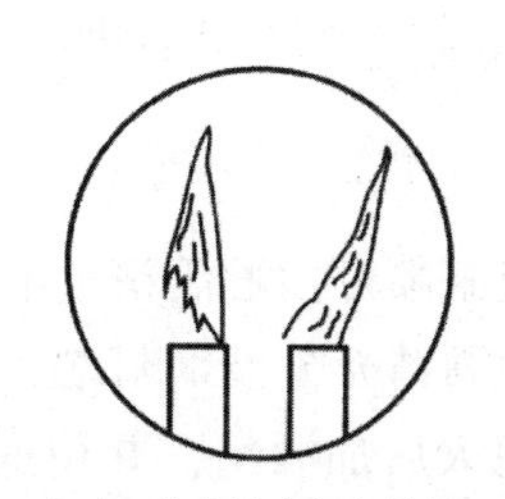

遇不正常火焰应把灯关闭，冷却后，重新调节

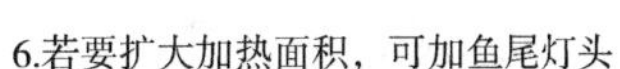

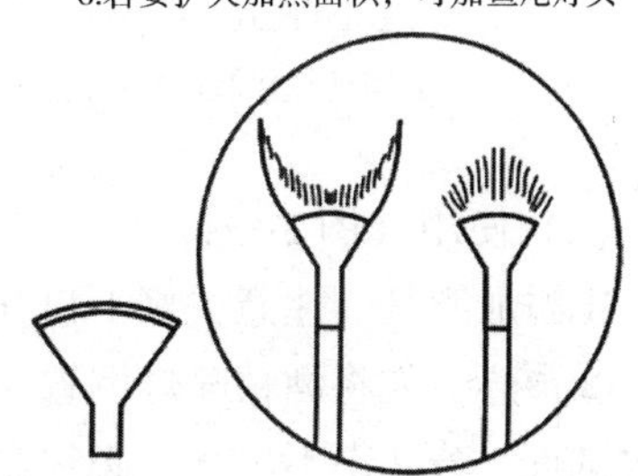

图 3-31　煤气灯的使用

（3）灯焰性质（图 3-32）

安全操作：实验室中的燃料气一般是煤气或天然气。它们一般由甲烷、一氧化碳、不饱和烃、氮气、氧气、二氧化碳和氢气等组成，一氧化碳气有毒，不用时一定要关紧开关。燃料气中常有臭味杂质，一旦闻到异味，发现漏气，应停止实验，及时查清漏气原因，予以排除。

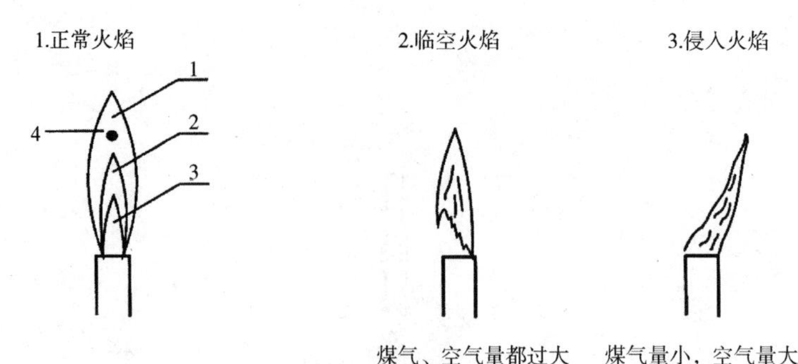

图 3-32 火焰性质

1—氧化焰（温度可高达 800~900℃） 2—还原焰 3—焰心 4—最高温度点

由于煤气中常夹杂未除尽的煤焦油，久而久之，它会把煤气阀门和煤气灯内孔道堵塞，为此，常要把金属灯管和螺旋针阀取下，用细铁丝清理孔道，堵塞较严重时，可用苯洗去煤焦油。

3. 酒精喷灯

（1）构造（图 3-33）

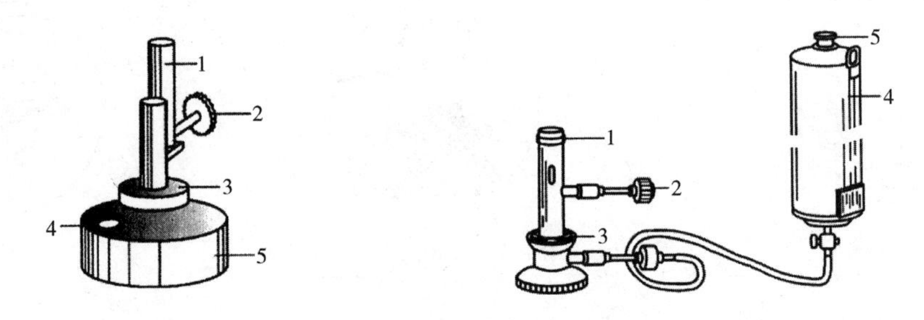

图 3-33 酒精喷灯类型和构造

左图（座式酒精喷灯）：1—灯管 2—空气调节器 3—预热盘 4—铜帽 5—酒精壶

右图（挂式酒精喷灯）：1—灯管 2—空气调节器 3—预热盘 4—酒精储罐 5—盖子

（2）使用（图 3-34）

①添加酒精。注意关好下口开关，座式喷灯内贮酒精量不能超过 2/3 壶。

②预热。先将酒精喷灯倒置 30 s，使酒精充分浸润灯芯，预热盘中加少量酒精点燃，可多次试点，若 2 次不出气，必须在火焰熄灭后加酒精，并用捅针疏通酒精蒸气出口后，方可再预热。

③调节。旋转调节器和风门调节火焰大小。

④熄灭。可盖灭，也可旋转调节器熄灭。

座式喷灯连续使用不能超过半小时，如果要超过半小时，必须暂先熄灭喷灯。冷却，添加酒精后再继续使用。挂式喷灯用毕，酒精贮罐下口开关必须关好。

必须注意，若喷灯的灯管未烧至灼热，酒精在管内不能完全汽化，会有液态酒精从管口喷出形成“火雨”，甚至引起火灾。因此，在点燃前必须保证灯管充分预热，并在开始时可使开关开小些，待观察火焰正常或没有“火雨”之后，才逐渐调大。

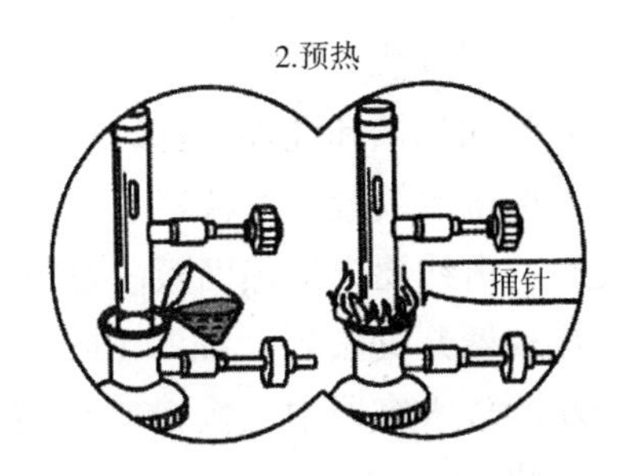

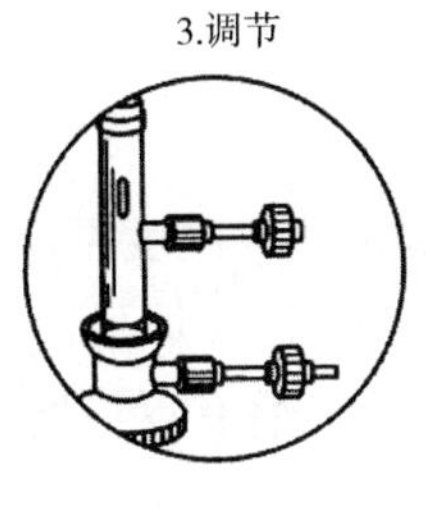

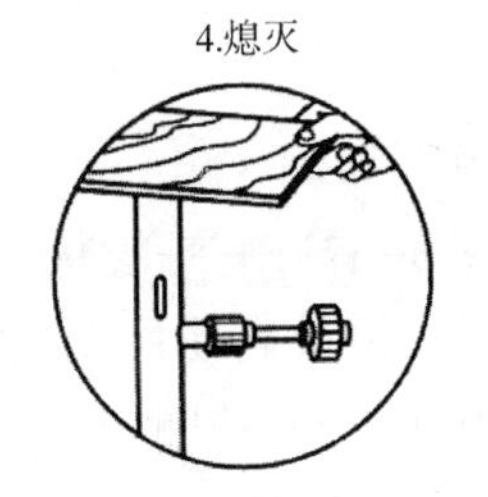

图 3-34　酒精喷灯的使用

4. 电炉和磁力搅拌加热器

可以代替酒精灯或煤气灯作为加热装置。温度的高低可以通过调节电阻来控制。加热时容器（烧杯或蒸发皿等）和电炉之间要垫一块石棉网，使受热均匀。由于石棉材料致癌，目前这种电炉（图 3-35）在实验室比较少用，更多的是使用磁力搅拌加热器（图 3-36）。

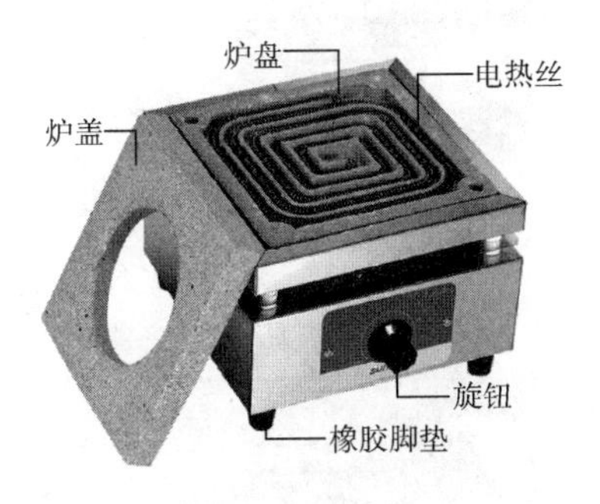

图 3-35　电炉

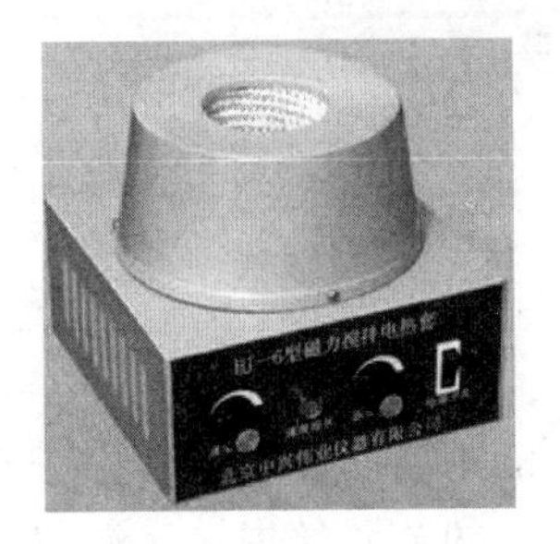

图 3-36　磁力搅拌加热器

磁力搅拌加热器的使用方法如下。

①接通电源前，要将加热挡和搅拌挡都调到最小。

②检查并确保仪器的电源线紧插在仪器上，然后将插头紧插在台面的插座里。特别注意：若接触不良，则易发热；电线要离加热面板一定距离，否则电线易接触面板而被烫坏。

③接通电源后，将仪器开关按到“on”（或开）位置，调节加热挡到所需挡位（若需搅拌，则将磁力搅拌子小心放入容器中，慢慢旋动搅拌开关至适当位置）。被加热物应置于加热板中央，注意不可干烧。

④不加热时，将加热挡位调到最低，开关打到“off”（或关）位置，拔下电源插头。特别注意：电磁搅拌器加热后，加热面板温度很高，不要用手去摸，也不要将电源线或其他物品放在面板上。

5. 管式炉和马弗炉

管式炉（图 3-37）有一管状炉膛，利用电热丝或硅碳棒来加热，温度可以调节。用镍铬电热丝加热的管式炉最高使用温度约为 1223 K，用硅碳棒加热的管式炉最高使用温度可达 1573 K。炉膛中可插入一根耐高温的瓷管或石英管，瓷管中再放入盛有反应物的瓷舟。反应物可以在空气气氛或其他气氛中受热。

马弗炉（图 3-38）也是一种用电热丝或硅碳棒加热的炉子。它的炉膛是长方体，有一炉门，打开炉门就很容易地放入要加热的坩埚或其他耐高温的器皿。最高使用温度可达 1223 K、1573 K 甚至 2000 K 以上。

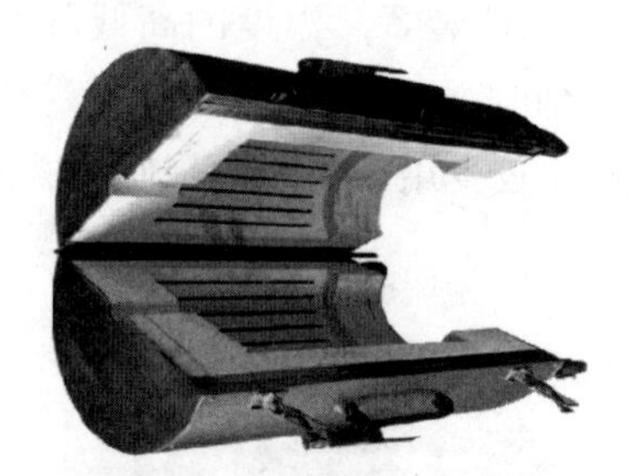

图 3-37　管式炉

图 3-38　马弗炉

管式炉和马弗炉的温度测量不能用温度计，而是用一种高温计，它是由一对热电偶和一只毫伏计组成。热电偶是由两根不同的金属丝焊接一端制成的（例如，一根是镍铬丝，另一根是镍铝丝)，把未焊接在一起的那一端连接到毫伏计的（+）、（-）极上。将热电偶的焊接端伸入炉膛中，炉子温度越高，金属丝发生的热电势也越大，反映在毫伏计上，指针偏离零点也越远。这就是高温计指示炉温的简单原理。

有时需要控制炉温在某一温度附近，这时只要把热电偶和一只接入线路的温度控制器连接起来，待炉温升到所需温度时，控制器就把电源切断，使炉子的电热丝断电停止工作，炉温就停止上升。由于炉子的散热，炉温刚稍低于所需温度时，控制器又把电源连通，使电热丝工作而炉温上升。不断交替，就可把炉温控制在某一温度附近。

二、常用的加热操作

1. 直接加热

当被加热的液体在较高的温度下稳定而不分解，又无着火危险时，可以把盛有液体的器皿放在石棉网上用灯直接加热。对于少量液体或固体可以放在试管（硬质试管）中加热。

试管中的液体一般可直接放在火焰中加热。加热时，不要用手拿，应该用试管夹住试管的中上部，试管与桌面约呈 60°倾斜，如图 3-39 所示。试管口不能对着别人或自己。先加热液体的中上部，慢慢移动试管，热及下部，然后不时地移动或振荡试管，从而使液体各部分受热均匀，避免试管内液体因局部沸腾而迸溅，引起烫伤。

对于少量固体试剂的加热可以小心地将固体试样顺着试管壁或者长纸条装入试管底部，铺平，管口略向下倾斜（图 3-40），以免管口冷凝的水珠倒流到试管的灼烧处而使试管炸裂。先来回加热试管，然后固定在有固体物质的部位加强热。

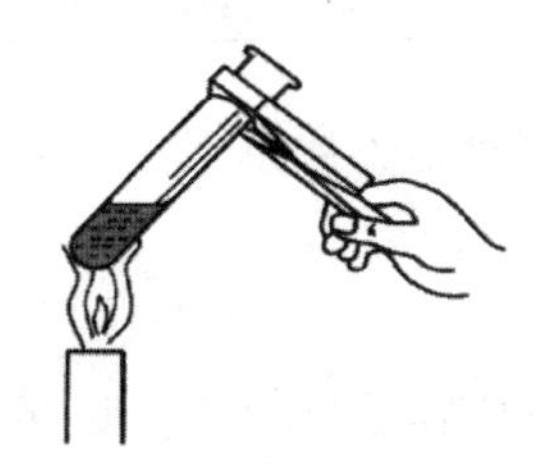

图 3-39　试管中液体的加热

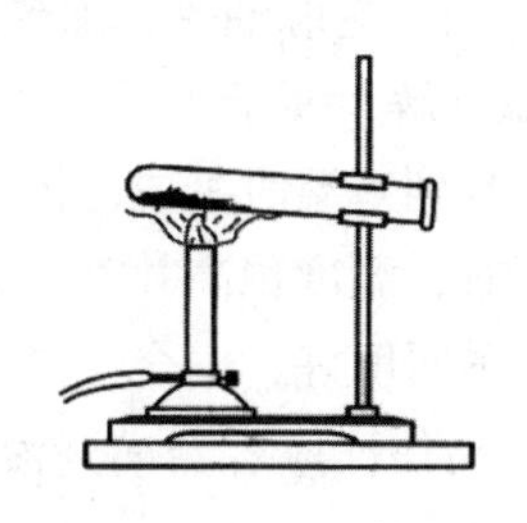

图 3-40　试管中固体的加热

2. 间接加热

为了保证加热均匀，一般使用间接加热，作为传热的介质有空气、水、有机液体、熔融的盐和金属。根据加热温度、升温的速度等，分为以下几类。

（1）空气浴

这是利用热空气间接加热，对于沸点在80℃以上的液体均可采用。把容器放在石棉网上加热，这就是最简单的空气浴。但是，受热仍不均匀，故不能用于回流低沸点易燃的液体或者减压蒸馏。

电热套是一种较好的空气浴，它是玻璃纤维包裹着电热丝织成帽的加热器，加热和蒸馏有机物时，由于它不是明火，因此有不易引起着火的优点，可以加热和蒸馏易燃有机物。加热温度用调压变压器控制，最高加热温度可达400℃左右，是有机实验中一种简便、安全的加热装置。

（2）水浴

当加热的温度不超过100℃时，最好使用水浴加热，水浴为较常用的热浴。但因为金属钾或钠遇水会发生反应并释放大量的气体和热量，对金属钾或钠进行操作时，决不能在水浴上进行。使用水浴时，勿使容器触及水浴器壁或其底部。如果加热温度要稍高于100℃，可选用适当无机盐类的饱和水溶液作为热浴液，它们的沸点列于表3-2。

表3-2　某些无机盐作热浴液

盐类	饱和水溶液的沸点/℃
NaCl	109
$MgSO_4$	108
KNO_3	116
$CaCl_2$	180

由于水浴中的水不断蒸发，适当时要添加热水，使水浴中水面经常保持稍高于容器内的液面。

（3）油浴

适用于100~250℃，优点是使反应物受热均匀，反应物的温度一般应低于油浴液20℃左右。常用的油浴液有：

①甘油。可以加热到140~150℃，温度过高时则会分解。

②植物油。如豆油、棉籽油、菜油、蓖麻油等，加热温度一般为200~220℃，常加入1%对苯二酚等抗氧化剂防止植物油高温分解，便于久用。

③石蜡。能加热到200℃左右，冷到室温时凝成固体，保存方便。

④石蜡油。可以加热到200℃左右，温度稍高并不分解。但较易燃烧。

⑤硅油。在250℃时仍较稳定，透明度好，安全，是目前实验室中较为常用的油浴之一。加热完毕取出反应容器时，仍用铁夹夹住反应容器离开液面悬置片刻，待容器壁上附着的油滴完后，用纸或干布揩干。

用油浴加热时，要特别小心，防止着火，当油受热冒烟时，应立即停止加热。油浴中应挂一支温度计，可以观察油浴的温度或有无过热现象，便于调节火焰控制温度。油量不能过多，否则，受热后有溢出而引起火灾的危险。使用油浴时要极力防止产生可能引起油浴燃烧的因素，油浴中应防止溅入水滴。

（4）沙浴

沙浴一般是用铁盆装干燥的细海沙（或河沙），把反应容器半埋沙中，加热沸点在 80℃以上的液体时可以采用，特别适用于加热温度为 220℃以上。但沙浴传热慢，升温很慢，且不易控制，因此，沙层要薄一些。沙浴中应插入温度计，温度计水银球要靠近反应器。由于沙浴温度不易控制，故在实验中使用较少。

三、冷却

在实验室中，有时需采用一定的冷却剂进行冷却操作，在一定的低温条件下进行反应、分离提纯等。例如：

①某些反应要在特定的低温条件下进行，如重氮化反应一般在 0~5℃进行。

②沸点很低的有机物，冷却时可减少损失。

③要加速结晶的析出。

④高度真空蒸馏装置（减压蒸馏用冷阱）。

冷却剂的选择是根据冷却温度和带走的热量来决定的。

①水。水价廉易得且具有高的热容比，故为常用的冷却剂，但随着季节的不同，其冷却效率变化较大。

②冰—水混合物。也是易得的冷却剂，可冷至 0~5℃，要将冰弄得很碎，效果才好。

③冰—盐混合物。即往碎冰中加入食盐（质量比 3∶1），可冷至-5~-18℃。实际操作中按上述质量比把食盐均匀地撒在碎冰上。其他盐类，如 $CaCl_2 \cdot 6H_2O$ 5 份，碎冰 3.5~4 份，可冷至-40~-50℃。常见冰—盐混合物的质量分数及温度如表 3-3 所示。

表 3-3　冰—盐混合物的质量分数及温度

盐名称	盐的质量分数	冰的质量分数	温度/℃
六水氯化钙	100	246	-9
	100	123	-215
	100	70	-55
	100	81	-403
硝酸铵	45	100	-168
硝酸钠	50	100	-178
溴化钠	66	100	-28

若无冰时，可用某些盐类溶于水吸热作为冷却剂使用。

④干冰（固体二氧化碳）。它和丙酮、氯仿等溶剂以适当的比例混合，可冷却到-78℃。为保持冷却效果，一般把干冰溶剂盛在广口瓶中，瓶口用布或铝箔覆盖，以降低其挥发度。

⑤液氮。可冷到-196℃，一般在科研中使用。

值得注意的是当温度低于-38℃时，不能使用水银温度计，因为水银在该温度下要凝固。

第六节　干燥与干燥剂

干燥是指除去附在固体或混杂在液体或气体中的少量水分，也包括了除去少量溶剂。

在化学实验中，有许多反应要求在无水条件下进行。如制备格氏试剂，液体有机物蒸馏提纯前，固体化合物在测定熔点及化合物进行红外等波谱分析前均需干燥，否则水分会干扰测试结果。因此干燥在化学实验中非常普遍又十分重要。

有机化合物的干燥方法，大致有物理方法和化学方法两种。物理方法如冷冻，近年来也有应用多孔性离子交换树脂和分子筛脱水。这些脱水剂都是固体，利用晶体内部的孔穴吸附水分子，吸附后加热到一定温度时又释放出水分子，干燥剂可重复使用。

在实验室中常用化学方法，即向液态有机化合物中加入干燥剂。根据去水作用不同又分为两类：一类是与水可逆地结合成水合物，如氯化钙、硫酸镁、硫酸钠等。另一类是与水起化学反应，生成新的化合物，如金属钠、五氧化二磷、氧化钙等。

一、液态有机化合物的干燥

1. 干燥剂的选择原则

常用干燥剂的种类很多，选用时必须遵循以下原则：

①液态有机化合物的干燥，通常是将干燥剂加入液态有机化合物中，故所用的干燥剂必须不与该有机化合物发生化学或催化作用。

②干燥剂应不溶于该液态有机化合物中。

③当选用与水结合生成水合物的干燥剂时，必须考虑干燥剂的吸水容量和干燥效能。吸水容量是指单位质量干燥剂吸水量的多少，干燥效能指达到平衡时液体被干燥的程度（如无水硫酸钠可形成 $Na_2SO_4 \cdot 10H_2O$，即 1 g Na_2SO_4 最多能吸 1.27 g 水，其吸水容量为 1.27，但其水化物的水蒸气压也较大，25℃时为 25598 Pa，故干燥效能差；氯化钙能形成 $CaCl_2 \cdot 6H_2O$，其吸水容量为 0.97，此水化物在 25℃时水蒸气压为 3999 Pa，故无水氯化钙的吸水容量虽然较小，但干燥效能强）。所以干燥操作时应根据除去水分的具体要求而选择合适的干燥剂。通常这类干燥剂形成水合物需要一定的平衡时间，所以，加入干燥剂后必须放置一段时间才能达到脱水效果。

已吸水的干燥剂受热后又会脱水，其蒸气压随着温度的升高而增加，所以，对已干燥的液体在蒸馏之前必须把干燥剂滤去，以保持干燥状态。

2. 干燥剂的用量

掌握好干燥剂的用量很重要。若用量不足，则不可能达到干燥的目的，若用量太多，则由于干燥剂的吸附而造成液体的损失。操作时，加入干燥剂后，振荡片刻，静置观察，如出现干燥剂附着器壁或相互黏结时，应补加干燥剂；如投入干燥剂后出现水相，必须用吸管把水吸出，然后再添加新的干燥剂。有些有机物在干燥前呈浑浊状态，干燥后变为澄清，这可认为水分基本除去。干燥剂的颗粒大小要适当，太大表面积小，吸水缓慢；颗粒过细，吸附有机物较多，且难分离。常用的干燥剂如表 3-4 所示。

表 3-4　常用的干燥剂

干燥剂	吸水原理	吸水容量	干燥效能	干燥速度	应用范围
氯化钙	形成结晶水合物	0.97，按 $CaCl_2 \cdot 6H_2O$ 计	中等	较快	能与醇、酚、胺、酰胺及部分醛酮形成配合物
硫酸镁	形成结晶水合物	1.05，按 $MgSO_4 \cdot 7H_2O$ 计	较弱	较快	中性，应用范围广，可代替氯化钙，并可干燥酯、酰胺及醛酮
硫酸钠	形成结晶水合物	1.25	弱	缓慢	中性，一般用于有机液体的初步干燥
硫酸钙	形成结晶水合物	0.06	强	快	中性，常与硫酸镁（钠）配合，作最后干燥用
碳酸钾	形成结晶水合物	0.2	较弱	慢	弱碱性，用于干燥醇、胺、酯、酮、杂环，不易干燥酸、酚等酸性物质
氢氧化钠（钾）	溶于水	—	中等	快	强碱性，用于干燥胺、杂环等碱性物质
金属钠	化学反应	—	强	快	限于干燥醚、烃中痕量水分，用时切成小块或压成钠丝
氧化钙	化学反应	—	强	较快	干燥低级醇
五氧化二磷	化学反应	—	强	快	干燥醚、烃、卤代烃等中的痕量水分，不适于干燥醇、胺、酮
分子筛	物理吸附	约 0.25	强	快	各类有机物

注：—表示未检测到相关数据。

有机化合物的常用干燥剂如表 3-5 所示。

表 3-5　各类有机化合物的常用干燥剂

液态有机化合物	适用的干燥剂
醚类、烷类、芳烃	$CaCl_2$，Na，P_2O_5
醇类	K_2CO_3，$MgSO_4$，Na_2SO_4，CaO
醛类	$MgSO_4$，Na_2SO_4
酮类	$MgSO_4$，Na_2SO_4，K_2CO_3
酸类	$MgSO_4$，Na_2SO_4
酯类	$MgSO_4$，Na_2SO_4，K_2CO_3
卤代烃	$CaCl_2$，$MgSO_4$，Na_2SO_4，P_2O_5
有机碱类（胺类）	NaOH，KOH

二、固体的干燥

从重结晶得到的固体常带水分或有机溶剂，应根据化合物的性质选择适当的方法进行干燥。

1. 晾干

这是最简便的干燥方法。该方法适合干燥在空气中稳定、不分解和吸潮的固体物质。把要干燥的固体平摊放在干燥洁净的表面皿或滤纸上，然后用另一张滤纸覆盖起来，让它在空气中慢慢地晾干。

2. 加热干燥

对于热稳定的固体化合物可以用红外灯或烘箱干燥，加热的温度切忌超过该固体的熔点，以免固体变色和分解。

3. 干燥器干燥

对有些易吸水潮解的固体，或在较高温度下干燥时，会分解或变色的固体化合物可用干燥器干燥。干燥器有普通干燥器和真空干燥器两种。

干燥器有一个磨口盖子，磨口上涂有一层薄而均匀的凡士林，以防水汽进入，并能很好地密合。其底部装有干燥剂（变色硅胶、无水氯化钙等），中间放置一块干净的带孔瓷板，用来承放被干燥物品。打开干燥器时，应左手按住干燥器，右手按住盖的圆顶，向左前方（或向右）推开盖子，盖子取下后应倒放在桌面安全处，或者一手拿着盖子，另一只手取出/放入物品后马上盖上盖子。温度很高的物体（例如灼烧过恒重的坩埚等）放入干燥器时，不能将盖子完全盖严，应该留一条很小的缝隙，待冷后再盖严，或者可以中途打开盖子 2～3 次，否则盖子易被内部热空气冲开而打碎，或者由于冷却后的负压使盖子难以打开。搬动干燥器时，应用两手的拇指同时按住盖子，以防盖子因滑落而打碎。普通干燥器的使用如图 3-41 所示。

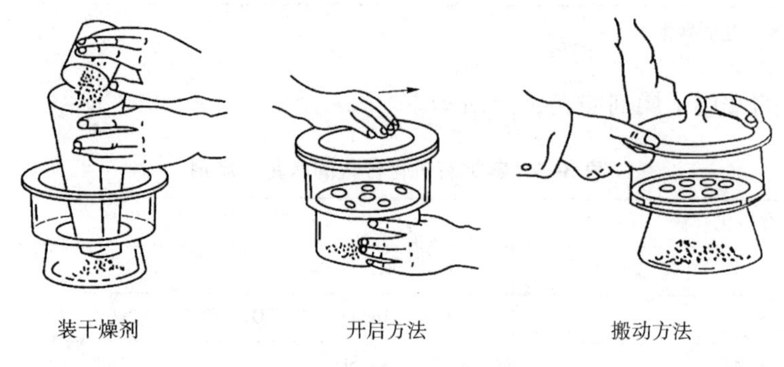

图 3-41　普通干燥器的使用

第七节　重结晶和固液分离

一、蒸发浓缩

浓缩程度一般由物质的溶解度随温度变化大小（即溶解度温度系数）决定。

①溶解度温度系数较大，如 KNO_3，浓缩到有少量晶膜出现即可。

②溶解度温度系数适中，如硫酸铜，浓缩到液面形成薄层晶膜。

③溶解度温度系数较小，如莫尔盐，浓缩到液面形成较厚晶膜。

④溶解度温度系数很小，如 NaCl，浓缩到溶液黏稠才行。

溶液的浓缩程度还取决于产品产率和纯度的要求。一般应在保证产品质量前提下尽可能多地提高其产量。

蒸发在蒸发皿中进行，蒸发的面积较大，有利于快速浓缩，且搅拌有助于水分蒸发，故在蒸发初期要不停地搅拌，但当观察到有晶体析出时，则停止搅拌，以防破坏晶膜的形成而不利于控制浓缩程度。

若物质对热稳定，可直接加热（应先均匀预热），否则用水浴间接加热。水浴加热浓缩的特点是能在溶液表面形成一层结晶薄膜，因此，可通过控制薄膜的生成情况来控制浓缩程度。而直接加热浓缩由于沸腾，造成晶膜破坏，晶体沉降在蒸发皿底部不易控制浓缩程度。

二、结晶

大多数物质的溶液蒸发到一定浓度下冷却，就会析出溶质的晶体。析出晶体的颗粒大小与结晶条件有关。如果溶液的浓度较高，溶质在水中的溶解度随温度下降而显著减小时，冷却得越快，析出的晶体就越细小，否则就得到较大颗粒的结晶。搅拌溶液和静置，可以得到不同的效果。前者有利于细小晶体的生成，后者有利于大晶体的生成。

若溶液容易发生过饱和现象，可以用搅拌、摩擦器壁或投入几粒小晶体等办法形成结晶中心，过量的溶质便会全部结晶析出。

三、固液分离与沉淀的洗涤

固液分离一般有 3 种方法：即倾析法、过滤法和离心分离法。

1. 倾析法（图 3-42）

当沉淀的结晶颗粒较大或相对密度较大，静置后容易沉降至容器的底部时，可用倾析法分离或洗涤，倾析的操作与转移溶液的操作是同时进行的。洗涤时，可往盛有沉淀的容器内加入少量洗涤剂，充分搅拌后静置、沉降，再小心地倾析出洗涤液。如此重复操作 2～3 次，即可洗净沉淀。取洗涤液进行检查，可以判断沉淀是否洗净。

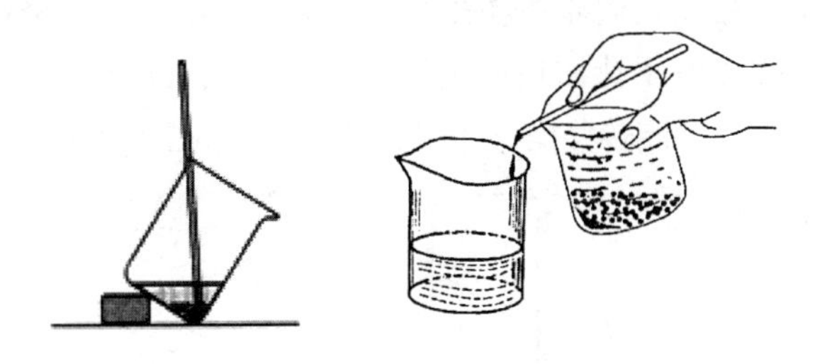

图 3-42　倾析法进行固液分离示意图

2. 过滤法

过滤法是最常用的分离方法之一。当溶液和沉淀的混合物通过过滤器时，沉淀就留在滤纸上，溶液则通过过滤器而滤入接收的容器中。过滤所得的溶液叫作滤液。

溶液的温度、黏度、过滤时的压力和沉淀物的状态都会影响过滤的速度。热的溶液比冷的溶液容易过滤；溶液的黏度越大，过滤越慢；减压过滤比常压过滤快；沉淀若呈胶状，必须先加热一段时间来破坏它，否则它要透过滤纸进入滤液，发生透滤而导致分离不完全。总之，要考虑各方面的因素来选用不同的过滤方法。

常用的过滤方法有 3 种：常压过滤、减压过滤和热过滤。

(1) 常压过滤

此法最为简便和常用。先把滤纸折叠成四层，展开成圆锥形（图 3-43）。如果漏斗的规格不标准（非 60°），滤纸和漏斗就不密合，这时需要重新折叠滤纸，把它折成一个适当的角度。然后把三层滤纸外层撕去一小角，将滤纸放入漏斗中，滤纸边缘应略低于漏斗的边缘。用食指把滤纸按在漏斗内壁上，用少量水将滤纸润湿，轻压滤纸赶去气泡。向漏斗中加水至滤纸边缘，这时漏斗颈内应全部充满水，形成水柱，由于液柱的重力可起抽滤作用，使过滤大为加速。若不形成水柱，可能是滤纸没有贴紧，或者是漏斗颈不干净，这时应重新处理。

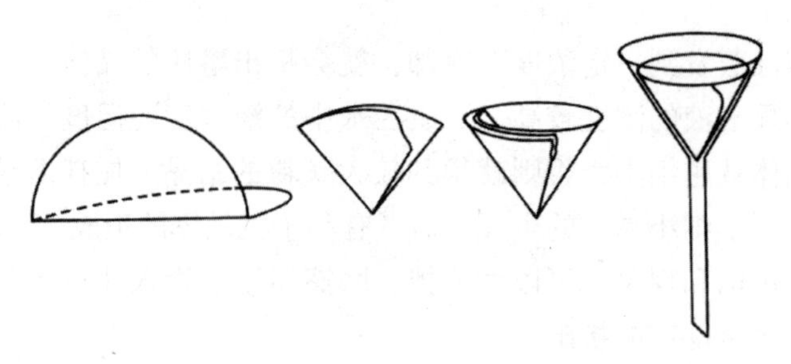

图 3-43　滤纸的折叠和安放

过滤时应注意，将漏斗置于漏斗架之上，接受滤液的洁净烧杯放在漏斗下面，使漏斗颈下端在烧杯边沿以下 3~4 cm 处，并与烧杯内壁靠紧。先将沉淀倾斜静置，然后将上层清液小心倾入漏斗滤纸中，使清液先通过滤纸，而沉淀尽可能地留在烧杯中，尽量不搅动沉淀，操作时一手拿住玻璃棒，使与滤纸近于垂直，玻璃棒位于三层滤纸上方，但不和滤纸接触。另一只手拿住盛沉淀的烧杯，烧杯嘴靠住玻璃棒，慢慢将烧杯倾斜，使上层清液沿着玻璃棒流入滤纸中，随着滤液的流注，漏斗中液体的体积增加，至滤纸高度的 2/3 处，停止倾注（切勿注满），停止倾注时，可沿玻璃棒将烧杯嘴往上提一小段，扶正烧杯；在扶正烧杯以前不可将烧杯嘴离开玻璃棒，并注意不让沾在玻璃棒上的液滴或沉淀损失，把玻璃棒放入烧杯内，但勿把玻璃棒靠在烧杯嘴部。沉淀转移操作如图 3-44 所示，在滤纸上洗涤沉淀如图 3-45 所示。

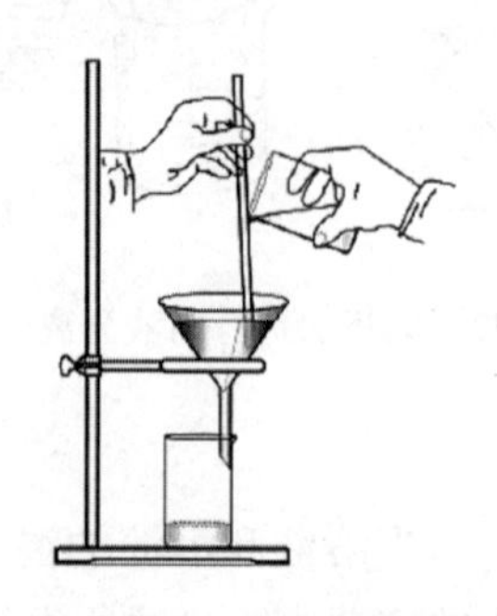

图 3-44　沉淀转移操作

图 3-45　在滤纸上洗涤沉淀

（2）减压过滤

又称“抽滤”或“吸滤”。减压过滤可缩短过滤的时间，并可把沉淀抽得比较干爽，但它不适用于胶状沉淀和颗粒太细的沉淀的过滤。

减压过滤装置是利用水泵的负压原理将空气带走，从而使抽滤瓶内压力减小，在布氏漏斗内的液面与抽滤瓶内造成一个压力差，提高了过滤的速度。在连接水泵的橡胶管和抽滤瓶之间安装一个安全瓶，用以防止因关闭水阀或水泵后水流速度的改变引起水倒吸，进入抽滤瓶将滤液沾污并冲稀。也正因为如此，在停止过滤时，应先从抽滤瓶上拔掉橡胶管，然后才关闭水泵。

抽滤用的滤纸应比布氏漏斗的内径略小，但又能把瓷孔全部盖住。将滤纸放入并润湿后，慢慢打开水泵开关，先稍微抽气使滤纸紧贴，然后用玻璃棒往漏斗内转移溶液，加入的溶液不要超过漏斗容积的 2/3。注意漏斗管下方的斜口要对着抽滤瓶的支管口。等溶液流完后再转移沉淀，继续减压抽滤，直至沉淀抽干。滤毕，先拔掉橡胶管，再关水泵。用玻璃棒或药匙轻轻揭起滤纸边取出滤纸和沉淀，滤液则由抽滤瓶的上口倾出。减压过滤装置如图 3-46 所示。

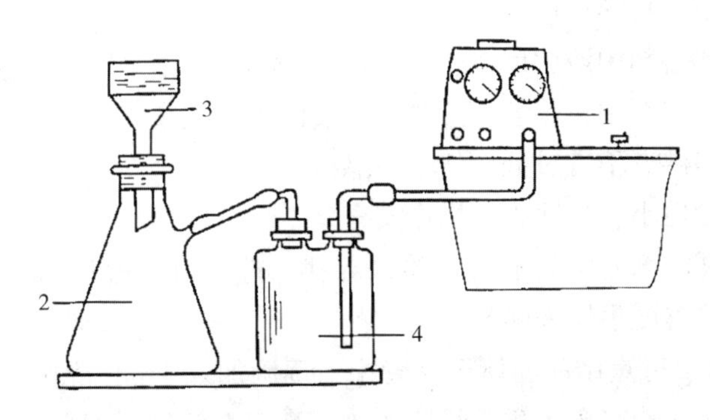

图 3-46　减压过滤装置

1—水循环真空泵　2—抽滤瓶　3—布氏漏斗　4—缓冲瓶/安全瓶

对于需要洗涤的沉淀，则应在沉淀基本抽干时关小水泵或暂停抽滤，加入洗涤剂使其与沉淀充分接触后，再开大水泵将沉淀抽干。

有些浓的强酸、强碱或强氧化性溶液，过滤时不能使用滤纸，因为它们会与滤纸发生反应而破坏滤纸。这时可用的确良布或尼龙布来代替滤纸。另外浓的强酸溶液也可使用烧结漏斗（也叫砂芯漏斗）过滤。

（3）热过滤

如果溶液中的溶质在温度下降时容易析出大量晶体，而又不希望它在过滤过程中留在滤纸上，这时就要采用热过滤法。过滤时可把短颈玻璃漏斗放在铜质的热漏斗内，热漏斗内装有热水，以维持温度。也可以在过滤前把无颈（或短颈）漏斗放在水浴上用蒸汽加热，然后使用。此法较简单易行。另外，热过滤时选用漏斗的颈部越短越好，以免过滤时溶液在漏斗颈内停留过久，因散热降温，析出晶体而发生堵塞。

3. 离心分离法

当被分离的沉淀量很少时，可以用离心分离法。实验室常用电动离心机进行离心分离，转速一般为 1~4000 r/min。将盛有沉淀和溶液的离心试管放在离心机管套中，开动离心机，沉淀受到离心力的作用迅速聚集在离心试管的尖端而和溶液分开。用滴管小心地将溶液吸出。如需洗涤，可往沉淀中加入少量的洗涤剂，充分搅拌后再离心分离，重复操作 2~3 次即可。

四、重结晶

重结晶是提纯固体化合物常用方法之一。固体化合物在溶剂中的溶解度随温度变化而改变，一般温度升高溶解度也增大。如果把固体化合物溶解在热的溶剂中制成饱和溶液，然后冷却至室温或室温以下，就会有结晶固体析出。利用溶剂对被提纯物质和杂质的溶解度的不同，使杂质在热过滤中被除去或冷却后被留在母液中，从而达到提纯的目的。重结晶提纯方法主要用于提纯杂质含量小于5%的固体化合物。

重结晶提纯的一般过程为：选择溶剂→溶解固体→除去杂质→析出晶体→收集和洗涤晶体→干燥晶体

1. 选择溶剂

重结晶的关键是选择适宜的溶剂，合适的溶剂必须具备下列条件：

①与被提纯物质不起化学反应。

②被提纯物质在热溶剂中溶解度大，冷却时溶解度变小，而杂质在热、冷溶剂中溶解度都较大，或者杂质在热溶剂中不溶解，这样在热过滤中可把杂质除去。

③溶剂易挥发，但沸点不宜过低，便于与晶体分离。

④希望价格低、毒性小、易回收、操作安全。

在实际工作中选择溶剂通常要通过试验来寻找，选择时一般根据“相似相溶”的原理，通过查阅溶剂手册或溶解度手册来确定。

具体方法：取 0. 1 g 待重结晶固体于试管中，逐滴加入 1 mL 待选溶剂，不断振荡试管，注意观察固体是否溶解，若完全溶解或间接加热至沸完全溶解，但冷却后无结晶析出，表明该溶剂是不适用的；若此物质完全溶于 1 mL 沸腾的溶剂中，冷却后析出大量结晶，这种溶剂一般认为是合适的；如果试样不溶于或未完全溶于 1 mL 沸腾的溶剂中，则可逐步添加溶剂，每次约加 0. 5 mL，并继续加热至沸，当溶剂总量达 4 mL，加热后样品仍未全溶（注意未溶的是否为杂质），表明此溶剂也不适用；若该物质能溶于 4 mL 以内热溶剂中，冷却后仍无结晶析出，必要时可用玻璃棒摩擦试管内壁或用冷水冷却，促使结晶析出，若晶体仍不能析出，则此溶剂也是不适合的。

按上述方法对待选溶剂逐一进行试验，比较可选出较为理想的重结晶溶剂。当难以选出一种合适溶剂时，常使用混合溶剂。混合溶剂一般是由两种彼此可溶的溶剂组成，其中一种较易溶解结晶，另一种较难或不能溶解。常用的混合溶剂有：乙醇—水、乙醇—乙醚、乙醇—丙酮、乙醚—石油醚等。

2. 溶解固体

将待重结晶的粗产物在窄口容器（如圆底烧瓶、锥形瓶）中，加入比计算量略少的溶剂，加热到沸腾。若仍有固体未溶解，则在保持沸腾下逐渐添加溶剂至固体恰好溶解，最后再多加15%~20%的溶剂，否则在热过滤时，由于溶剂的挥发和温度的下降导致溶解度降低而析出结晶，但如果溶剂过量太多，则难以析出结晶，需将溶剂蒸出。

如用低沸点易燃有机溶剂重结晶时，必须按照安全操作规程进行，不可粗心大意。有机溶剂往往不是易燃就是具有一定的毒性，或两者兼有，因此容器应选用锥形瓶或圆底烧瓶，装上回流冷凝管。

3. 去除杂质

①热过滤。溶液中如有不溶性杂质时，应趁热过滤，防止在过滤过程中，由于温度降低而在滤纸上析出结晶。为了保持滤液的温度使过滤操作尽快完成，一是选用短颈径粗的玻璃漏斗，二是使用折叠滤纸（菊花形滤纸），三是使用热水漏斗（图3-47、图3-48）。

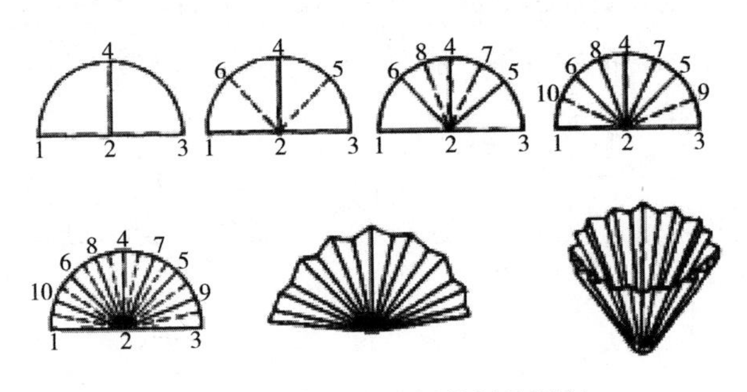

图3-47　折叠式滤纸的折叠顺序

图3-48　热过滤（热漏斗）

②活性炭处理。若溶液有颜色或存在某些树脂状物质、悬浮状微粒难以用一般过滤方法过滤时，则要用活性炭处理，活性炭对水溶液脱色较好，对非极性溶液脱色效果较差。

使用活性炭时，不能向正在沸腾的溶液中加入活性炭，以免溶液暴沸而溅出。一般来说，应使溶液稍冷后加入活性炭，较为安全。活性炭的用量视杂质的多少和颜色的深浅而定，由于它也会吸附部分产物，故用量不宜太大，一般用量为固体粗产物的1%~5%。加入活性炭后，在不断搅拌下煮沸5~10 mm，然后趁热过滤；如一次脱色不好，可再用少量活性炭处理一次。

4. 析出晶体

结晶过程中，晶体颗粒太小，虽然其包含的杂质少，但却由于表面积大而吸附杂质多；而颗粒太大，则在晶体中会夹杂母液，难于干燥。因此，应将滤液静置，使其缓慢冷却，不要急冷或剧烈搅动；当发现大晶体正在形成时，轻轻摇动使之形成较均匀的小晶体。为使结晶更完全，可使用冰水冷却。

如果被纯化的物质不析出晶体而析出油状物，其原因之一是热的饱和溶液的温度比被提纯物质的熔点高或接近。油状物中含杂质较多，可重新加热溶液至清液后，让其自然冷却至开始有油状物出现时，立即剧烈搅拌，使油状物分散，也可搅拌至油状物消失。

5. 收集和洗涤晶体

把结晶从母液中分离出来，通常用抽气过滤（或称减压过滤）。在布氏漏斗中铺一张比漏斗底部略小的圆形滤纸，过滤前先用溶剂润湿滤纸，打开水泵，抽气，使滤纸紧紧贴在漏斗上，将待过滤的混合物倒入布氏漏斗中，使固体物质均匀分布在整个滤纸面上，用少量滤液将黏附在容器壁上的结晶洗出，继续抽气，并用玻璃棒挤压晶体，尽量除去母液，滤得的固体也称滤饼。为了除去结晶表面的母液，可用少量干净的冷溶剂均匀洒在滤饼上，并用玻璃棒轻轻翻动晶体，使全部结晶刚好被溶剂浸润（注意不要使滤纸松动），抽除溶剂，重复操作 2 次，就可把滤饼洗净。

6. 干燥晶体

用重结晶法纯化后的晶体，其表面还吸附有少量溶剂，应根据所用溶剂及结晶的性质选择恰当的方法进行干燥。

第八节　气体的发生与收集

一、气体的发生

实验室中常用启普发生器（图 3-49）来制备 H_2、CO_2 和 H_2S 等气体。启普发生器是由一个葫芦状的玻璃容器、球形漏斗和导气管旋塞三部分组成。固体药品放在中间圆球内（可通过中间球体的侧口或上口加入，加入固体的量以不超过球体容积的 1/3 为宜），放固体之前可在中间圆球内放些玻璃棉来承受固体，以免固体掉至下部球内。酸液从球形漏斗加入，加酸时应先打开导气管旋塞，待加入的酸与固体接触时，立即关闭导气管旋塞，继续加酸至球形漏斗上部球体的 1/4~1/3 处。

使用时，打开导气管旋塞，由于压力差，酸液自动下降进入中间球内，与固体接触而产生气体。要停止使用时，只要关闭旋塞，继续发生的气体会把酸液从中间球内压入球及球形漏斗内，使酸液与固体不再接触而停止反应。下次使用时，只要重新打开旋塞即可产生气体，使用十分方便。

当启普发生器内的固体即将用完或酸液浓度降低，产生的气体量不够时，应补充固体或更换酸液。补充固体时，应关闭导气管旋塞，使球内酸液压至球形漏斗中，使之与固体脱离接触，然后用橡胶塞塞紧漏斗的上口，拔下导气管上的塞子，从侧口加入固体。更换酸液时，可先关闭导气管旋塞，使废液压入球形漏斗中，用移液管把废液吸出，或从下球的侧口放出废液（若从下口放出废液，应先用橡胶塞塞紧球形漏斗口，把启普发生器仰放在废液缸上，使下口塞附近无酸液，再拔下塞子，使启普发生器下倾，让废液慢慢流出）。当废液流完后，可从球形漏斗加入新的酸液（更换酸液时，要戴橡胶手套）。

启普发生器不能加热，装入的固体反应物必须是较大的颗粒，不适用于小颗粒或粉末的固体反应物。所以制备 HCl、Cl_2、SO_2 等气体就不能使用启普发生器，而改用如图 3-50 所示的气体发生装置。把固体加在蒸馏瓶内，把酸液装在分液漏斗中。使用时打开分液漏斗下面的旋塞，使酸液均匀地滴加到固体上，就产生气体。当反应缓慢或不发生气体时，可以微微加热。如果加热后仍不起反应，则需要更换固体药品。

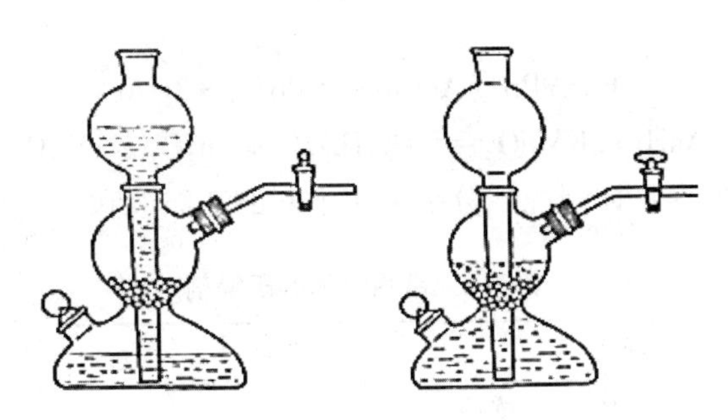

图 3-49　启普发生器

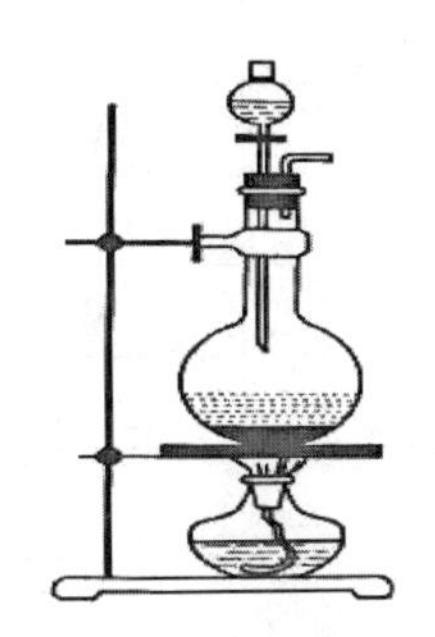

图 3-50　气体发生装置

二、气体的净化和干燥

实验室中制备的气体常带有酸雾和水汽，所以在要求高的实验中就需要净化和干燥。为了得到比较纯净的气体，酸雾可用水或玻璃棉除去；水汽可用浓硫酸、无水氯化钙或硅胶吸收。一般情况下使用洗气瓶、干燥塔、U 形管或干燥管等仪器（图 3-51）进行净化或干燥。液体（如水、浓硫酸等）装在洗气瓶内，无水氯化钙和硅胶装在干燥塔或 U 形管内，玻璃棉装在 U 形管或干燥管内。

例如：用锌粒与酸作用制备氢气时，由于制备氢气的锌粒中常含有硫、砷等杂质，所以在气体发生过程中常夹杂有硫化氢、砷化氢等气体。硫化氢、砷化氢和酸雾可通过高锰酸钾溶液、醋酸铅溶液除去。再通过装有无水氯化钙的干燥管进行干燥。其化学反应方程式为：

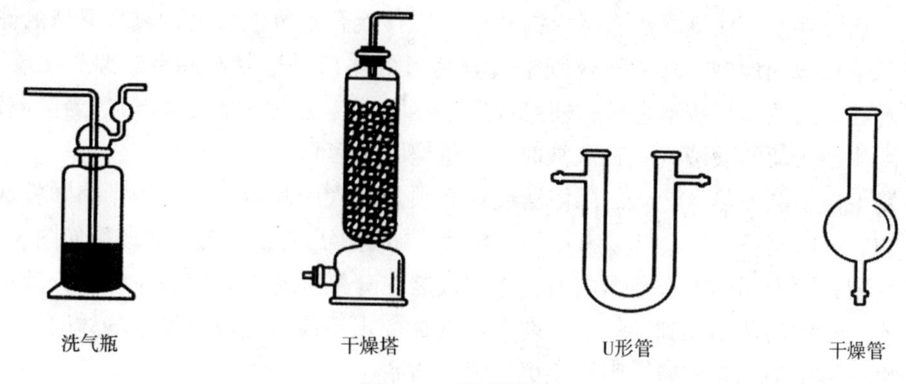

图 3-51 干燥装置

$$H_2S+Pb(Ac)_2 = PbS\downarrow +2HAc$$

$$AsH_3+2KMnO_4 = K_2HAsO_4+Mn_2O_3\downarrow +H_2O$$

不同性质的气体应根据具体情况，分别采用不同的洗涤液和干燥剂进行处理（表 3-6）。

表 3-6 常用气体的干燥剂

气体	干燥剂	气体	干燥剂
H_2	$CaCl_2$，P_2O_5，H_2SO_4（浓）	H_2S	$CaCl_2$
O_2	同上	NH_3	CaO 或 CaO 同 KOH 混合物
Cl_2	$CaCl_2$	NO	$Ca(NO_3)_2$
N_2	H_2SO_4（浓），$CaCl_2$，P_2O_5	HCl	$CaCl_2$
O_3	$CaCl_2$	HBr	$CaBr_2$
CO	H_2SO_4（浓），$CaCl_2$，P_2O_5	HI	CaI_2
CO_2	同上	SO_2	H_2SO_4（浓），$CaCl_2$，P_2O_5

三、气体的收集

收集气体时，应根据气体的性质采用不同的方法。

①在水中溶解度很小的气体（如氢气、氧气）可用排水集气法（图 3-52）收集。

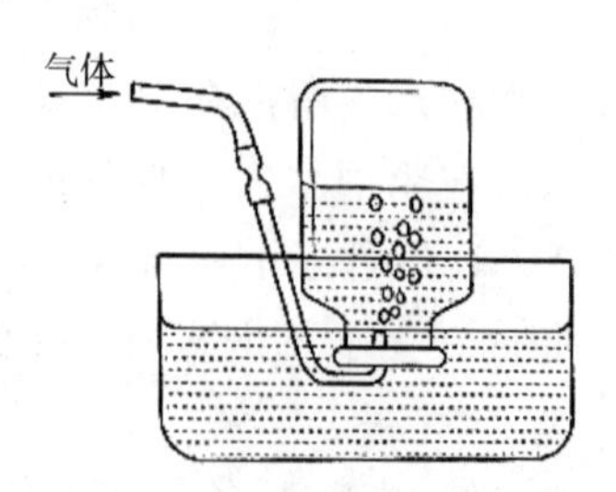

图 3-52 排水集气法

②易溶于水而密度比空气小的气体（如氨气）可用瓶口向下的排气集气法（图 3-53）收集。

③能溶于水而密度比空气大的气体（如氯气、二氧化碳）可用瓶口向上的排气集气法（图 3-54）收集。

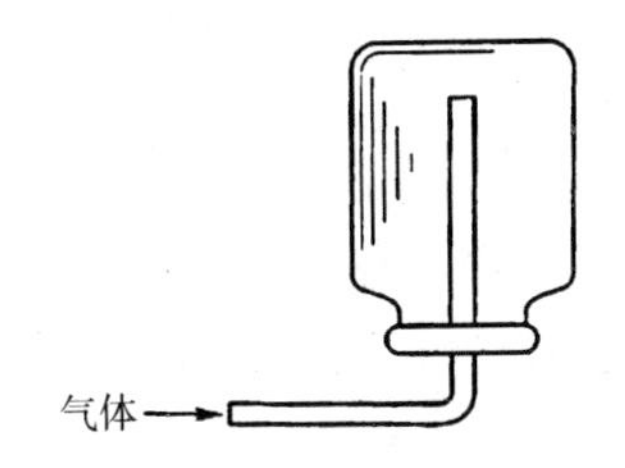

图 3-53 瓶口向下的排气集气法

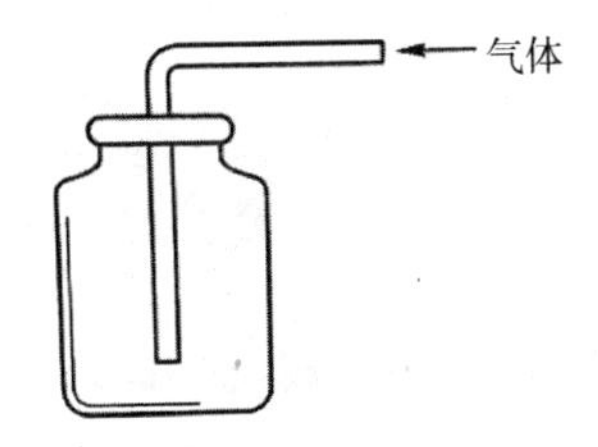

图 3-54 瓶口向上的排气集气法

第九节 升华

具有较高蒸气压的固体物质，在加热到熔点以下，不经过熔融状态就直接变成蒸气，蒸气遇冷后，又直接变成固体，这个过程称为升华。升华是提纯固体有机化合物的方法之一，用升华法得到的产品纯度较高，但损失较大，此法特别适用于纯化易潮解的物质。

能用升华方法提纯的物质，必须满足以下两个条件：

①被精制的固体要有较高的蒸气压（在熔点前高于 267 Pa）。

②杂质的蒸气压与被纯化的固体化合物的蒸气压之间有显著的差异。

图 3-55 为升华装置，在蒸发皿上放入已充分干燥的待升华的固体物质，蒸发皿上盖一张钻有密集小孔的滤纸，滤纸上倒扣一个口径比蒸发皿略小的玻璃漏斗，漏斗颈部塞一些棉花，防止蒸气逸出。

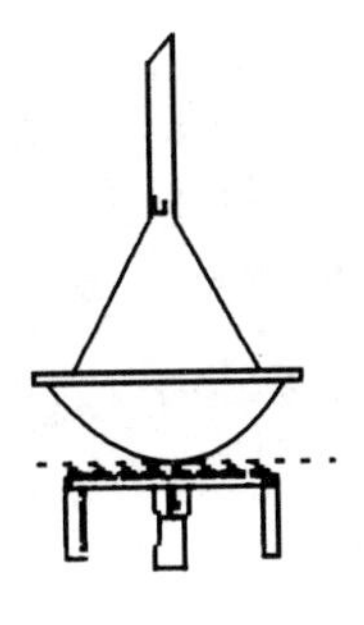
图 3-55 升华实验装置

物质的升华速度与其表面积有关，物质的表面积越大，升华得越快，为了提高升华速度，进行升华操作前，常常将待升华的物质粉碎并研细。

第十节 萃取与洗涤

萃取和洗涤是分离和提纯有机化合物常用的操作之一，通常被萃取的是固态或液态的物质，它们的基本原理都是利用物质在互不相溶（或微溶）的溶剂中不同的溶解度而达到分离。萃取是从液体或固体混合物中提取所需物质，洗涤是从混合物中除去不需要的少量杂质，所以洗涤也是一种萃取。

一、液—液萃取

1. 原理

在一定温度、一定压力下，一种物质 X 在两种互不相溶的溶剂 A、B 中的分配浓度（g/mL）之比是一常数，即分配系数，用 K 表示。用公式表示为：

$$K(\text{分配系数})=\frac{\text{X 在溶剂 A 中的浓度}}{\text{X 在溶剂 B 中的浓度}}$$

假设：V 为原溶液的体积（mL）；W_0 为萃取前溶质的总量（g）；W_1、W_2、…、W_n 分别为萃取 1 次、2 次…、n 次后溶质的剩余量（g）；S 为每次萃取溶剂的体积（mL）。

第 1 次萃取后：$K=\frac{W_1/V}{(W_0-W_1)/S}$，即 $W_1=W_0\frac{KV}{KV+S}$

第 2 次萃取后：$W_2=W_0\left(\frac{KV}{KV+S}\right)^2$

第 n 次萃取后：$W_n=W_0\left(\frac{KV}{KV+S}\right)^n$

由上可见，用相同量的溶剂分 n 次萃取比一次萃取好，即“少量多次”萃取效率高。但并非萃取次数越多越好，从诸因素综合考虑一般以萃取 3 次为宜。

此外，萃取效率还受萃取剂性质的影响。选择萃取剂时，首先，使被提取物质在其中的溶解度大，而其他物质在其中的溶解度小；其次，萃取剂的密度要适当，以利于后续两相分层；最后，萃取剂沸点不宜太高，否则溶剂的回收温度太高，可能会造成被提取物质的分解。

洗涤常用于有机物中除去少量酸、碱等杂质，这类萃取剂一般用 5% NaOH，5% 或 10% Na_2CO_3、$NaHCO_3$、稀 HCl、稀 H_2SO_4 等。5% HCl 水溶液等酸性萃取剂主要用于除去待萃取液中的碱性物质，5% NaOH 水溶液等碱性萃取剂主要用于除去待萃取液中的酸性物质，水则用于除去液体混合物中的无机盐、无机酸碱及小分子醇、酸之类的极性有机物质。常用的萃取剂如表 3-7 所示。

表 3-7　液—液萃取常用的溶剂

溶剂	密度/（$g\cdot mL^{-1}$）	沸点/℃	溶剂	密度/（$g\cdot mL^{-1}$）	沸点/℃
石油醚	0.63~0.65	30~60	水	1.0	100
己烷	0.69	69	饱和 NaCl 水溶液	1.2	—
甲苯	0.87	111	5%HCl 水溶液	1.0	—
乙醚	0.71	35	5%NaOH 水溶液	1.0	—
二氯甲烷	1.34	40	5%$NaHCO_3$ 水溶液	1.0	—

2. 萃取/洗涤操作

常用的分液漏斗有球形、锥形和梨形等。不同形状的分液漏斗又有不同的规格，萃取前应选择大小合适、形状适宜的分液漏斗，选择的漏斗应使加入液体的总体积不超过其容积的3/4，使用前需先检查是否漏液。检查方法如下：将少量水注入分液漏斗，检查旋塞处是否漏水，将漏斗倒过来，检查盖子是否漏水。如果旋塞处漏水，用纸擦净旋塞及旋塞孔道的内壁，在旋塞上抹少许凡士林，注意不要抹在旋塞的孔中，然后插上旋塞旋转至透明为止。

具体操作：关上分液漏斗的旋塞，将待萃取液及萃取剂注入分液漏斗，盖好盖子，右手握住分液漏斗的上口颈部，并用食指的根部顶住分液漏斗的塞子，以免塞子松动而漏液，左手的食指和中指蜷握在旋塞的柄上。振摇分液漏斗（图 3-56），使萃取剂与待萃取液充分混合。开始振摇时要慢，振摇几次后，将分液漏斗的下口朝上倾斜，旋开旋塞进行放气，使分液漏斗内外压力平衡。若漏斗内装有易挥发的溶剂，更应注意及时放气，否则分液漏斗的塞子可能会被顶出而出现漏液。放气后关好旋塞再振摇，如此反复操作几次后，将分液漏斗固定在铁圈上，静置。待分液漏斗内的液体分层后，取下上口塞，小心旋开旋塞，放出下层液体，上层液体则从分液漏斗的上口倒出，切不可从下口放出，以免被残留在漏斗下部的下层液体污染。

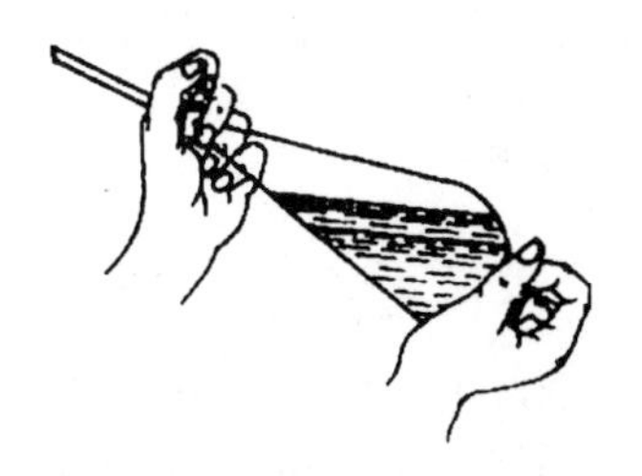

图 3-56　振荡分液漏斗的示意图

分液漏斗用后，应用水冲洗干净，玻璃塞用薄纸包裹后塞回去。

萃取过程中，有时会发生乳化现象，即分液漏斗内的液体形成了乳浊液，即使静置较长时间，分液漏斗内的液体仍然没有分层或没有明显的两相界面，无法完成分液操作。此时需根据乳浊液形成的可能原因采取相应的破乳方法。

①由于少量轻质固体物的掺杂而形成的乳浊液，可采用抽滤的方法进行破乳。

②由于两种溶剂部分互溶或两液相的相对密度相差较小而形成乳浊液，而且溶剂之一为水，可加入少量电解质如氯化钠来破乳。

③由于碱性物质的存在而形成的乳浊液，可加入少许无机酸来破乳。

④由于存在表面活性较强的物质而形成的乳浊液，可加入少许醇类物质如乙醇、丁醇或戊醇来破乳。

⑤长时间静置或加热也可能破乳。

二、液—固萃取

从固体中提取所需物质，是利用溶剂对样品中被提取成分和杂质之间溶解度的不同而达到分离提取目的，在实验室中常使用 Soxhlet 提取器（图 3-57）。

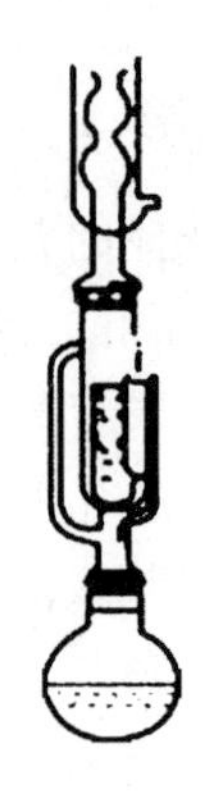

图 3-57　索氏提取装置

索氏提取器也称脂肪提取器，是一种连续萃取装置，由圆底烧瓶、提取器和冷凝管组成。提取器内放一有底的滤纸筒，内装待萃取的固体样，圆底烧瓶中装萃取剂，提取器旁边有一根虹吸管，利用萃取剂的回流和虹吸作用，固体中的可溶物质被萃取并富集于圆底烧瓶中。在进行提取之前，先用滤纸筒装入研细的被提取固体，放入提取筒中。然后开始加热，使溶剂回流，待提取筒中的溶剂液面超过虹吸管上端后，提取液自动流入加热瓶中，溶剂受热回流，循环直至物质大部分提出后为止。一般需要数小时才能完成，提取液经浓缩或减压浓缩后，将所得固体进行重结晶，即得纯品。

三、问题与讨论

①在 15℃时，4 g 正丁酸溶于 100 mL 水中，用 100 mL 苯来萃取正丁酸。已知：15℃时正丁酸在水中与苯中的分配系数为 $K=1/3$，若用 100 mL 苯来萃取 1 次，则萃取后正丁酸在水中的剩余量为多少？若用 100 mL 苯分成 3 次萃取，最后正丁酸在水中剩余量为多少？

②两种不相溶的液体同在分液漏斗中，请问密度相对大的在哪一层？如何快速判断水层？

第十一节　熔点的测定和温度计的校正

固态物质在大气压下达到固液两态平衡时的温度叫固体物质的熔点，纯净的有机化合物一般都具有固定的熔点。且从开始熔化（初熔）至完全熔化（全熔）的温度范围叫作熔程，

一般不超过 0.5~1℃。当含有杂质时，会使其熔点下降，熔程变宽。由于大多数有机化合物的熔点都在 300℃以下，较易测定，故测定熔点可以鉴别未知的固态有机化合物或判断有机化合物的纯度。如果两种固体有机化合物具有相同或相近的熔点，可以采用混合熔点法来鉴别它们是否为同一化合物，若是两种不同化合物，通常会使熔点下降（也有例外），如果是相同化合物则熔点不变。

一、熔点的测定方法

测定熔点的方法较多，目前主要有经典毛细管法（齐氏管法）和熔点仪法。

1. 齐氏管法

样品装填在毛细管内，通过目视观察样品的塌陷熔解现象，记录熔程。

①熔点管通常用内径约 1 mm、长为 60~70 mm、一端封闭的毛细管作为熔点管。

②仪器装置：齐氏管法测定熔点最常用的仪器是齐氏管，将其固定在铁架台上，倒入导热油，使液面在齐氏管的叉管处，管口安装插有温度计的开槽塞子，毛细管通过导热液黏附或用橡皮圈套在温度计上，使试样位于水银球的中部，然后调节温度计位置，使水银球位于齐氏管上下叉管中间（图 3-58），因为此处对流循环好，温度均匀。

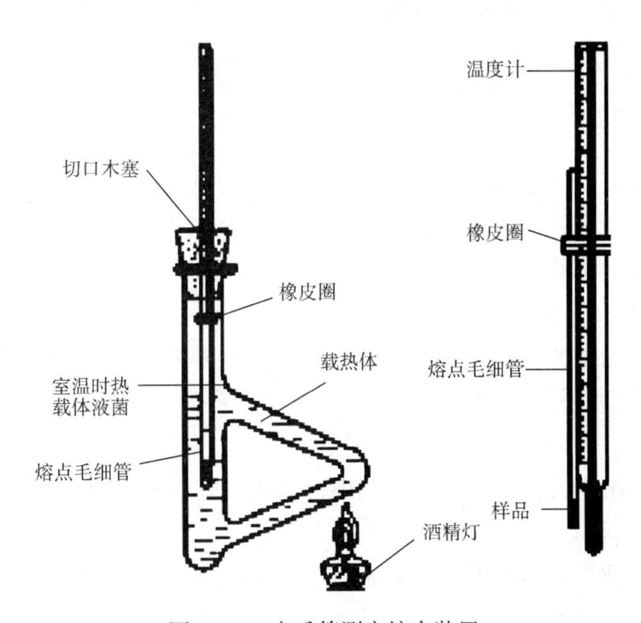

图 3-58　齐氏管测定熔点装置

2. 熔点仪法

熔点仪法是用显微熔点仪或精密显微熔点仪测定熔点，其实质是在显微镜下观察熔化过程。如图 3-59 所示，样品的最小测试量不大于 0.1 mg，测量熔点温度范围为 20~320℃。本法有如下优点：样品用量少，能精确观测物质受热过程。

操作的方法：取一片洁净干燥的载玻片放在仪器的可移动支持器上，将微量经过烘干、研细的样品放在载玻片上，并用另一载玻片覆盖住样品，调节支持器使样品对准加热台中心洞孔，调节镜头焦距，使样品清晰可见，通电加热，调节加热旋钮控制升温速度，开始可快

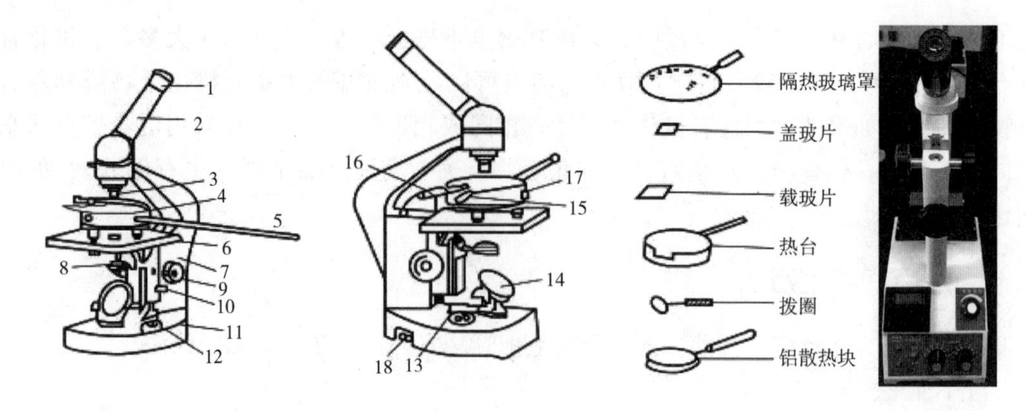

图 3-59　显微熔点测定仪

1—目镜　2—棱镜检偏部件　3—物镜　4—热台　5—温度计　6—载热台　7—镜身　8—起偏振件　9—粗动手轮　10—止紧螺钉　11—底座　12—波段开关　13—电位器旋钮　14—反光镜　15—拨动圈　16—上隔热玻璃　17—地线柱　18—电压表

些，当温度低于样品熔点 10~15℃时，用微调旋钮控制升温速度不超过 1℃/min，仔细观察样品变化，当晶体棱角开始变圆时，表示开始熔化，晶体形状完全消失、变成液体时表明完全熔化。测毕，停止加热，用镊子取出载玻片，散热冷却后重测。如此反复测 2~3 次。

二、温度计的校正

测定熔点时，温度计上显示的熔点与真实熔点之间常有一定的偏差，这可能由以下原因引起：温度计的制作质量差，刻度不准确；温度计有全浸式和半浸式两种，全浸式温度计的刻度是在温度计汞线全部均匀受热的情况下刻出来的，而测熔点时仅有部分汞线受热，因而露出的汞线温度较全部受热者低；温度计长期在过高或过低温度中使用，使玻璃发生变形。为了校正温度计，可选用纯有机化合物的熔点作为标准或选用一标准温度计校正。

1. 以纯有机化合物的熔点为标准

选择数种已知熔点的纯有机物，测定它们的熔点，以实测熔点温度为横坐标，与已知熔点的差数为纵坐标，画出校正曲线图，从图中可以找到任一温度时的校正误差值。

2. 与标准温度计比较

把标准温度计与被校正的温度计平行放在热浴中，缓慢均匀加热，每隔 5℃分别记下两支温度计的读数，标出偏差量 Δt（Δt=被校正温度计的温度-标准温度计的温度）。

以被校正温度计的温度为纵坐标，Δt 为横坐标，画出校正曲线以供校正用。

第十二节　简单蒸馏和沸点的测定

一、基本原理

当液态物质受热时，由于分子运动使其从液体表面逃逸出来，形成蒸气压，随着温度升高，蒸气压增大，待蒸气压和大气压或所给压力相等时，液体沸腾，这时的温度称为该液体的沸点。纯净液体一般都具有固定的沸点，因此沸点的测定可以初步判断液体的纯度。

蒸馏就是将液态物质加热到沸腾变为蒸气，又将蒸气冷凝为液体，这两个过程的联合操作。一般用于下列几方面：分离沸点差大于30℃的液体混合物；测定化合物的沸点；提纯（除去不挥发的杂质）；回收溶剂或蒸出部分溶剂以浓缩溶液，它是分离和提纯液态有机化合物常用的方法之一，是重要的基本操作。纯液态有机化合物在蒸馏过程中沸程很小（0.5~1℃），所以可利用蒸馏来测定沸点，但此法用量较大，要10 mL以上，若样品不多时，可采用微量法。

为了消除在蒸馏过程中的过热现象和保证沸腾的平稳状态，常加入素烧瓷片或沸石，或一端封口的毛细管，因为它们都能防止加热时的暴沸现象，故把它们叫作止暴剂。在加热前就应加入止暴剂，当加热后发觉未加止暴剂或原有止暴剂失效时，千万不能直接补加止暴剂。因为当液体在沸腾时投入止暴剂，将会引起猛烈的暴沸，液体易冲出瓶口造成事故，若是易燃的液体，将会引起火灾。

二、蒸馏装置及安装

1. 实验室的蒸馏装置

①蒸馏烧瓶（现常用圆底烧瓶+蒸馏头）。液体在瓶内受热汽化，蒸气经支管进入冷凝管，大小以蒸馏液体占烧瓶体积的1/3~1/2为宜。

②冷凝管。蒸气在冷凝管中冷凝成为液体，液体的沸点高于140℃时用空气冷凝管，低于140℃时用直形冷凝管。液体沸点很低时，可用蛇形冷凝管。

③接收器。常用接引管和接收瓶（锥形瓶或烧瓶），应与外界大气相通。

2. 简单蒸馏装置的安装（图3-60）

安装时遵循“从下到上，从左到右”的原则，装好后整套仪器要做到准确端正，无论从侧面看还是正面看，各个仪器的中心线都要在一条直线上。

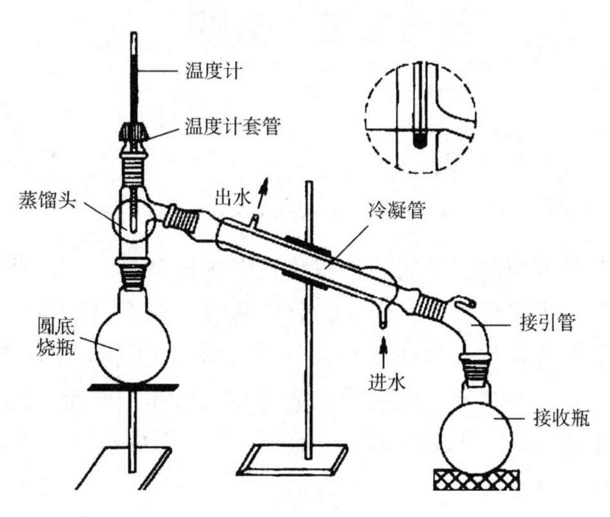

图3-60　简单蒸馏装置

①加热汽化装置的安装。安装时先选择有适当柱高的铁架台，在铁板上放加热装置（如磁力搅拌加热器），然后装上铁夹，夹住圆底烧瓶，烧瓶底部不能紧贴电热套；再在圆底烧瓶上装上蒸馏头，在蒸馏头上装温度计，温度计水银球上端应与蒸馏头支管的下限在同一水平线上。

②冷凝装置。常用的仪器是直形或空气冷凝管。冷凝管必须用铁夹固定，冷却水必须从下端进，上端出。安装冷凝管时，应先调整它的倾斜度，使它与蒸馏头支管成一条直线以保证密闭。

③接收装置。在冷凝管出口接一个接引管，接引管出口应伸入接收瓶中，接收瓶必须干净，如果馏出液的挥发性很大（如乙醚、环己烯等），接收瓶应浸入冷水或冰水中，接收部分务必与大气相通。蒸馏时应经常检查接头的气密性。

三、蒸馏操作

把待蒸馏的液体，通过漏斗加入蒸馏烧瓶中，然后加入1~2粒沸石（也可用磁力搅拌子代替），按普通蒸馏装置安装，接通冷凝水。开始时小火加热，然后调整火焰，使温度慢慢上升，注意观察液体汽化情况。当蒸气的顶端升到温度计水银球部位时，温度开始急剧上升，此时更应控制温度，使温度计水银球上总附有液滴，以保持气液两相平衡，这时的温度正是馏出液的沸点。控制蒸馏速度，以1~2滴/秒，记下第一滴馏出液滴入接收器时的温度。在到达物质的沸点前，常有沸点较低的液体先蒸出，这部分馏出液称为“前馏分”。前馏分蒸完，温度趋于稳定后，蒸出的就是较纯的物质，这时应更换一个洁净干燥的接收瓶。在保持原来加热温度的情况下，不再有馏出液馏出，而且温度突然下降，这种现象说明该馏分基本蒸尽，可停止蒸馏。记下每个馏分的温度范围和重量。蒸馏时切勿蒸干以防意外事故发生。

蒸馏完毕，先停止加热，后停止通水，拆卸仪器，其程序与装配时相反，即按次序取下接收器、接引管、冷凝管和蒸馏烧瓶。

第十三节　分馏

一、基本原理

1. 分馏原理

分馏的基本原理与蒸馏相似，不同的是在装置中多一个分馏柱，液体在分馏柱中进行多次的汽化和冷凝，即相当于多次蒸馏，因此，分馏对沸点相近（2~4℃）的混合物也具有较好的分离效果。沸腾着的混合物蒸气通过分馏柱（工业上用分馏塔）进行一系列的热交换，由于柱外空气的冷却，蒸气中高沸点的组分就被冷却为液体，回流入烧瓶中，故上升的蒸气中含低沸点的组分就相对增加，当冷凝液回流途中遇到上升的蒸气，两者之间又进行热交换，上升的蒸气中高沸点的组分又被冷却，低沸点的组分仍继续上升，如此在分馏柱内反复进行着汽化—冷凝—回流等程序，当分馏柱的效率相当高且操作正确时，在分馏柱顶部出来的蒸气就接近于纯低沸点的组分，这样，最终便可将沸点不同的物质分离出来。

必须指出，当某两种或三种液体以一定比例混合，可组成具有固定沸点的混合物，将这种混合物加热至沸腾时，在气液平衡体系中，气相组成和液相组成一样，故不能使用分馏法将其分离出来，只能得到按一定比例组成的混合物，这种混合物称为共沸混合物或恒沸点混合物，共沸混合物的沸点若低于混合物中任一组分的沸点称为低共沸混合物，也有高共沸混合物。

我们应该注意到水能与多种物质形成共沸物，所以，化合物在蒸馏前，必须仔细地用干燥剂除水。有关共沸混合物的更全面的数据可通过化学手册查到。

2. 影响分馏效率的因素

（1）理论塔板

分馏柱效率是用理论塔板来衡量的，分馏柱中的混合物，经过一次汽化和冷凝的热力学平衡过程，相当于一次普通蒸馏所达到的理论浓缩效率，当分离柱达到这一浓缩效率时，那么分馏柱就具有一块理论塔板。柱的理论塔板数越多，分离效果越好。分离一个理想的二组分混合物所需的理论塔板数与该两个组分的沸点差之间的关系如表 3-8 所示。

表 3-8　二组分的沸点差与分离所需的理论塔板数

沸点差/℃	所需理论塔板数	沸点差/℃	所需理论塔板数
108	1	20	10
72	2	10	20
54	3	7	30
43	4	4	50
36	5	2	100

（2）回流比

在单位时间内，柱顶冷凝返回柱中液体的量与蒸出物的量之比称为回流比。若全回流中每 10 滴收集 1 滴馏出液，则回流比为 9：1。对于非常精密的分馏，使用高效率的分馏柱，回流比可达 100：1。

（3）柱的保温

许多分馏柱必须进行适当的保温，以便能始终维持温度恒定。

二、分馏装置及安装

分馏装置只是在简单蒸馏装置的基础上加了一根分馏柱，分馏柱效率高低与柱的长径比、填充物的种类及分馏柱的绝热性能有关。为了提高分馏柱的分馏效率，在分馏柱内装入具有大表面积的填料，填料之间应保留一定空隙，要遵守适当紧密且均匀的原则，这样就可以增加回流液体和上升蒸气的接触机会。填料有玻璃（玻璃珠、短段玻璃管）或金属（不锈钢棉、金属丝绕成固定形状），玻璃的优点是不会与有机化合物起反应，而金属则可与卤代烷之类的化合物起反应。在分馏柱底部往往放一些玻璃丝以防止填料下坠到蒸馏容器中。分馏装置如图 3-61 所示。

分馏装置的安装同蒸馏装置，注意在分馏柱上端磨口处用铁夹固定，防止装置倒塌。

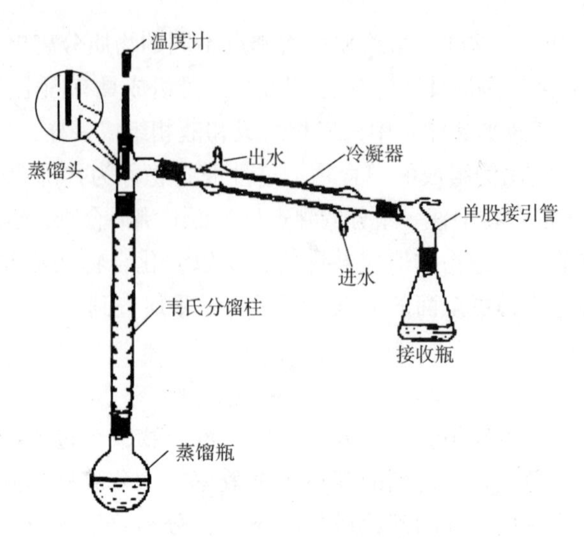

图 3-61　分馏装置

三、操作方法

在液体中加入 1~2 粒沸石或磁力搅拌子，控制加热温度，使馏出速度为 1~2 秒/滴，馏出液馏出速度太快，往往产品纯度下降；馏出速度太慢，上升的蒸气会断断续续，使馏出温度上下波动。当室温低或液体沸点高时，为减少柱内热量损失，可用石棉绳或玻璃布包裹起来。分馏时也要注意切勿蒸干。

第十四节　减压蒸馏

液体的沸点是指它的蒸气压等于外界大气压时的温度，所以液体沸腾的温度随外界压力的降低而降低的。因此，如用真空泵连接盛有液体的容器，使液体表面上的压力降低，即可降低液体的沸点。这种在较低压力下进行蒸馏的操作称为减压蒸馏。

一、基本原理

许多有机化合物的沸点当压力降低到 2.67 kPa（20 mmHg）时，可以比其常压下的沸点降低 100~120℃。因此，减压蒸馏对于分离或提纯沸点较高或性质不太稳定的液态有机化合物具有特别重要的意义。所以，减压蒸馏也是分离提纯液态有机物常用的方法。

在进行减压蒸馏前，应先从文献中查阅该化合物在所选择的压力下的相应沸点，如果文献中缺乏此数据，可用下述经验规律大致推算，以供参考。当蒸馏在 1.3~2.0 kPa 下进行时，压力每相差 133.3 Pa（1 mmHg），沸点相差约 1℃。也可以用图 3-62 压力—温度关系图来查找。

例如，水杨酸乙酯常压下的沸点为 234℃，减压至 2.0 kPa（15 mmHg）时，沸点为多少度？可在图 3-62 中 B 线上找到 234℃的点，再在 C 线上找到 2.0 kPa（15 mmHg）的点，然后通过两点连一条直线，该直线与 A 线的交点为 113℃，即水杨酸乙酯在 2.0 kPa（15 mm-Hg）时的沸点约为 113℃。

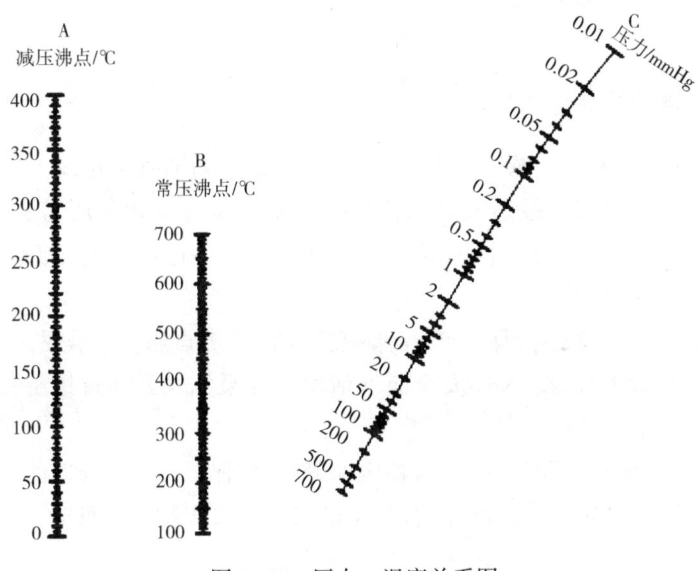

图 3-62　压力—温度关系图

二、减压蒸馏装置

减压蒸馏装置是由蒸馏部分、保护部分、测压部分和减压部分组成。

①蒸馏部分。由圆底烧瓶、克氏蒸馏头、冷凝管、接引管和接收器组成。在克氏蒸馏头带有支管的一侧插上温度计，另一口插一根末端拉成毛细管的厚壁玻璃管，毛细管下端离瓶底 1~2 mm，主要起沸腾中心、搅动作用，并防止暴沸。

接引管一定要使用真空尾接管，与抽气系统相连，当蒸馏中需要收集不同馏分，可用多头接引管。接收器可用烧瓶、梨形瓶等耐压容器，但不能用锥形瓶。

②保护部分。由安全瓶（通常用吸滤瓶）、冷却阱和两个或两个以上吸收塔组成。安全瓶的支口是使减压系统的压力平稳，起缓冲作用。二通旋塞是用来调节系统压力和放空。冷却阱一般放在广口保温瓶中，用冰—盐等冷却剂冷却，目的是把减压系统中低沸点有机溶剂充分冷凝下来，以保护泵。吸收塔内吸收剂的种类根据蒸馏液的性质决定。一般有无水氯化钙、氧化钙、固体氢氧化钠、钠石灰、粒状活性炭、石蜡片、分子筛等，其目的是吸收酸性气体、水蒸气和有机蒸气。若用水泵减压，则可不装吸收装置。

③测压部分。可用水银压力计，一般有一端封闭的封闭式 U 型压力计和开口式的 U 型压力计。开口 U 型压力计，一端接在安全瓶或冷阱上，另一端通大气，当减压系统压力稳定时，先读下两臂水银柱高度差（mmHg），然后用当天的大气压力（mmHg）减去该差值，即为系统的压力或真空度。封闭式 U 型压力计其两水银柱差即为系统的压力（mmHg）。

④减压部分。实验室常用水泵或油泵减压。水泵常因其结构、水压和水温等因素，不易得到较高的真空度，油泵可获得较高的真空度，好的可抽到 0.1 mmHg（133 Pa）。油泵结构

较为精密，如果有挥发性的有机溶剂、水或酸性蒸气进入，会损坏油泵的机械结构和降低真空泵油的质量。如果有机溶剂被油吸收，增加了蒸气压从而降低了泵抽真空效能；若水蒸气被吸入，能使油乳化，使泵油品质变坏；酸性蒸气的吸入能腐蚀机械，因此使用油泵时必须十分注意。

三、减压蒸馏操作

按图 3-63 把仪器安装好，检查系统气密性（先旋紧毛细管上的螺旋夹子，打开安全瓶上二通旋塞，然后开泵抽气，逐渐关闭二通旋塞，系统压力能达到所需真空度且保持不变，说明系统密闭）。若压力有变化，说明漏气，再分别检查各连接处是否漏气，必要时可在磨口接口处涂少量凡士林。

在蒸馏烧瓶中倒入待蒸馏液体（该液体中若含有低沸点组分，需先用普通蒸馏除去），其量控制在瓶容积的 1/3~1/2，关闭安全瓶上活塞，开泵抽气，通过螺旋夹调节毛细管导入空气，使能冒出一连串小气泡为宜。

当系统达到所要求的低压时，使压力稳定，开启冷凝水，选用合适的热浴加热，缓慢加热至液体沸腾，控制馏出速度 1 滴/秒。若开始馏出液比收集物沸点低时，则当达到所需温度时，更换接收器。

蒸馏完毕，撤去热源，慢慢打开毛细管上的螺旋夹子，并缓慢打开安全瓶上的活塞，平衡系统内外压力，然后关闭泵。

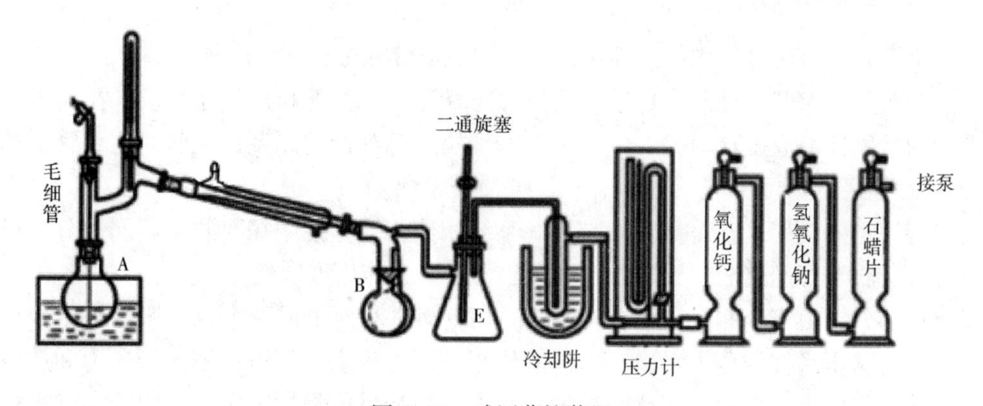

图 3-63　减压蒸馏装置

四、旋转蒸发仪进行减压蒸馏

在制备实验、萃取和柱层析等分离操作中往往要使用大量溶剂，这些溶剂回收时可用蒸馏方法，但由于溶剂量大，需要长时间加热，可能会引起分解，因此最好用旋转蒸发仪进行减压蒸馏（图 3-64）。该仪器由一个由电动带动可旋转的圆底烧瓶和另一个可接减压、冷凝的接收系统组成。当圆底烧瓶内装有欲蒸发的溶液时，边旋转边在水浴上加热，旋转过程中溶液附在烧瓶内壁形成一层薄膜，增加了蒸发表面积，在减压下使溶剂迅速挥发，该仪器特别适用于较大体积低沸点溶剂的迅速蒸发。

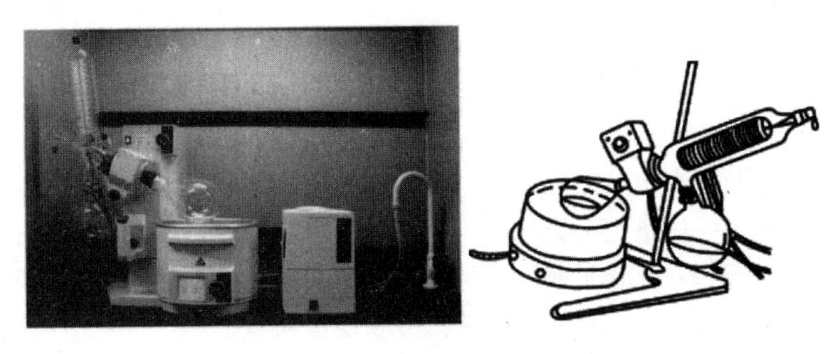

图 3-64　旋转蒸发仪进行减压蒸馏

第十五节　水蒸气蒸馏

一、基本原理

水蒸气蒸馏是用来分离和提纯液态或固态有机化合物的一种方法，常用于下列几种情况：某些高沸点有机物，在常压蒸馏虽可与副产品分离，但易将其破坏；混合物中含有大量树脂状或不挥发性杂质，用蒸馏、萃取等方法都难以分离；从较多固体反应物中分离出被吸附的液体物质。

被提纯物质必须具备以下几个条件：不溶或难溶于水；共沸温度下与水不发生化学反应；在 100℃左右时，必须具有一定的蒸气压（1.33 kPa 以上）。

当有机物与水一起共热时，整个系统的蒸气压根据分压定律，应为各组分蒸气压之和。

$$p = p_{水} + p_{A}$$

其中，p 为总蒸气压，$p_{水}$为水蒸气压，p_{A} 为与水不相溶物质或难溶物质的蒸气压。

当总蒸气压（p）与大气压力相等时，则液体沸腾，此时伴随水蒸气蒸馏出的有机物和水的质量比等于两者分压分别和两者相对分子质量的乘积之比，因此在馏出液中有机物同水的质量比可按下式计算。

$$\frac{m_{A}}{m_{水}} = \frac{M_{A} \times p_{A}}{18 \times p_{水}}$$

显然，混合物的沸点低于任何一个组分的沸点，即有机物可在比其沸点低的温度（低于 100℃）下随蒸气一起蒸馏出来，这样的操作叫作水蒸气蒸馏。

例如，在制备苯胺时（bp. 184.4℃），将水蒸气通入含苯胺的反应混合物中，当温度达到 98.4℃时，苯胺的蒸气压为 56.5 kPa，水的蒸气压为 954.3 kPa，两者总和接近大气压力，混合物沸腾，苯胺就随水蒸气一起被蒸馏出来。

$$\frac{m_{苯胺}}{m_{水}} = \frac{93 \times 56.5}{18 \times 954.3} = 0.31$$

所以馏出液中苯胺的质量分数为$\frac{0.31}{1+0.31} \approx 23.7\%$，此值为理论值。

二、水蒸气蒸馏装置及安装

1. 水蒸气蒸馏装置

水蒸气蒸馏装置包括水蒸气发生器、蒸馏部分、冷凝部分和接收器四个部分。

①水蒸气发生器。一般是用金属制成的，也可用短颈圆底烧瓶代替，一般水量为容器体积的1/3~2/3。瓶口配一双孔软木塞，一孔插入玻璃管作为安全管，另一孔插入水蒸气导出管。通过水蒸气发生器安全管中水面的高低，可以观察到整个水蒸气蒸馏系统是否畅通，若水面上升很高，则说明有某一部分阻塞，这时应立即打开T形管处的止水夹，移去热源，拆下装置进行检查和处理，否则，就有可能发生塞子冲出、液体飞溅的危险。导出管与T形管或两通旋塞相连，T形管的支管套上一短橡皮管，橡皮管上用止水夹夹住，T形管的另一端与蒸馏部分的导入管相连，导入管应尽可能短，以减少水蒸气的冷凝。T形管用来除去水蒸气中冷凝下来的水，当有时操作发生不正常的情况时，可使水蒸气发生器与大气相通。

②蒸馏部分。通常是采用长颈圆底烧瓶，被蒸馏的液体体积不能超过其容积的1/3，斜放桌面成45°，这样可以避免由于蒸馏时液体跳动十分剧烈而引起液体从导出管冲出。

③冷凝部分和接收器。同普通蒸馏装置，此处不再赘述。

2. 安装

水蒸气蒸馏装置的安装原则同蒸馏装置，见图3-65。

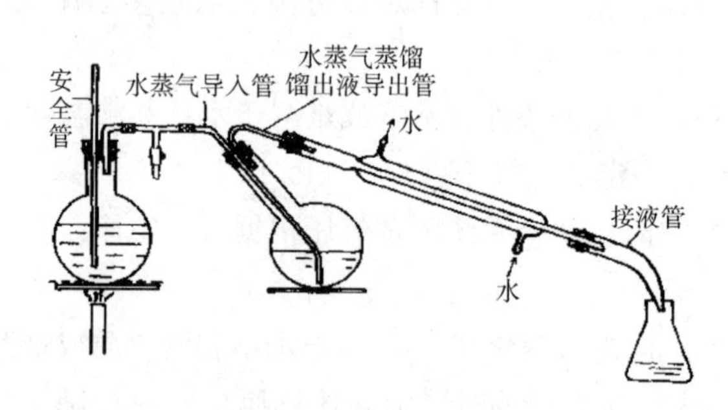

图3-65　水蒸气蒸馏装置

三、操作方法

将待蒸馏物倒入长颈单口烧瓶中，按图3-65搭建装置，检查各接口是否漏气。开始蒸馏前，先将止水夹打开，加热水蒸气发生器中的水至沸腾，当T形管的支管有水蒸气冲出时，把夹子夹紧，让蒸气通入烧瓶中，烧瓶内的混合物逐渐翻腾不息，不久有机物和水的蒸气经过冷凝管冷凝成乳浊液进入接收器，调节火焰，控制馏出速度为2~3滴/秒，如果长颈单口烧瓶中出现冷凝水过多情况，可以在烧瓶底下用小火间接加热。

在蒸馏过程中，必须经常检查安全管中的水位是否正常，有无倒吸现象，蒸馏部分混合物沸腾是否剧烈。一旦发生不正常情况，应立即打开T形管夹子，移去热源，找原因排故障，待故障排除后，方可继续蒸馏。

当馏出液澄清透明不再含油滴时，为水蒸气蒸馏的终点，即可停止蒸馏。这时应先打开T形管夹子，然后移去热源，以防止倒吸。

第十六节　色谱法

色谱法是分离、提纯和鉴定化合物的重要方法。色谱法的基本原理是建立在分配原理的基础上，混合物的各组分随着流动的液体或气体（称为流动相），通过另一种固定的固体或液体（称为固定相），利用各组分在两相中的分配、吸附或其他亲和性能的不同，经过反复作用，最终达到分开的目的。所以色谱法是一种物理分离方法，根据作用原理和操作条件不同，色谱法又可分为纸色谱、薄层色谱、柱色谱、气相色谱和液相色谱等。其中气相色谱和液相色谱可分离的量极小，更多用于组分的分析，一般不用于物质的分离纯化。柱色谱、薄层色谱和纸色谱是经典的色谱法，表3-9对其进行了简单的比较。

表3-9　柱色谱、薄层色谱和纸色谱的比较

项目	柱色谱	薄层色谱	纸色谱
原理概述	样品随流动相流经装有固定相的色谱柱，各组分在其中下移的速度不同，形成不同的谱带，从而得到分离	将点有样品的薄层板置于展开剂中，展开剂带着样品组分沿薄层板上行时，各组分具有不同的移动速率，最终得以分离	将点有样品的薄层纸置于展开剂中，展开剂带着样品通过薄层纸时，各组分在薄层纸上移动速率不同，得以分离
装置	由色谱柱和接收瓶等组成	由层析缸和薄层板组成	由层析缸和薄层纸组成
特点	能分离较大量的物质	高效、简便、用量小，常用于确定柱色谱的最佳分离条件	可分离的试样量小，且耗时

一、柱色谱

1. 原理

柱色谱是待分离的混合物随流动相流经一根装有固定相的色谱柱时，混合物中各组分在固定相上反复发生吸附—脱附—再吸附的过程，由于各组分在固定相上的吸附能力及在流动相中的溶解能力不同，它们在色谱柱中下移的速度不同，在色谱柱中形成不同的谱带，继续用溶液洗脱时，吸附能力最弱的组分首先随着溶剂流出，极性强的后流出，分别收集洗脱剂。如各组分为有色物质，则可按色带分开，若为无色物质，可用紫外光照射后是否出现荧光来检查，也可通过薄层色谱逐个鉴定从而得到分离。

2. 吸附剂（固定相）

柱色谱中的固定相起吸附作用，称为吸附剂。吸附剂有极性和非极性之分，氧化铝和硅胶是柱色谱中最常用的两种吸附剂，属于极性吸附剂。色谱用氧化铝颗粒大小以通过100~150目筛孔为宜，可分为酸性、中性、碱性三种。酸性氧化铝是用1%盐酸浸泡后，用蒸馏水洗至悬浮液pH为4~4.5，适用于分离酸性物质，如有机酸类的分离；中性氧化铝pH为7.5，适用于分离中性物质，如醛、酮、醌、酯等化合物；碱性氧化铝pH为9~10，适用于分离碳氢化合物、生物碱、胺等化合物。

吸附剂的活性取决于其中含水量的多少，如表 3-10 所示，含水量越高，活性越低。

表 3-10　吸附剂活性与含水量的关系

活性等级	Ⅰ	Ⅱ	Ⅲ	Ⅳ	Ⅴ
氧化铝含水量/%	0	3	6	10	15
硅胶含水量/%	0	5	15	25	38

化合物的吸附性与分子的极性有关，分子极性越强，吸附能力越大。氧化铝对各类化合物的吸附性按以下次序递减：酸、碱>醇、胺、硫醇>酯、醛、酮>芳香族化合物>卤代烃、醚>烯>饱和烃。

3. 洗脱剂（流动相）

洗脱剂使物质沿着固定相的相对移动能力称为洗脱能力。柱色谱中常用洗脱剂的极性为：乙烷或石油醚<环己烷<三氯乙烯<二硫化碳<甲苯<二氯甲烷<氯仿<乙醚<乙酸乙酯<丙酮<丙醇<乙醇<甲醇<水<吡啶<乙酸。极性溶剂对于洗脱极性化合物是有效的，对分离组分复杂的混合物，用单一溶剂分离效果往往不理想，需用混合溶剂。

洗脱剂的选择通常是从被分离化合物中各种成分的极性、溶解度和吸附剂的活性等因素来考虑，溶剂选择得合适与否将直接影响到柱色谱的分离效果。柱色谱所使用的洗脱剂一般可通过薄层色谱实验确定，取少量样品溶液在薄层板上点样，选择展开剂进行样品的展开，观察样品组分在薄层板上的展开位置，哪种展开剂能将样品中各组分完全分开，哪种展开剂就可以作为柱色谱的洗脱剂。

4. 实验装置及操作

色谱柱的大小要根据处理量和吸附剂的性质而定，柱的长径比一般为 8∶1。吸附剂用量一般为被吸附样品的 30~40 倍，有时更多。柱色谱的实验装置如图 3-66 所示。

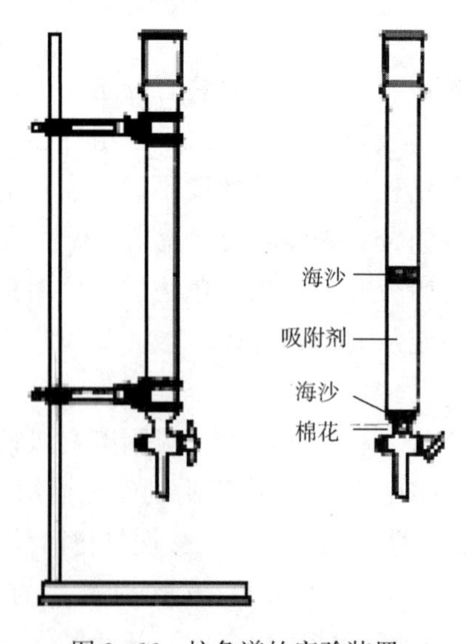

图 3-66　柱色谱的实验装置

①装柱之前，先将空柱洗净干燥，垂直固定在铁架上，在柱底铺一层玻璃棉/脱脂棉，再在上面覆盖0.5~1 cm厚的石英砂/海沙。

②装柱的方法有湿法和干法两种。A. 湿法装柱先将溶剂倒入柱内约柱高的3/4，然后按一定量的溶剂和吸附剂调成糊状，从柱的上面倒入柱内，同时打开柱下活塞，控制流速1滴/秒，用木棒或套有橡皮管的玻璃棒轻轻敲击柱身，使吸附剂慢慢而均匀地下沉，装好后再覆盖0.5~1 cm的石英砂/海沙。在整个操作过程中，柱内的液面始终要高出吸附剂。B. 干法装柱是在柱子上端放一干燥的漏斗，使吸附剂均匀连续地通过漏斗流入柱内，同时轻轻敲击柱身，使装填均匀。加完后再加入溶剂，使吸附剂全部湿润，在吸附剂上面盖0.5~1 cm厚的石英砂/海沙。再继续敲击柱身，使沙子上层成水平，在沙子上面放一张与柱内径相当的滤纸。一般湿法比干法装得结实均匀。

③加样及洗脱。当溶剂降至吸附剂表面时，把已配成适当浓度的样品，沿着管壁加入色谱柱（也可用滴管滴加），并用少量溶剂分几次洗涤柱壁上所沾的样品。开启下端活塞，使液体慢慢流出，当溶液液面与吸附剂表面相齐时，即可加入大量洗脱剂进行洗脱。若洗脱速度太慢可用减压或加压方法加速，但一般不宜过快。

④洗脱液的收集。当样品各组分有颜色时，可直接观察，分别收集各组分洗脱液；若样品各组分为无色，则一般采用等分收集方法收集。

⑤去溶剂。采用普通蒸馏或旋转蒸发仪减压蒸馏除去溶剂，获得产物。

二、薄层色谱

1. 原理

薄层色谱是一种快速而简单的色谱法，它是将待分离的样品用毛细管点在涂有吸附剂的薄层板（固定相）上，然后将薄层板置于展开剂中，借助吸附剂的毛细作用，展开剂（流动相）带着样品组分沿薄层板缓缓上行，由于样品各组分在展开剂中的溶解能力和在吸附剂上的吸附能力不同，吸附能力弱的组分（即极性较弱的）随流动相迅速向前移动，吸附能力强的组分（即极性较强的）移动慢，最终得以分离。如果各组分本身有颜色，则薄层板干燥后会出现一系列高低不同的斑点，如果本身无色，则可用各种显色方法使之显色，以确定斑点位置。

某物质在薄层板上上升的高度与展开剂上升的高度之比称为该物质的比移值，用R_f表示。当展开条件相同时，R_f是一常数，可以看作物性参数，因此根据R_f值可以确定物质。但展开条件不同时，同一物质的R_f值会不同，甚至会相差很大。

薄层色谱的分离原理与柱色谱非常相似，只是流动相的移动方向不同。在柱色谱中，流动相是沿着固定相向下移动的，而在薄层色谱中，流动相是沿着固定相向上移动的，所以薄层色谱往往被看作是颠倒过来的柱色谱。在柱色谱中适用的吸附剂、洗脱剂同样适用于薄层色谱。但由于薄层色谱快速、简单、用量少，所以常常通过薄层色谱来确定柱色谱的最佳分离条件。

2. 吸附剂（固定相）

与柱色谱一样，薄层色谱常用的吸附剂为氧化铝和硅胶。薄层色谱用氧化铝有氧化铝G、氧化铝GF_{254}和氧化铝HF_{254}，薄层色谱用硅胶有硅胶H、硅胶G、硅胶HF_{254}和硅胶GF_{254}，其中 G 表示吸附剂中含煅石膏黏合剂，H 表示不含黏合剂，F 表示含有荧光物质，可在波长为 254 nm 紫外光下观察荧光。薄层色谱用的吸附剂颗粒一般为 260 目以上，比柱色谱用的小得多，不能混用。

化合物的吸附能力与它们的极性成正比，极性大则与吸附作用强，随展开剂移动慢，R_f 值小；反之极性小，R_f 值大，因此利用硅胶或氧化铝薄层色谱可把不同极性的化合物分开，甚至结构相近的顺、反异构体也可分开。各类有机化合物与上述两类吸附剂的亲和力大小次序大致如下：羧酸>醇>伯胺>酯、醛、酮>芳香族硝基化合物>卤代烃>醚>烯烃>烷烃。

3. 实验装置及操作

薄层色谱的实验装置非常简单，如图 3-67 所示。它由层析缸和薄层板组成。层析缸内装有展开剂，展开剂液面高度不得高于薄层板的样点高度。薄层板通常是涂有吸附剂的玻璃板。

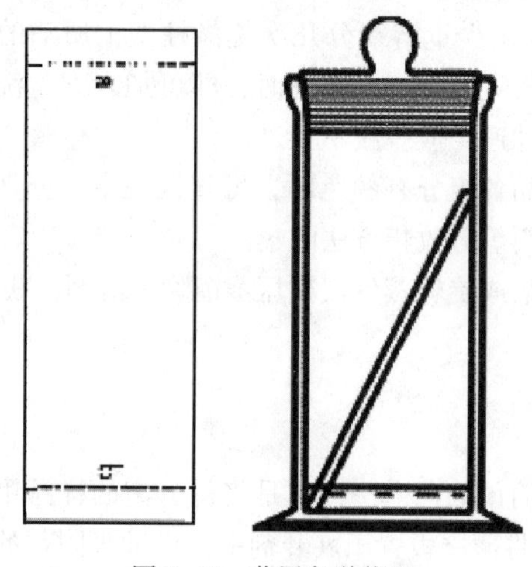

图 3-67　薄层色谱装置

具体操作如下。

（1）薄层板的活化

硅胶板活化一般在 105~110℃烘 30 min，氧化铝薄板在 150~160℃烘 4 h。活化后的薄层板放在干燥器内备用，以防吸湿失活，影响分离效果。

（2）点样

在距薄板一端 1 cm 处用铅笔轻轻画一横线作为起始线，画线时注意不要弄破薄层板的涂布层。将样品溶于低沸点溶剂（如甲醇、乙醇、丙酮、氯仿、乙醚）配成 1%左右的溶液，用内径 1 mm 的毛细管点样，轻轻垂直地点在起点线上（毛细管只能用一次）。若溶液太稀，一次点样不够，则可待前一次试样点干后，在原点样处再点，点样后的直径不要超过 2 mm，点样斑点过大，往往会造成拖尾、扩散等现象，影响分离效果。一块薄层板可以点多个样，但点样点之间的距离以 1~1. 5 cm 为宜。

（3）展开

点样完毕，将点好样的薄层板置于事先准备好的层析缸中，层析缸中展开剂的液面要低于薄层板的样品点，盖上层析缸的盖，展开剂即带着样品组分沿着薄层板向上爬行，当前沿上升到板顶端 5~10 mm 处时，取出薄层板，用铅笔画出展开剂的前沿线。如果样品组分本身有颜色，可直接观察到它的斑点；若本身无色，可在紫外灯下观察有无荧光斑点，若有则画出斑点位置，若仍没有，则需选用显色剂进行显色。

显色剂的种类很多，表3-11列出了几种显色剂的配制方法及其使用范围。碘是最常用的显色剂，许多物质能与之形成黄色或棕色的络合物，利用这一性质，在一个密闭的容器中放几颗碘，将展开的薄层板置于其中，稍稍加热容器使碘升华，当薄层板上的样品组分与碘反应后，薄层板上即可显示出黄色或棕色的样品斑点，取出薄层板，画出斑点位置，计算 R_f 值。

表3-11　几种显色剂的配制方法及其使用范围

显色剂	配制方法	使用范围
浓硫酸	10% H_2SO_4	大多数有机物质加热后都显出黑色斑点
碘蒸气	密闭容器中的碘受热升华	很多物质与碘作用，生成黄色或棕色的络合物
茚三酮	0.3 g茚三酮溶于100 mL乙醇	氨基酸、氨基糖、胺加热至110℃显出斑点
香兰素—硫酸	3 g香兰素溶于100 mL乙醇中，再加入0.5 mL浓硫酸	高级醇及酮显出绿色
铁氰化钾—三氯化铁	1%铁氰化钾、2%三氯化铁等量混合	酚、胺、还原物质显出蓝色

第十七节　液体折光率的测定

一、基本原理

光在各种介质中的传播速度各不相同，当光线从一种介质进入另一种介质时，由于在两介质中光速的不同，在分界面上发生折射现象，而折射角与介质密度、分子结构、温度及光的波长等有关。在室温下入射角 i 的正弦和折射角 r 的正弦之比等于它在两种介质中传播速度 v_1、v_2 之比。即

$$\frac{\sin i}{\sin r}=\frac{v_1}{v_2}=n_{1/2}$$

$n_{1/2}$ 为折射率，在给定的温度和介质下为一常数。用单色光要比白光测得的折射率更为精确，所以测定折射率时要用钠光（$A=589$ nm）。

折射率是物质的特性常数，用它可以鉴定液体纯度、确定液体混合物组成。

折射率作为液体物质纯度的标准时，比沸点更可靠，但用于测定折射率的样品的沸点范围过宽，测出的折射率意义不大；其次，折射率与测定的温度密切相关，对于液体有机化合物，温度每升高一度，折射率减小 3.5×10^{-4}~4.5×10^{-4}。

在有机合成中，如果所合成的是已知化合物，测定其折射率并与文献值对照，可作为鉴定有机化合物纯度的一个标准；如果合成的是未知化合物，经过结构及化学分析确证后，测定其折射率可作为一个物理常数记载。在物理化学实验中，折射率可用来测定液体混合物的

组成，因为当组分的结构相似、极性小时，混合物的折射率和摩尔组成之间常呈线性关系。

二、折光率的测定

测定液体折光率的常用仪器是阿贝折射仪（图 3-68），阿贝折射仪采用了“半明半暗”的方法，即让单色光由 0~90°的所有角度从介质 A 射入介质 B，这时介质 B 中临界角以内的区域均有光线通过，因此是明亮的，而临界角以外的区域没有光线通过，因而是黑暗的，从而产生黑白分明的两个区域。如果在介质 B 的上方用一个目镜进行观察，就可以看到一个半明半暗、界线分明的视场。因各种液体折射率不同，要想确保入射角始终是 90°，只需转动棱镜手轮即可。这时，从刻度盘上或显示窗可直接读出读数。

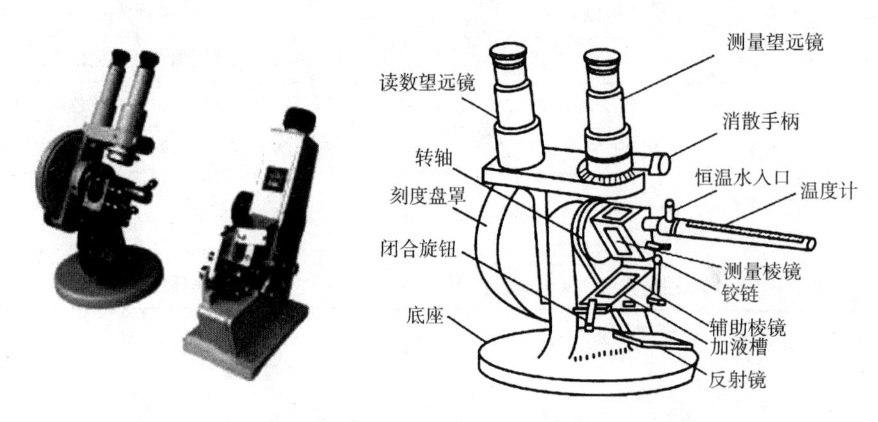

图 3-68　阿贝折射仪

具体操作：

①仪器准备。将仪器放在光线充足的工作台上或普通的白炽灯前，松开直角棱镜锁钮，分开直角棱镜，在光滑镜面上小心滴加少量丙酮或乙醇润湿镜面，合上棱镜，洗去镜面污物，再打开棱镜，用擦镜纸拭干镜面或晾干。

②测定。做好准备工作后，打开棱镜，用滴管滴加 2~3 滴待测液体于磨砂镜面上，使其自然流淌并均匀分布在磨砂镜面上，合上棱镜，锁紧锁钮，使液体夹在两棱镜的夹缝中成一液层，液体要充满视野，不能夹带气泡。

调节底部反射镜，使目镜内视场明亮，调节望远镜使视场清晰。转动手轮，直到在目镜中看到明暗分界的视场，继续转动棱镜手轮，使明暗分界线恰好通过十字交叉处，如图 3-69 所示。在读数镜筒中读取折光率数值。再让分界线上、下移动重新调到十字交叉点处，读取读数，重复操作 3~5 次，取读数平均值作为样品的折光率。

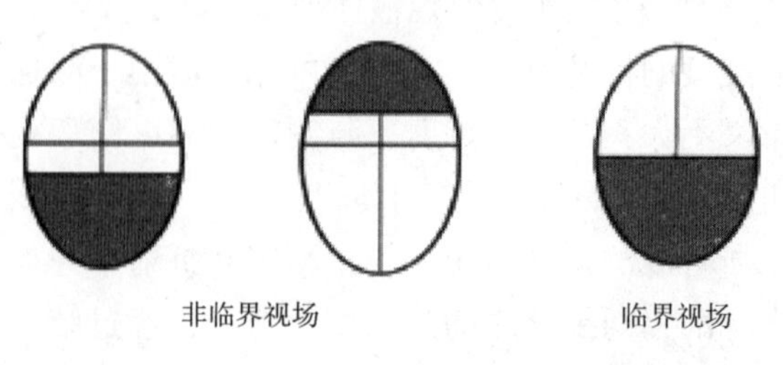

图 3-69　目镜内视场

先测定水的折光率，与纯水的标准值进行比较，求得折光仪的校正值。采用同样方法测定待测样的折光率，并用折光仪的校正值进行校正。

③整理。测量完毕，打开棱镜，用擦镜纸轻轻朝一个方向擦除上、下镜面上的液体，再用丙酮洗净棱镜面，待棱镜干燥后，取两张与磨砂镜面大小相近的镜头纸夹在两棱镜镜面之间，合上棱镜，锁紧锁钮，将仪器放好。

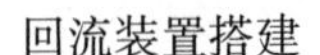

回流装置搭建

蒸馏和分馏仪器的认识

第四章　无机化学实验

实验一　灯的使用和简单玻璃工操作

一、实验目的

①熟悉化学实验室规则要求，了解实验室安全守则。

②认识化学实验常用仪器并熟悉其名称、规格，了解使用注意事项。学习并练习常用玻璃仪器的洗涤和干燥方法。

③了解酒精灯、酒精喷灯的构造并掌握正确的使用方法。学会截、弯、拉、熔烧玻璃管（棒）的操作。

二、实验仪器和试剂

实验仪器：酒精灯、酒精喷灯、石棉网、三角锉刀、小木块、玻璃管、玻璃棒、火柴

实验试剂：灯用酒精

三、实验内容

（一）灯的使用

①拆装酒精灯、酒精喷灯。观察各部分的构造。

②正确点燃酒精灯，观察正常火焰的颜色，把一张硬纸片竖插入火焰中部，1～2 s 后取出，观察纸片被烧焦的部位和程度。

③正确关闭酒精灯。

（二）玻璃管的简单加工

①正确点燃酒精喷灯，观察正常火焰的颜色、状态。

②练习玻璃管的截断、熔光、弯曲、拉管。

按要求制作一定角度的玻璃弯管，为后续实验备用。制作 2 支搅拌棒，其中 1 支拉细成小头搅拌棒。按图 4-1 的要求制作 2～4 支滴管，要求滴管中每滴出 20～25 滴水的体积约等于 1 mL。注意：受热玻璃管不能直接放实验台上，要放在石棉网上。

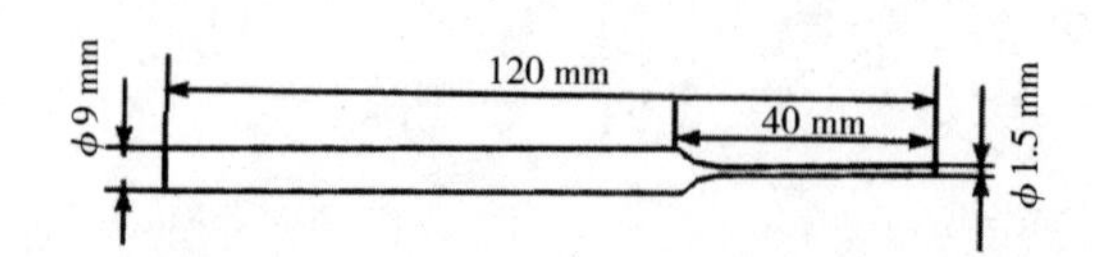

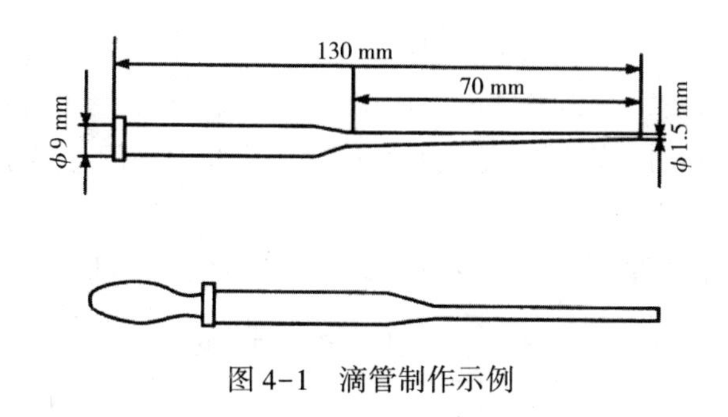

图 4-1　滴管制作示例

四、问题与讨论

①正常火焰哪一部位温度最高？哪一部位温度最低？各部位的温度为何不同？

②有人说，实验中用小火加热，就是用还原焰加热，因还原焰温度相对较低，这种说法对吗？用还原焰直接加热反应容器会出现什么问题？

③在实验中，为避免烫伤和割伤要注意些什么？

④截断玻璃棒（管）时应注意什么？为什么截断后的玻璃棒（管）要熔光？

实验二　电子天平称量练习

一、实验目的

①掌握电子天平称量技术。

②熟练掌握固定称量法、差减法的操作方法。

③培养准确、简明、整齐记录实验原始数据的能力。

二、实验仪器和试剂

实验仪器：分析天平（万分之一）、电子台秤（0.01 g）、药匙、烧杯（50 mL）、称量纸

实验试剂：细沙、氯化钠试剂、金属片

三、实验内容

进入天平室先熟悉分析天平结构，称量试样时应严格遵守分析天平的使用规则。首先检查分析天平是否处于正常状态。开启天平，按“TARE”键清零。

分别利用电子台秤和分析天平进行称量练习。

称量时主要使用固定质量称量法和差减法。

1. 范围称量法

称取 0.40~0.50 g 细沙，将数据记录在表 4-1 中。

①按“TARE”键清零。

②将洁净的烧杯置于秤盘上，待表示天平稳定标记的质量单位“g”出现时，显示屏的

读数即为烧杯质量。

③按"TARE"键去皮重，天平显示为0.0000 g（电子台秤为0.00 g）。

④用药匙将细沙小心加入烧杯中直至所需质量，关好天平门，显示屏的读数即为细沙的净质量。

⑤重复③④操作，直至熟练为止，以表格形式记录数据（至少3次），并将结果报告老师。

表4-1 直接法称量的数据

称量次数	1	2	3
细沙的质量/g			

2. 固定质量称量法（称取0.5000 g细沙）

固定称量法的称量操作的速度很慢，适用于称量不吸潮、在空气中能稳定存在的粉末或小颗粒。

称量步骤和"1. 范围称量法"完全相同。

称量时，用右手食指轻轻敲击药匙柄，使药匙中样品慢慢落于容器中间，当达到所需质量时停止，关好天平门，显示屏的读数即为细沙的质量。要求称量精度在±0.1%以内，以表格形式记录数据（至少3次），并将结果报告老师。

3. 差减法

准确称取0.4000~0.4099 g氯化钠试样三份，将数据记录在表4-2中。

取干燥、洁净的小烧杯，在分析天平上准确称量至0.1 mg，记录为m_1（g）。用滤纸带从干燥器里夹取出一个装有氯化钠的称量瓶在分析天平上准确称量，记录为m_2（g）。从称量瓶中倾出氯化钠于小烧杯中，倾出氯化钠的质量应在实验要求范围内（如0.4000~0.4099 g），盖好瓶盖，再次称量称量瓶质量，记录为m_3（g），再次称量盛有试剂的小烧杯的质量，记录为m_4（g）。倾出的氯化钠质量应为（m_2-m_3）（g），倾入小烧杯中的氯化钠质量应为（m_4-m_1）（g）。倾出、倾入的氯化钠的偏差应不大于0.5 mg。重复练习直至熟练。

表4-2 差减法称量的数据

称量内容	Ⅰ（示例）	Ⅱ	Ⅲ
m_2（称量瓶+倾出前药品）/g	9.6520	9.2501	
m_3（称量瓶+倾出后药品）/g	9.2501		
m_2-m_3（倾出药品）/g	0.4019		
m_4（小烧杯+倾入药品）/g	18.4450		
m_1（空小烧杯）/g	18.0427		
m_4-m_1（倾入药品）/g	0.4023		
偏差$\|(m_2-m_3)-(m_4-m_1)\|$/g	0.0004		

称量完毕，取出被称量物，若有洒落的试剂，需用毛刷清理干净，使天平复原，在天平使用登记表上登记使用情况，数据经检查后方可离开。

四、数据处理

①利用直接法称量所得的数据（记入表4-1），算出细沙的质量。
②利用差减法称量所得的数据（记入表4-2），算出氯化钠的质量。

五、问题与讨论

①使用称量瓶应注意什么？
②称量时，每次均应将砝码和物体放在天平中央。为什么？
③为节约试样，多取的试样是否可以倒回药品瓶？
④固定质量称量法和递减称量法各有何优缺点？在什么情况下选用这两种方法？
⑤在实验室中记录称量数据应准至几位？最后一位如果为“0”，是否可以省略不写？

实验三　试剂的取用与溶液的配制

一、实验目的

①学习量筒、移液管、容量瓶和比重计的使用方法。
②掌握溶液的质量分数、质量摩尔浓度、物质的量浓度等一般配制方法和基本操作。
③熟练掌握粗略配制和准确配制溶液的方法。了解特殊溶液的配制。
④掌握固体试剂和液体试剂的取用方法。

二、实验原理

1. 固体试剂和液体试剂的取用
见第三章第一节。
2. 溶液的配制方法
见第三章第四节。

三、实验仪器和试剂

实验仪器：烧杯（50 mL、100 mL）、移液管（25 mL）、吸量管（10 mL或5 mL）容量瓶（50 mL、100 mL）、比重计、量筒（10 mL、50 mL）、试剂瓶、电子台秤、分析天平、胶头滴管、玻璃棒

固体试剂：$CuSO_4 \cdot 5H_2O$、Na_2CO_3、NaCl、$BiCl_3$

液体试剂：浓硫酸、醋酸（2.00 $mol \cdot L^{-1}$）

四、实验内容

1. 粗略配制 50 mL 0. 2 mol · L^{-1} 的 $CuSO_4$ 溶液

用 $CuSO_4 \cdot 5H_2O$ 固体配制约 50 mL 0. 2 mol · L^{-1} 的 $CuSO_4$ 溶液，配好的溶液给老师检查后倒入回收瓶中备用。

2. 准确配制 50 mL 0. 200 mol · L^{-1} 的 NaCl 溶液

计算所需的量，准确称取 NaCl 固体放入小烧杯中，加入少量蒸馏水溶解，转移至 50 mL 容量瓶中，烧杯用蒸馏水淌洗至少 3 次，溶液转入容量瓶中，加入蒸馏水至容量瓶约 2/3 位置，初步混匀，再加蒸馏水至刻度，盖好瓶塞摇匀。

3. 粗略配制 50 mL 3 mol · L^{-1} 的 H_2SO_4 溶液

用市售浓 H_2SO_4 溶液配制 50 mL 3 mol · L^{-1} 的 H_2SO_4 溶液（注意：稀释浓 H_2SO_4 时，会放出大量热，因此要将浓 H_2SO_4 缓慢倒入水中，并不断搅拌，切记不可将水倒入酸中），配好的 H_2SO_4 溶液贴好标签，检查后倒入回收瓶中。

4. 由已知准确浓度为 2. 00 mol · L^{-1} 的 HAc 溶液配制 50 mL 0. 200 mol · L^{-1}HAc 溶液

用移液管（或吸量管）量取已知准确浓度的 HAc 溶液，直接放入 50 mL 容量瓶中，加蒸馏水至刻度，摇匀。

5. 配制 50 mL 0. 1 mol · $L^{-1}$$BiCl_3$ 溶液

在配制 $BiCl_3$ 溶液时，如何防止水解？

五、问题与讨论

①用容量瓶配制溶液时，要不要把容量瓶干燥？要不要用被稀释溶液洗三遍，为什么？

②怎样洗涤移液管？水洗净后的移液管在使用前还要用吸取的溶液来润洗，为什么？

③某同学在配制硫酸铜溶液时，用分析天平称取硫酸铜晶体，用量筒取水配成溶液，此操作对否？为什么？

实验四　由海盐制备试剂级氯化钠

一、实验目的

①学习由海盐制试剂级氯化钠及其纯度检验的方法。

②练习溶解、过滤、蒸发、结晶等基本操作。

③了解用目视比色和比浊进行限量分析的原理和方法。

二、实验原理

在粗海盐中，除了含有泥沙等不溶性杂质外，还含有 Ca^{2+}、Mg^{2+}、Fe^{3+}、SO_4^{2-}、CO_3^{2-} 等杂质离子。不溶性杂质可以用过滤的方法除去。而可溶性杂质需要采用化学法，选用合适的

化学试剂，使之转化为沉淀滤除。方法如下：

在粗海盐的饱和溶液中，加入稍过量的 $BaCl_2$ 溶液，则有

$$Ba^{2+}+SO_4^{2-} = BaSO_4\downarrow$$

再向溶液中加入适量的 NaOH 和 Na_2CO_3 溶液，使溶液中的 Ca^{2+}、Mg^{2+}、Fe^{3+} 及过量的 Ba^{2+} 转化为相应的沉淀。

$$Ca^{2+}+CO_3^{2-} = CaCO_3\downarrow$$

$$Mg^{2+}+2OH^{-} = Mg(OH)_2\downarrow$$

$$4Mg^{2+}+4CO_3^{2-}+H_2O = Mg(OH)_2\cdot 3MgCO_3\downarrow +CO_2\uparrow$$

$$2Fe^{3+}+3CO_3^{2-}+3H_2O = 2Fe(OH)_3\downarrow +3CO_2\uparrow$$

$$Fe^{3+}+3OH^{-} = Fe(OH)_3\downarrow$$

$$Ba^{2+}+CO_3^{2-} = BaCO_3\downarrow$$

产生的沉淀用过滤的方法除去，过量的氢氧化钠和碳酸钠可用盐酸中和除去。再通过浓缩、结晶的方法制备试剂级氯化钠。

三、实验仪器、试剂和材料

实验仪器：烧杯（100 mL）、量筒（100 mL）、抽滤瓶、布氏漏斗、三脚架、石棉网、台秤、分析天平、表面皿、蒸发皿、水泵、比色管架、比色管

固体试剂：粗海盐

液体试剂：H_2SO_4（浓）、Na_2CO_3（$1\ mol\cdot L^{-1}$）、$BaCl_2$（$1\ mol\cdot L^{-1}$）、HCl（$2\ mol\cdot L^{-1}$、$3\ mol\cdot L^{-1}$）、NaOH（$2\ mol\cdot L^{-1}$、40%）、KSCN（25%）、C_2H_5OH（95%）、$(NH_4)Fe(SO_4)_2$ 标准溶液（含 Fe^{3+} $0.01\ g\cdot L^{-1}$）、Na_2SO_4 标准溶液（含 SO_4^{2-} $0.01\ g\cdot L^{-1}$）

实验材料：滤纸、pH 试纸

四、基本操作

①固体的溶解、过滤、蒸发、结晶和固液分离。

②目视比色法。

五、实验内容

1. 氯化钠的精制

①在台秤上称取 10 g 粗海盐，放入 100 mL 的小烧杯中，再加入 35 mL 水，加热并搅动，使其溶解。在不断搅动下，往热溶液中滴加 1.5~2 mL $BaCl_2$（$1\ mol\cdot L^{-1}$）溶液，继续加热煮沸数分钟，使硫酸钡颗粒长大易于过滤。为了检验沉淀是否完全，将烧杯从石棉网上取下，待沉淀沉降后，沿着烧杯壁在上层清液中滴加 2~3 滴 $BaCl_2$ 溶液，如果溶液不出现浑浊，表明 SO_4^{2-} 已沉淀完全。如果发生浑浊，则应继续往热溶液中滴加 $BaCl_2$ 溶液，直到 SO_4^{2-} 沉淀完全为止。趁热加入 1 mL NaOH（$2\ mol\cdot L^{-1}$）溶液并滴加 4~5 mL Na_2CO_3（$1\ mol\cdot L^{-1}$）溶液至沉淀完全为止，过滤并弃去沉淀。

②往滤液中慢慢滴加 $2\ mol\cdot L^{-1}$ 盐酸，加热，搅动，赶尽二氧化碳气体。用 pH 试纸检

验使溶液呈微酸性（pH 5~6）。

③把滤液倒入蒸发皿中，用小火加热蒸发、浓缩溶液至稠粥状。（切不可将溶液蒸发至干，为什么?）

④冷却后，用减压过滤法把产品抽干，用干净滴管吸取少量的95%的乙醇淋洗产品2~3次，最后在水浴上将产品烤干，称量，并计算产率。

2. 产品纯度的检验

本实验只对部分杂质如Fe^{3+}和SO_4^{2-}的含量进行限量分析，即把产品配成一定浓度的溶液，与标准系列溶液进行目视比色和比浊，以确定其含量范围。若产品溶液的颜色和浊度不深于某一标准溶液，则杂质含量低于某一规定的限度。

（1）Fe^{3+}的限量分析

在酸性介质中，Fe^{3+}与SCN^-生成血红色的配离子$Fe(NCS)_n^{(3-n)+}$（$n=1\sim6$），其颜色随配体数目n的增大而变深。

标准系列溶液的配制：用吸管移取0.30 mL、0.90 mL及1.50 mL $(NH_4)Fe(SO_4)_2$标准溶液（含Fe^{3+} 0.01 g·L^{-1}），分别加入三支25 mL的比色管中，再加入2.00 mL KSCN（25%）溶液和2.00 mL HCl（3 mol·L^{-1}）溶液，用蒸馏水稀释至刻度，摇匀。装有0.30 mL Fe^{3+}标准溶液的比色管，内含0.003 mg Fe^{3+}，其溶液相当于一级试剂；装有0.90 mL Fe^{3+}标准溶液的比色管，内含0.009 mg Fe^{3+}，其溶液相当于二级试剂；装有1.50 mL Fe^{3+}标准溶液的比色管，内含0.015 mg Fe^{3+}，其溶液相当于三级试剂。

试样溶液的配制：称取3.00 g自制的NaCl产品，放入一支25 mL的比色管中，加入10 mL蒸馏水使其溶解，再加入2.00 mL KSCN（25%）溶液和2.00 mL HCl（3 mol·L^{-1}）溶液，用蒸馏水稀释至刻度，摇匀。

将试样溶液与标准溶液进行目视比色，以确定产品的纯度等级。

（2）SO_4^{2-}的限量分析

SO_4^{2-}与$BaCl_2$溶液反应，生成难溶的$BaSO_4$白色沉淀而使溶液产生浑浊。溶液的浑浊度，在$BaCl_2$的含量一定时，与SO_4^{2-}的浓度成正比。

标准系列溶液的配制：用吸管移取1.00 mL、2.00 mL及5.00 mL浓度为0.01 g·L^{-1}的Na_2SO_4标准溶液，分别加入三支25 mL的比色管中，再加入3.00 mL 25% $BaCl_2$溶液、1.00 mL HCl（3 mol·L^{-1}）溶液及5.00 mL C_2H_5OH（95%）溶液，用蒸馏水稀释至刻度，摇匀。装有1.00 mL SO_4^{2-}标准溶液的比色管，内含0.01 mg SO_4^{2-}，其溶液相当于一级试剂；装有2.00 mL SO_4^{2-}标准溶液的比色管，内含0.02 mg SO_4^{2-}，其溶液相当于二级试剂；装有5.00 mL SO_4^{2-}标准溶液的比色管，内含0.05 mg SO_4^{2-}，其溶液相当于三级试剂。

试样溶液的配制：称取1.00 g NaCl产品，放入一支25 mL的比色管中，加入10 mL蒸馏水使其溶解，再加入3.00 mL 25% $BaCl_2$溶液、1.00 mL HCl（3 mol·L^{-1}）溶液及5.00 mL C_2H_5OH（95%）溶液，用蒸馏水稀释至刻度，摇匀。把试样溶液与标准溶液进行目视比浊，以确定产品的纯度等级。

六、问题与讨论

①在粗海盐提纯过程中涉及哪些基本操作？有哪些注意事项？

②叙述实验原理。其中 Ca^{2+}、Mg^{2+}、Fe^{3+}、SO_4^{2-}、CO_3^{2-} 等杂质是如何除去的？

③本实验能否先加入 Na_2CO_3 溶液以除 Ca^{2+}、Mg^{2+}离子，然后加入 $BaCl_2$ 溶液以除去 SO_4^{2-} 离子？为什么？

④分析本实验收率过高或过低的原因。

实验五　醋酸电离度和电离常数的测定

一、实验目的

①了解测定醋酸电离常数的原理和方法。

②进一步加深有关电离平衡基本概念的认识。

③了解 pH 计的使用方法，学习用 pH 计测定溶液的 pH。

二、实验原理

①pH 计是实验室和工业生产中常用的仪器，可以准确地测出溶液的 pH，关于 pH 计的构造、测量原理及使用方法见附录八。

②醋酸是弱电解质，在溶液中存在下列电离平衡。

$$HAc \Leftrightarrow H^+ + Ac^-$$

其电离常数的表达式如式（4-1）所示。

$$K_{HAc} = \frac{[H^+][Ac^-]}{[HAc]} \approx \frac{[H^+]^2}{c} \tag{4-1}$$

式中：$[H^+]$ ——H^+在平衡时的浓度；

$[Ac^-]$ ——Ac^-在平衡时的浓度；

$[HAc]$ ——HAc 在平衡时的浓度；

K_{HAc}——电离常数；

c——HAc 的起始浓度。

根据 $\alpha = \frac{[H^+]}{c}$，可以求得电离度。

通过对已知浓度的醋酸溶液的 pH 测定，即可求出电离平衡常数和电离度。

为了减少实验误差，还可采用作图法进行精确计算。将式（4-1）两边取对数，即

$$\lg K_{HAc} = 2\lg[H^+] - \lg c$$

又由于
$$pH = -\lg[H^+]$$

所以
$$\lg K_{HAc} = -2pH - \lg c$$

即
$$2pH = -\lg K_{HAc} - \lg c \tag{4-2}$$

以式（4-2）绘制 $2pH-\lg K_{HAc}$ 图，图上各点应位于斜率为−1 的直线上。当 $\lg c$ 等于 0 时，该直线与 2pH 坐标在$-\lg K_{HAc}$ 处相交。从图中可得到$-\lg K_{HAc}$，进而求出电离常数 K_{HAc}。

三、实验仪器和试剂

实验仪器：碱式滴定管、吸量管（10 mL）、移液管（25 mL）、锥形瓶（50 mL）、烧杯（50 mL）、pH 计

实验试剂：HAc（0.20 mol·L^{-1}）、NaOH 标准溶液、酚酞指示剂

四、实验步骤

1. 0.2 mol·L^{-1} NaOH 溶液的标定（见第六章实验二）

2. 醋酸溶液浓度的标定（见第六章实验二）

3. 配制不同浓度的醋酸溶液

用移液管和吸量管分别移取 25.00 mL、5.00 mL 和 2.50 mL 已标定过的 HAc 溶液于三个已编号的 50 mL 容量瓶中，用蒸馏水稀释至刻度，摇匀，并计算出这三个容量瓶中 HAc 溶液的准确浓度。即配制得不同浓度的一系列 HAc 溶液。

4. 醋酸溶液 pH 的测定

用四只洁净、干燥的 50 mL 烧杯，分别将上述四种浓度及未稀释的 HAc 溶液倒入烧杯中，由稀到浓分别用 pH 计测定 pH 值，记录实验时的室温。

五、数据处理

①HAc 溶液浓度的标定及计算。

②HAc 溶液电离常数和电离度的测定（室温 25℃）数据列入表 4-3 中。

表 4-3 实验数据表格

编号	HAc 溶液（已标定）体积	稀释后体积	c	$\lg c$	pH	2pH	$[H^+]$	K_{HAc}	a
1	2.5 mL	50 mL							
2	5 mL	50 mL							
3	25 mL	50 mL							
4	50 mL	50 mL（未稀释）							

③从作图法求算 K_{HAc}。$2pH=-\lg K_{HAc}-\lg c$ 以 $\lg c$ 为横坐标、2pH 为纵坐标，按表内数据作图，将直线延长至 $\lg c=0$，求出 2pH，即为 $-\lg K_{HAc}$，进而求出电离常数 K_{HAc}。

六、问题与讨论

①为何校准 pH 计时，一般都采用缓冲溶液？

②连续测定不同浓度 HAc 溶液的 pH 时，为何要从稀到浓？

③若所用的醋酸浓度极稀，醋酸的电离度>5%时，是否还能用 $K_{HAc}=\frac{[H^+]^2}{c}$ 式计算电离平衡常数？为什么？

④如果改变所测 HAc 溶液的温度，则电离度和电离常数有无变化？怎样变？
⑤做好本实验的操作关键是什么？

实验六　二氧化碳相对分子质量的测定

一、实验目的

①学习气体相对密度法测定相对分子质量的原理和方法。
②加深理想气体状态方程式和阿伏伽德罗定律。
③学会使用启普气体发生器和熟悉洗涤、干燥气体的装置。

二、实验原理

根据阿伏伽德罗定律，在同温同压下，同体积的任何气体含有相同数目的分子。

对于 p、V、T 相同的 A、B 两种气体。若以 m_A、m_B 分别代表 A、B 两种气体的质量，M_A、M_B 分别代表 A、B 两种气体的相对分子质量。其理想气体状态方程式分别如式（4-3）、式（4-4）所示。

气体 A：
$$pV = \frac{m_A}{M_A}RT \tag{4-3}$$

气体 B：
$$pV = \frac{m_B}{M_B}RT \tag{4-4}$$

由式（4-3）、式（4-4）整理得式（4-5）。

$$\frac{m_A}{M_A} = \frac{m_B}{M_B} \tag{4-5}$$

于是得出结论：在同温同压下，同体积的两种气体的质量之比等于其相对分子质量之比。

因此我们应用上述结论，以同温同压下，同体积二氧化碳与空气相比较。因为已知空气的平均相对分子质量为 29.0，所以只要测得二氧化碳与空气在相同条件下的质量，便可根据式（4-5）求出二氧化碳的相对分子质量。

即
$$M_{CO_2} = \frac{m_{CO_2}}{M_{空气}} \times 29.0$$

式中体积为 V 的二氧化碳质量 m_{CO_2} 可直接从分析天平上称出。同体积空气的质量可根据实验时测得的大气压（p）和温度（T），利用理想气体状态方程式计算得到。

三、实验仪器、试剂和材料

实验仪器：分析天平、启普发生器、电子台秤、洗气瓶、干燥管、具塞锥形瓶

实验试剂：石灰石、无水氯化钙、HCl（6 mol · L^{-1}）、$NaHCO_3$（1 mol · L^{-1}）、$CuSO_4$（1 mol · L^{-1}）

实验材料：玻璃棉、玻璃管、橡皮管

四、实验内容

按图 4-2 装配好制取二氧化碳的实验装置图。因石灰石中含有硫，所以在气体发生过程中有硫化氢、酸雾、水汽产生。此时可通过硫酸铜溶液、碳酸氢钠溶液及无水氯化钙除去硫化氢、酸雾和水汽。

取一洁净而干燥的具塞锥形瓶，在分析天平上称量（空气+瓶+瓶塞）的质量。

在启普气体发生器中产生二氧化碳气体，经过净化、干燥后导入锥形瓶中。由于二氧化碳气体略重于空气，所以必须把导管通入瓶底。等 4~5 min 后，轻轻取出导气管，用塞子塞住瓶口在分析天平上称量二氧化碳、瓶、塞的总质量。重复通二氧化碳气体和称量的操作，直到前后 2 次称量的质量相符为止（2 次质量可差 1~2 mg）。最后在瓶内装满水，在电子台秤上准确称量。

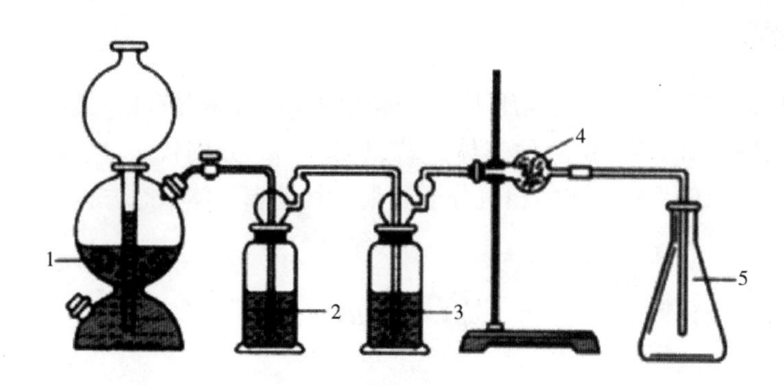

图 4-2　制取、净化和收集 CO_2 装置图

1—石灰石+稀盐酸　2—$CuSO_4$ 溶液　3—$NaHCO_3$ 溶液　4—无水氯化钙　5—锥形瓶

五、数据处理

室温 t/℃：________________

气压 p/Pa：________________

（空气+瓶+塞子）的质量 m_A：________________

第一次（二氧化碳气体+瓶+塞）的总质量：________________

第 2 次（二氧化碳气体+瓶+塞）的总质量：________________

二氧化碳气体+瓶+塞的总质量 m_B：________________

水+瓶+塞的质量 m_C：________________

瓶的容积 $V=(m_C-m_A)/1.00$：________________

瓶内空气的质量 $m_{空气}$：________________

瓶和塞子的质量 $m_D=m_A-m_{空气}$：________________

二氧化碳气体的质量 $m_{CO_2}=m_B-m_D$：________________

二氧化碳的相对分子质量 M_{CO_2}：________________

误差：________________

六、问题与讨论

①完成数据处理，并分析误差产生的原因。

②指出实验装置图中各部分的作用并写出有关反应方程式。

③为什么二氧化碳气体+瓶+塞的总质量要在分析天平上称量，而水+瓶+塞的质量可以在台秤上称量？两者的要求有何不同？

④哪些物质可用此法测定相对分子质量？哪些不可以？为什么？

实验七 单、多相离子平衡

一、实验目的

①加深对弱电解质的解离平衡、同离子效应等概念的理解。

②了解缓冲溶液的缓冲作用原理及配制。

③掌握难溶电解质的多相离子平衡及沉淀的生成和溶解的条件。

④学习电动离心机、pH（酸度计）的使用方法。

[预习要点]

①根据实验内容写出每个实验的方案，并写出预计实验现象，列出反应方程式。

②注意沉淀转化和分步沉淀的区别，查找出沉淀物质的溶度积，进行分析。

二、实验原理

溶液中的离子平衡包括弱电解质的解离平衡、难溶电解质的沉淀溶解平衡及配合物的配位平衡等。

在弱电解质及其共轭酸（或共轭碱）的解离平衡或难溶电解质的沉淀溶解平衡体系中，加入具有相同离子的易溶强电解质，则平衡向左移动，产生使弱电解质的解离度或难溶电解质的溶解度降低的同离子效应。

由弱酸（或弱碱）及其盐等共轭酸碱对所以组成的溶液（如 HAc-NaAc、NH_3-NH_4Cl、$H_2PO_4^-$-HPO_4^{2-} 等），其 pH 不会因加入少量酸、碱或少量水稀释而发生显著变化，具有这种性质的溶液称为缓冲溶液。

根据溶度积规则可以判断沉淀的生成或溶解。当体系中离子浓度的幂的乘积大于浓度积常数，即 $Q>K_{SP}^{\theta}$ 时，有沉淀生成；$Q<K_{SP}^{\theta}$ 时，无沉淀生成或沉淀溶解；$Q=K_{SP}^{\theta}$ 时，则为饱和溶液。

设法降低难溶电解质溶液中某一相关离子的浓度，可以将沉淀溶解。溶解沉淀的常见方法有酸、碱溶解法，氧化还原溶解法，配位溶解法，沉淀转化溶解法和多元溶解法。

三、实验仪器和试剂

实验仪器：试管、试管架、离心机、滴管、酒精灯、试管夹

实验试剂：见实验内容

四、实验内容

1. 同离子效应的设计性实验

从 HAc（0.1 mol·L^{-1}）、氨水（0.1 mol·L^{-1}）、NaAc（固）、酚酞、甲基橙、甲基红中选择适当试剂，设计两组实验，验证同离子效应能够使弱电解质（弱酸、弱碱）解离平衡发生移动，解离度降低。设计方案要求写出选择的试剂（包括浓度、用量）及操作步骤等，并进行实验。下面给出一组实验方案为例，另一组由学生自行设计。

实验方案一：在试管中加入 0.1 mol·L^{-1} HAc 2 mL，再加入甲基橙指示剂 1~2 滴，摇匀，观察溶液的颜色，然后分盛两支试管，在其中一支试管中加入少量 NH_4Ac（固），摇动试管以促进溶解，观察溶液颜色的变化。

实验方案二：学生自行设计，选用哪种指示剂可查阅书后附表“酸碱指示剂”。实验后，对以上两组实验现象进行解释。

2. 缓冲溶液

在小烧杯中加入 0.1 mol·L^{-1} HAc 和 0.1 mol·L^{-1} NaAc 各 10 mL，配制成 HAc-NaAc 缓冲溶液。加入百里酚蓝指示剂数滴，混合后观察溶液的颜色（变色范围如表 4-4 所示）。然后，把溶液分装在四支试管中（使体积大致相同），在其中三支试管中分别加入 0.1 mol·dm^{-3} HCl、0.1 mol·L^{-1}NaOH 和水各 5 滴，观察溶液颜色是否变化（与原配制的缓冲溶液的颜色比较）。再在已加入 HCl、NaOH 的试管中，分别继续加入过量的 0.1 mol·L^{-1} HCl、NaOH，观察溶液的颜色变化。根据实验现象对缓冲溶液的缓冲能力做出结论。

表 4-4　百里酚蓝指示剂的变色范围

pH	颜色	pH	颜色
<2.8	红	8.0~9.6	绿
2.8~8.0	黄	>9.6	蓝

3. 弱电解质及其共轭酸（碱）根的离解平衡及其移动

（1）测定 pH

用 pH 试纸分别检验 0.1 mol·$L^{-1}$$Na_2CO_3$、$Al_2(SO_4)_3$、NaCl 溶液的 pH，并以去离子水做空白实验。写出离解反应的离子方程式。

（2）浓度、温度、酸度对离解平衡的影响

①在试管中加入少量 $Fe(NO_3)_3$ 晶体，用去离子水溶解后，观察溶液的颜色。然后将其分别装在三支试管中，第一支留作比较用，第二支试管中滴加数滴 2 mol·$L^{-1}$$HNO_3$ 并摇匀，第三支试管用小火加热。分别观察溶液颜色的变化并与第一支试管进行比较，解释实验现象。

②在试管中加入 0.1 mol·L^{-1} $BiCl_3$ 1 滴，用滴管加水稀释，观察白色沉淀的产生。再逐滴加入 2 mol·L^{-1} HCl 至沉淀刚刚消失为止（酸量不可加入过多），再加水稀释，观察现象。解释原因并写出离子反应方程式，说明其实际应用。

（3）多种共轭酸碱体系的相互作用

①在试管中加入 10%Na_2SiO_3 5 滴，再加入 0.5 mol·$L^{-1}$$NH_4Cl$ 1 mL，摇匀后观察现象。

解释原因并写出反应的离子方程式。

②用 0.1 mol·L^{-1} $Al_2(SO_4)_3$、0.5 mol·L^{-1} $NaHCO_3$ 设计一个实验，证明能够相互促进反应的盐类，可促进相关离子的电离进行完全。

4. 沉淀的生成、溶解和转化

①在两支试管中各加入 0.1 mol·L^{-1} $Pb(NO_3)_2$ 5 滴，然后向其中一支试管加入 0.1 mol·L^{-1} KCl 5 滴，另一支试管加入 0.01 mol·L^{-1} KCl 5 滴，观察有无白色沉淀生成（不产生沉淀的留作下一实验使用）。

②在上面实验未产生沉淀的试管中加入 0.01 mol·dm^{-3} KI，观察现象。对以上实验现象进行解释，并写出离子反应方程式。

③设计一组实验，制备 $Mg(OH)_2$，并证明它能溶于非氧化性稀酸和铵盐（进行解释）。

④用 K_2CrO_4（0.1 mol·L^{-1}）、$AgNO_3$（0.1 mol·L^{-1}）、NaCl（0.1 mol·L^{-1}）、Na_2S（0.1 mol·L^{-1}）试剂设计一组实验验证沉淀转化的规律。

⑤利用本实验提供的试剂设计一个实验，验证分步沉淀的规律。

5. 选做实验

利用本实验提供的试剂，设计 pH 近似于 7 的缓冲溶液（要求对酸、碱的缓冲能力，相差不太多），并验证。

五、问题与讨论

①NaH_2PO_4 和 Na_2HPO_4 均属酸式盐，为什么后者的水溶液呈弱碱性，而前者却呈弱酸性?

②如何配制 $SnCl_2$、$Bi(NO_3)_3$、$SnCl_3$、Na_2S 溶液?

③如何从测得一元弱酸盐（如 NaAc）的 pH，求算阴离子（如 Ac^-）的共轭离解常数和对应弱酸（如 HAc）的电离常数?

④如何通过计算选择实验 1 方案二中的指示剂?

实验八　碘化铅溶度积的测定

一、实验目的

①本实验利用离子交换法测定难溶物碘化铅的溶度积，从而了解离子交换法的一般原理和使用离子交换树脂的基本方法。掌握用离子交换法测定溶度积的原理。

②练习滴定操作。

二、实验原理

离子交换树脂是含有能与其他物质进行离子交换的活性基因的高分子化合物。含有酸性基团而能与其他物质交换阳离子的称为阳离子交换树脂。含有碱性基团能与其他物质交换阴离子的称为阴离子交换树脂。本实验采用阳离子交换树脂，这种树脂出厂时一般是钠（Na^+）型，即活性基团是—SO_3Na，使用时需用 H^+将 Na^+交换出来，即得氢型树脂。

$$2R^-H^+ + Pb^{2+} = R_2^-Pb^{2+} + 2H^+$$

将一定体积的碘化铅饱和溶液通过阳离子交换树脂，树脂上的氢离子即与铅离子进行交换。交换后，氢离子随流出液流出。然后用标准氢氧化钠溶液滴定，可求出氢离子的含量。根据流出液中氢离子的数量，可计算出通过离子交换树脂的碘化铅饱和液中的铅离子浓度，从而得到碘化铅的溶度积。

三、实验仪器、试剂和材料

实验仪器：离子交换柱、移液管（25 mL）、碱式滴定管（50 mL）、锥形瓶（100 mL、250 mL）、温度计（0~50℃）、烧杯、吸量管

固体试剂：碘化铅、强酸型阳离子交换树脂

液体试剂：NaOH 标准溶液（约 0.005 $mol \cdot L^{-1}$）、HNO_3（1 $mol \cdot L^{-1}$）

实验材料：玻璃棉、pH 试纸、溴化百里酚蓝

四、实验内容

1. 碘化铅饱和溶液的配制

将过量的碘化铅固体溶于经煮沸除去二氧化碳的蒸馏水中，充分搅动并放置过夜使其溶解，达成沉淀溶解平衡。

若无试剂碘化铅，可用硝酸铅溶液与过量的碘化钾溶液反应而制得。制成的碘化铅，用蒸馏水反复洗涤，以防过量的铅离子存在。过滤，得到碘化铅固体，再配成饱和溶液。

2. 装柱

首先将阳离子交换树脂用蒸馏水浸泡 24~48 h。

装柱前，把交换柱下端填入少许玻璃棉，以防止离子交换树脂随流出液流出。然后将约 40 g 浸泡过的阳离子交换树脂随同蒸馏水一齐注入交换柱中。为防止离子交换树脂中有气泡，可用长玻璃棒插入交换柱的树脂内搅动，以赶走树脂中的气泡。在装柱和以后树脂转型和交换的整个过程中，要注意液面始终高出树脂，避免空气进入树脂层，以致影响交换结果。

3. 转型

在进行离子交换前，须将钠型树脂完全转变成氢型。可用 100 mL 1 $mol \cdot L^{-1}$ 硝酸以每分钟 30~40 滴的流速流过树脂。然后用蒸馏水淋洗树脂，至淋洗液呈中性（可用 pH 试纸检验）。

4. 交换和洗涤

将碘化铅饱和溶液过滤到一个干净且干燥的锥形瓶中（注意，过滤时用的漏斗必须是干净的、干燥的，滤纸可用碘化铅饱和溶液润湿），测量并记录饱和溶液的温度。然后用移液管准确量取 25.00 mL 该饱和溶液，放入一小烧杯中，分几次将其转移至离子交换柱内。用一个 250 mL 洁净的锥形瓶盛接流出液。待碘化铅饱和溶液流出后，再用蒸馏水淋洗树脂呈中性。将洗涤液一并放入锥形瓶中。注意在交换和洗涤过程中，流出液不要损失。

5. 滴定

将锥形瓶中的流出液用 0.005 $mol \cdot L^{-1}$ 的氢氧化钠标准溶液滴定，用溴化百里酚蓝作指

示剂，在 pH=6.5~7 时，溶液由黄色转变为鲜明的蓝色时，到达滴定终点。记录数据。

6. 离子交换树脂的后处理

用过的离子交换树脂，经蒸馏水洗涤后，再用 100 mL 1 mol·L^{-1} 硝酸淋洗。然后用蒸馏水洗涤至流出液为中性后，即可使用。

五、实验数据与处理

碘化铅饱和溶液的温度/℃：____________________

通过交换柱的碘化铅饱和溶液的体积/mL：____________________

氢氧化钠标准溶液的浓度/（mol·L^{-1}）：____________________

消耗氢氧化钠标准溶液的体积/mL：____________________

流出液中 H^+的量/mol：____________________

饱和溶液中［Pb^{2+}］/（mol·L^{-1}）：____________________

碘化铅的 Ksp：____________________

本实验测定 Ksp 值数量级为 10^{-9}~10^{-8} 时合格。

六、问题与讨论

①在离子交换树脂的转型中，如果加入硝酸的量不够，树脂没完全转变成氢型，会对实验结果造成什么影响?

②在交换和洗涤过程中，如果流出液有一少部分损失掉，会对实验结果造成什么影响?

③已知碘化铅在 0℃、25℃、50℃时的溶解度分别为 0.044 g/100 g 水、0.076 g/100 g 水、0.17 g/100 g 水。试用作图法求出碘化铅溶解过程的 ΔH 和 ΔS。

实验九　氧化还原反应与电化学

一、实验目的

①掌握电极电势与氧化还原反应的关系。

②了解原电池的结构，掌握浓度、酸度对电极电势的影响。

③熟悉浓度、酸度、沉淀及配合物的形成对氧化还原反应的影响。

④了解金属的电化学腐蚀和电解反应。

[预习要点]

①按要求写出电对的电极电势。

②写出反应的方程式、预计的结果和现象。

二、实验原理

根据电极电势的相对大小可判断出氧化还原反应的方向，当氧化剂电对的电极电势大于还原剂电对的电极电势时，反应即能正向进行，而且两者的差值越大，反应的自发趋势越大。

由 Nernst 方程可知，浓度（或分压）对电极电势有直接影响。溶液的酸度对含氧化合物（包括氧化物、含氧酸及其盐）电对的电极电势有很大的影响，如电极反应：$MnO_4^- + 8H^+ + 5e \longrightarrow Mn^{2+} + 4H_2O$

其电极电势的 Nernst 方程如下：

$$E_{MnO_4^-/Mn^{2+}} = E^{\theta}_{MnO_4^-/Mn^{2+}} + \frac{0.0592}{5}\lg\frac{[MnO_4^-][H^+]^8}{[Mn^{2+}]}$$

原电池是利用氧化还原反应产生电流的装置。原电池的电动势 E 为正、负极电势之差。在原电池的负极发生氧化反应，正极发生还原反应。

金属与电解质溶液接触时，由于电化学作用而引起的腐蚀称为电化学腐蚀。由溶解于电解质溶液中的氧分子得电子而引起的腐蚀称为吸氧腐蚀。在金属表面水膜各部位溶解氧分布不均匀而引起的金属腐蚀称为差异充气腐蚀（即氧浓差腐蚀）。

电流通过电解质溶液时，在电极上引起的化学变化称为电解。电解时电极电势的高低、离子浓度的大小、电极材料等因素都可以影响两极上的电解产物。

三、实验仪器和试剂

实验仪器：试管、试管架、酒精灯、万用电表、导线

实验试剂：KI、$KMnO_4$、H_2SO_4、$NaNO_2$、HNO_3、NaOH、Na_2SO_3、KBr、HAc、$FeCl_3$、KBr、KI、$(NH_4)_2Fe(SO_4)_2$、I_2 水、$AgNO_3$、$ZnSO_4$、$CuSO_4$、NH_3、Na_2SO_4

四、实验内容

1. 常见氧化剂和还原剂的反应

在两支试管中分别加入 2 滴 0.1 mol · L^{-1} KI 和 0.01 mol · L^{-1} $KMnO_4$ 溶液，用 5 滴 2 mol · L^{-1} H_2SO_4 溶液酸化，再加数滴 0.1 mol · L^{-1} $NaNO_2$ 溶液，振荡，观察现象，并写出反应式。

2. 影响氧化还原反应的因素

（1）浓度对氧化还原反应的影响

向两支各盛有一粒锌粒的试管中，分别加入 0.5 mL 浓 HNO_3 和 1 mol · L^{-1}HNO_3 溶液，观察发生的现象有何不同，解释并写出反应式。

（2）介质酸度对氧化还原反应的影响

①在三支试管中各加入 2 滴 0.01 mol · L^{-1} $KMnO_4$ 溶液，然后分别加 4 滴 3 mol · L^{-1} H_2SO_4 溶液、4 滴蒸馏水和 4 滴 4%NaOH 溶液，再各加数滴 0.1 mol · L^{-1} Na_2SO_3 溶液，振荡，观察各试管中的现象，写出反应式。

②在两支试管中分别加入 2 滴 0.1 mol · L^{-1}KBr 溶液，分别加入 5 滴 3 mol · L^{-1} H_2SO_4 溶液和 6 mol · L^{-1}HAc 溶液酸化，再各加入 1 滴 0.01 mol · L^{-1}$KMnO_4$ 溶液，振荡，并观察现象。比较两者的反应速率。

（3）沉淀的生成对氧化还原反应的影响

①利用试剂 $FeCl_3$（0.1 mol · L^{-1}）、KBr（0.1 mol · L^{-1}）、KI（0.1 mol · L^{-1}）、$(NH_4)_2$

Fe（SO_4）$_2$（0.2 mol·L^{-1}）、I_2 水、Br_2 水设计一实验，证明 $E^{\theta}_{Fe^{3+}/Fe^{2+}}$、$E^{\theta}_{Br_2/Br^-}$、$E^{\theta}_{I_2/I^-}$ 的高低顺序。

②在试管中加入 8 滴 0.2 mol·L^{-1}（NH_4）$_2$Fe（SO_4）$_2$ 溶液和 2 滴 I_2 水，振荡，有何现象？再滴加 0.1 mol·L^{-1} $AgNO_3$ 溶液（注意：边加边振荡），直至溶液黄棕色刚好消失为止，离心沉降，检验上层清液中是否存在 I_2 及 Fe^{3+}，并尝试解释。

3. 浓度对电极电势的影响

①在两只 50 mL 烧杯中，分别加 20 mL 0.1 mol·L^{-1} $ZnSO_4$ 和 0.1 mol·L^{-1} $CuSO_4$ 溶液。在 $ZnSO_4$、$CuSO_4$ 溶液中分别插入锌片和铜片作电极，用盐桥将它们连接起来，通过导线将铜线接入伏特计的正极，把锌极接入伏特计的负极，记录原电池电动势，并用电池符号表示该原电池。

②在上述原电池 $ZnSO_4$ 溶液的烧杯中逐渐加入 3 mol·L^{-1} NH_3 水，直至生成的白色沉淀完全溶解，测量电动势，有何变化？写出原电池符号并解释。

4. 电解

将实验内容 3②中的原电池两端铜线用砂纸抛光，插入盛有少量 0.5 mol·L^{-1} Na_2SO_4 溶液的小烧杯中（图 4-3），再加入 1 滴酚酞，摇匀，静置数分钟，观察现象并加以解释。实验完毕，将［Zn（NH_3）$_4$］SO_4 溶液倒入回收瓶中。

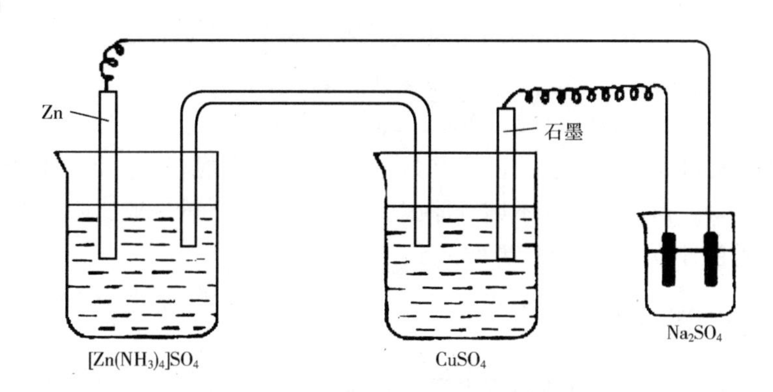

图 4-3　利用原电池进行电解

五、问题与讨论

①通过计算证明，在实验内容 2（3）中反应 $I_2+2Ag^++2Fe^{2+} \longrightarrow 2AgI\downarrow+2Fe^{3+}$ 能朝正向进行。

②在 Cu-Zn 原电池实验中，如果向 $CuSO_4$ 溶液中加入过量 NH_3 水，电动势如何变化？写出原电池符号并解释。

③设计一个原电池的装置验证酸度对电极电势的影响。

实验十　阿伏伽德罗常数的测定

一、实验目的

①用电解方法测定阿伏伽德罗常数，掌握方法和原理。

②练习电解法的基本操作。

二、实验原理

阿伏伽德罗常数是一个十分重要的物理常数，有多种测定方法。本实验采用电解法，用两块铜片作电极，以 $CuSO_4$ 溶液为电解质进行电解。Cu^{2+} 在阴极上得到电子析出金属铜，使铜片增重，作阳极的铜片溶解而减重。电解反应如下。

阴极：$Cu^{2+}+2e^{-} \longrightarrow Cu$

阳极：$Cu \longrightarrow Cu^{2+}+2e^{-}$

电解时，当电流强度为 I（A）时，则在时间 t（s）内通过的总电量为 Q（C），阴极铜片增加的质量为 m（g）。则电量为：

$$Q=I \cdot t$$

已知一个电子电量为 1.60×10^{-19}（C），一个 Cu^{2+} 所带电量是 $2 \times 1.60 \times 10^{-19}$（C），则析出铜原子数为：

$$\frac{I \times t}{2 \times 1.6 \times 10^{-19}}$$

析出铜的摩尔数为 $m/63.5$，析出 1 mol 铜时所含铜原子个数即为阿伏伽德罗常数 N_A。

$$N_A = \frac{I \times t \times 63.5}{2 \times 1.6 \times 10^{-19} \times m}$$

理论上，Cu^{2+} 从阴极得到的电子和阳极 Cu 失去的电子数应相等，即阴极增加的质量应该等于阳极减少的质量。但由于铜片不纯等原因，阳极失去的质量一般比阴极增加的质量偏高，所以由阴极增加质量计算 N_A 结果较为准确。

三、实验仪器和试剂

实验仪器：台秤、天平、直流稳压电源、导线、砂纸、铜片、电极板

实验试剂：$CuSO_4$ 溶液（每升溶液中含硫酸铜 125 g 和 25 mL 浓硫酸）、酒精

四、实验内容

取两块纯铜片（5 cm×3 cm），用砂纸擦去表面的氧化物。用水洗净后，再用酒精漂洗，晾干。用天平准确称量铜片质量（精确至 0.1 mg），准备作阴极和阳极进行电解。电解装置示意图如图 4-4 所示。

按图 4-4 连好线路，打开直流稳压电源预热 10 min 左右。在 100 mL 烧杯中加入 $CuSO_4$ 溶液，取另两块铜片（公用）作为两极将其 2/3 左右浸在 $CuSO_4$ 溶液中，两极间距离约 1.5 cm，调节稳压电源，输出电压约 10 V，移动滑线电阻使电流为 100 mA。

调好电流强度后，关闭开关 K，换上准确称量的两块铜片。按下开关 K，同时记下时间和电流强度。在电解过程中，电流如有变化应随时调节电阻以维持电流强度恒定。

通电 1 h 后，停止电解，取下两极用水漂洗后，再用乙醇漂洗，晾干后称重。硫酸铜溶液回收。

将实验数据和计算结果填入表 4-5 中。

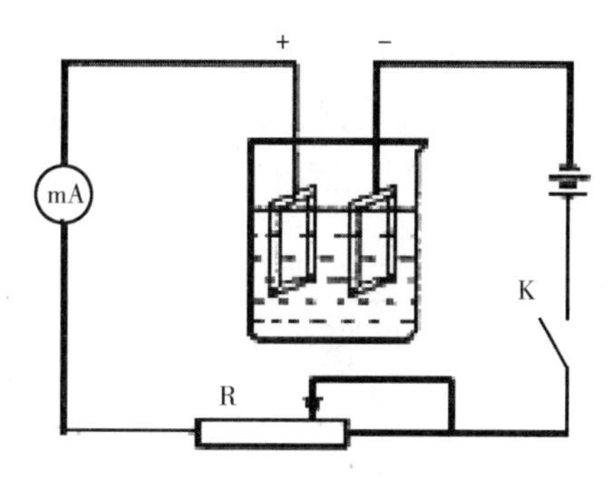

图 4-4 电解装置示意图

注：mA 表示毫安表，K 表示开关，R 表示滑线电阻。

表 4-5 阿伏伽德罗常数的测定数据

名称	电解前质量 m_1/g	电解后质量 m_2/g	质量变化 $\|\Delta m\|$/g	N_A
正极				
负极				
相对误差	—	—	—	

五、问题与讨论

①若所用铜片质量不纯或电解过程中电流不稳定，对实验结果有什么影响？

②电解法测定的主要量是什么？阿伏伽德罗常数是怎样计算的？

实验十一 硫酸铜的制备及结晶水的测定

一、实验目的

①了解由不活泼金属与酸作用制备盐的方法。

②掌握无机制备的基本操作。

③掌握以浓 HNO_3 为氧化剂，氧化金属铜来制备五水硫酸铜的原理和方法。

④了解结晶水合物中结晶水含量的测定原理和方法。进一步熟悉分析天平的使用，学习研钵、干燥器等仪器的使用和沙浴加热、恒重等基本操作。

二、实验原理

①五水硫酸铜难溶于乙醇，溶于水，且随着温度的变化，溶解度变化较大。

②硝酸起氧化作用，在混酸中发生的反应：浓 HNO_3 氧化；稀 H_2SO_4 成盐（溶剂）。

$$Cu+2HNO_3+H_2SO_4 = CuSO_4+2NO_2\uparrow+2H_2O$$

③反应近于结束后，体系中存在的杂质和除杂的原理如下。

杂质：主要有未反应的铜、硝酸铜。

除杂：倾泻法除去未反应的铜以及酸不溶物（铜不溶，铜盐可溶）。

反应液蒸发、浓缩、冷却后过滤，硫酸铜、硝酸铜及少量的其他可溶性盐分离；在 0~100℃的范围内硝酸铜的溶解度大于硫酸铜。溶解度表如表 4-6 所示。

表 4-6 溶解度表

温度/℃	0	20	40	60	80
$CuSO_4 \cdot 5H_2O$	23.1	32.0	46.4	61.8	83.8
$Cu(NO_3)_2 \cdot 6H_2O$	81.8	125.1	—	—	—
$Cu(NO_3)_2 \cdot 3H_2O$	—	—	160	178.5	208

④重结晶法提纯物质的原理如下。

先将晶体溶解，再使它重新析出的过程称重结晶。重结晶法提纯物质，利用了物质溶解度随温度而变化的性质及不同物质在溶解度中的差异。

在待提纯物中加适量水，加热成为饱和溶液，趁热过滤除去不溶性杂质；滤液冷却析出提纯物，过滤，与可溶性杂质分离，使物质提纯。

溶剂要与提纯物不反应、可溶；提纯物溶解度随温度变化而有较大差异。

⑤很多离子型的盐类从水溶液中析出时，常含有一定量的结晶水（或称水合水）。结晶水与盐类结合得比较牢固，但受热到一定温度时，可以脱去结晶水的一部分或全部。$CuSO_4 \cdot 5H_2O$ 晶体在不同温度下按下列反应逐步脱水。

$$CuSO_4 \cdot 5H_2O \xlongequal{48℃} CuSO_4 \cdot 3H_2O + 2H_2O$$

$$CuSO_4 \cdot 3H_2O \xlongequal{99℃} CuSO_4 \cdot H_2O + 2H_2O$$

$$CuSO_4 \cdot H_2O \xlongequal{218℃} CuSO_4 + H_2O$$

因此，对于经过加热能脱去结晶水，又不会发生分解的结晶水合物中结晶水的测定，通常是把一定量的结晶水合物（不含吸附水）置于已灼烧至恒重的坩埚中，加热至较高温度（以不超过被测定物质的分解温度为限）脱水，然后把坩埚移入干燥器中，冷却至室温，再取出用分析天平称量。由结晶水合物经高温加热后的失重值可算出该结晶水合物所含结晶水的质量分数，以及每物质的量的该盐所含结晶水的物质的量，从而可确定结晶水合物的化学式。由于压力、粒度、升温速率不同，有时可以得到不同的脱水温度及脱水过程。

由于空气中总含有一定量的水汽，因此灼烧后的坩埚和沉淀等，不能置于空气中，必须放在干燥器中冷却以防吸收空气中的水分。

三、实验仪器和试剂

实验仪器：抽滤装置、电炉、水浴锅、研钵、蒸发皿、烧杯、电子台秤、分析天平、称量瓶、坩埚、泥三角、坩埚钳、滤纸

实验试剂：废铜屑（铜粉）、H_2SO_4（3 mol·L^{-1}）、浓 HNO_3、H_2O_2

四、实验步骤

基本操作：固体的灼烧、表面皿的洗涤与使用、水浴加热、倾泻法过滤、纯水的使用、

硫酸铜的制备。干燥器的使用。

1. 灼烧

3 g 废铜屑放入蒸发皿，灼烧至表面黑（CuO），冷却。

2. 制备

①氧化。铜屑灼烧冷却后（若实验用的是试剂铜粉，此步省略），3 g 铜粉（蒸发皿放在泥三角上）加 11 mL 3 mol · L^{-1} H_2SO_4（溶剂），缓慢分次（1 mL/次，5 次）滴入 5 mL 浓 HNO_3（氧化剂）。待反应缓和后（此步应在通风橱中完成），盖上表面皿，水浴加热（使反应彻底，氧化铜内部）。

注意补加硫酸、浓硝酸（若铜粉都溶解，就不用补加）。一般补加 6 mL 3 mol · L^{-1} H_2SO_4、1 mL 浓 HNO_3（尽量少加，防止生成硝酸铜）。

②蒸发浓缩得粗产品。铜全溶后，（若有硫酸铜析出，应加水使之溶解）趁热用倾泻法，将溶液转入另一干净蒸发皿中（去不溶物）水浴蒸发浓缩至出现晶膜，冷却、析出晶体、抽滤、称量粗产物。

③重结晶。粗产品于烧杯中，加水（1. 2 mL/g）加热溶解，趁热抽滤（去不溶性杂质），检查滤液的 pH 值是否在 1~2 之间，必要时用 $Cu(OH)_2$ 或 $CuCO_3$ 调节。滤液水浴蒸发浓缩至出现晶膜，冷却、析出晶体、抽滤（去水溶性杂质）、95%乙醇洗涤、称量，得精品。

④计算重结晶的理论产率。

3. 结晶水的测定

（1）恒重坩埚

将一洗净的坩埚及坩埚盖置于泥三角上。小火烘干后，用氧化焰灼烧至红热。将坩埚冷却至略高于室温，再用干净的坩埚钳将其移入干燥器中，冷却至室温（注意：热坩埚放入干燥器后，一定要在短时间内将干燥器盖子打开 1~2 次，以免内部压力降低，难以打开）。取出，用分析天平称量。重复加热至脱水温度以上，冷却、称量，直至恒重。

（2）水合硫酸铜脱水

①在已恒重的坩埚中加入 1. 0~1. 2 g 研细的水合硫酸铜晶体，铺成均匀的一层，再在分析天平上准确称量坩埚及水合硫酸铜的总质量，减去已恒重坩埚的质量即为水合硫酸铜的质量。

②将已称量的、内装有水合硫酸铜晶体的坩埚置于沙浴盘中。将其 3/4 体积埋入沙内，再在靠近坩埚的沙浴中插入一支温度计（300℃），其末端应与坩埚底部大致处于同一水平。加热沙浴至约 210℃，然后慢慢升温至 280℃左右，调节煤气灯以控制沙浴温度在 260~280℃之间。当坩埚内粉末由蓝色全部变为白色时停止加热（需 15~20 min）。用干净的坩埚钳将坩埚移入干燥器内，冷至室温。将坩埚外壁用滤纸擦干净后，在分析天平上称量坩埚和脱水硫酸铜的总质量。计算脱水硫酸铜的质量。重复沙浴加热，冷却、称量，直到“恒重”（本实验要求 2 次称量之差≤1 mg）。实验后将无水硫酸铜倒入回收瓶中。

将实验数据填入表 4-7。由实验所得数据，计算每物质的量的 $CuSO_4$ 中所结合的结晶水的物质的量（计算出结果后，四舍五入取整数）。确定水合硫酸铜的化学式。

表 4-7　实验数据记录

空坩埚质量/g			(空坩埚+五水硫酸铜的质量)/g	(加热后坩埚+无水硫酸铜质量)/g		
第1次称量	第2次称量	平均值		第1次称量	第2次称量	平均值

五、数据记录与处理

$CuSO_4 \cdot 5H_2O$ 晶体的质量 m_1：____________________

无水硫酸铜的质量 m_2：____________________

$CuSO_4$ 的物质的量 $= m_2/159.6\ g \cdot mol^{-1}$：____________________

结晶水的质量 m_3：____________________

结晶水的物质的量 $= m_3/18.0\ g \cdot mol^{-1}$：____________________

每物质的量的 $CuSO_4$ 的结合水：____________________

水合硫酸铜的化学式：____________________

六、问题与讨论

①为什么在通风橱内加浓硝酸，为什么要缓慢、分批，尽量少加？

②为什么 1 g 粗产品加 1.2 mL 水溶解？

③抽滤瓶有晶体转移不出，该如何处理？

④加热后的坩埚能否未冷却到室温就去称量？加热后的热坩埚为什么要放在干燥器内冷却？

⑤为什么要进行重复的灼烧操作？什么叫恒重？其作用是什么？

实验十二　铁氧体法处理含铬废水

一、实验目的

①了解含铬废水的处理方法。

②掌握一种铬含量的测定方法。

二、实验原理

冶炼、电镀、金属加工、制革等许多行业产生的工业废水中，都含有大量的铬，且存在形式多为 Cr（Ⅵ），它能诱发皮肤溃疡、贫血、肾炎及神经炎等。国家对工业废水排放时要求水中 Cr（Ⅵ）的含量不超过 $0.3\ mg \cdot L^{-1}$，而对于生活饮用水和地面水，则要求 Cr（Ⅵ）的含量不超过 $0.05\ mg \cdot L^{-1}$。因此，对含铬工业废水的处理是十分必要的。

对含铬废水的处理，主要有化学还原沉淀法、电解还原—凝聚法、离子交换法、活性炭吸附法、反渗透法等技术，最近还有资料报道利用乳状液膜技术分离废水中重金属铬的方法。这些方法处理成本较高，工艺技术还有待成熟。

铁氧体法是一种较实用的处理含铬废水的方法，其基本原理是：在酸性条件下，用 Fe^{2+} 将 Cr（Ⅵ）还原为 Cr^{3+}，然后加碱使 Fe^{3+}、Cr^{3+} 共沉淀，再迅速加热、曝气，使沉淀物形成铁氧体结晶而除去。铁氧体是一种黑色尖晶石结构的化合物，晶体呈立方形，化学式可表示为 AB_2O_4。铁氧体法除铬的化学反应式如下：

$$Cr_2O_7^{2-}+6Fe^{2+}+14H^+ \longrightarrow 2Cr^{3+}+6Fe^{3+}+7H_2O$$

$$Fe^{2+}+2OH^- \longrightarrow Fe(OH)_2\downarrow$$

$$3Fe(OH)_2+1/2O_2 \longrightarrow FeO\cdot Fe_2O_3+3H_2O$$

$$FeO\cdot Fe_2O_3+Cr^{3+} \longrightarrow Fe^{3+}[Fe^{2+}\cdot Fe^{3+}_{1-x}\cdot Cr^{3+}_x]O_4\ (x 为 0\sim1)$$

铁氧体法处理含铬废水流程如图 4-5 所示。

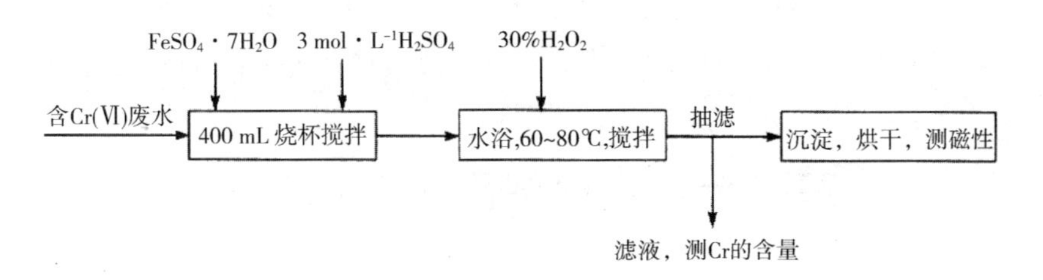

图 4-5　铁氧体法处理含铬废水流程图

若已知 M（OH）$_n$ 的溶度积 *K*sp 和金属离子的浓度 $C_{M^{n+}}$，则可求出相应的 pH。按实验要求，生成氢氧化物沉淀所需 pH 的计算结果如表 4-8 所示。

表 4-8　生成氢氧化物沉淀所需的 pH

M（OH）$_n$	*K*sp	M^{n+} 初始浓度/(mol·L^{-1})	开始沉淀时 pH	沉淀完全时 pH
$Cr(OH)_3$	6.3×10^{-31}	2×10^{-3}	4.83	5.60
$Fe(OH)_2$	8.0×10^{-16}	5×10^{-3}	7.60	8.95
$Fe(OH)_3$	4.0×10^{-38}	6×10^{-3}	2.27	3.20

注：设沉淀完全时废水中 Cr^{3+}、Fe^{3+}、Fe^{2+} 的浓度均小于 10^{-5} mol·L^{-1}。

由表 4-8 所列生成氢氧化物沉淀所需的 pH 可知，欲使 Fe^{2+}、Fe^{3+}、Cr^{3+} 均沉淀完全，pH≥9 为佳，实际上通常控制在 7~8。若 pH 过低，废水中将存在大量 Fe^{2+}，给后续处理带来困难；若 pH 过高，由于 $Cr(OH)_3$ 是两性氢氧化物，它又会溶解形成稳定的 $[Cr(OH)_4]^-$ 配位离子，对形成铁氧体不利。

三、实验仪器和试剂

实验仪器：常规玻璃仪器、容量瓶、蒸发皿

实验试剂　$K_2Cr_2O_7$、$FeSO_4\cdot7H_2O$、NaOH（6 mol·L^{-1}）、H_2SO_4（3 mol·L^{-1}）、3%H_2O_2

四、实验内容

①模拟废水的配制。称取 0.2827 g $K_2Cr_2O_7$ 溶解在适量的水中，再转移至 1000 mL 容量瓶中，用水定容，摇匀。所得溶液 Cr（Ⅵ）浓度为 100 mg·L^{-1}，相当于 CrO_3 0.192 g·L^{-1}。

②氧化还原反应。取上述溶液 250 mL，加入 4.3 mL 3 mol·L^{-1} H_2SO_4，在不断搅拌的条件下加入 0.68 g $FeSO_4 \cdot 7H_2O$，进行氧化还原反应。

③共沉淀生成铁氧体的反应。将所得溶液加热至 60~80℃，加入 NaOH 溶液，调节溶液的 pH 值为 9 左右，在不断滴加 3%H_2O_2 的条件下加 16 mL 6 mol·L^{-1}NaOH 溶液，并不断搅拌，抽滤得沉淀物（由深褐色变为黑色）。

④将所得沉淀烘干，测其磁性。

⑤查找资料，设计方案，测定滤液中 Cr 的含量。

五、问题与讨论

①如果在其他的 pH 条件下，能否达到很好的净化、治理效果？为什么？

②为何该法对 Cr（Ⅵ）有较好的治理效果？对其他金属离子是否有效呢？何种离子可行？

实验十三　硫酸亚铁铵的制备

一、实验目的

①制备六水合硫酸亚铁铵［$(NH_4)_2SO_4 \cdot FeSO_4 \cdot 6H_2O$］晶体，了解复盐特性。

②巩固无机制备实验中的水浴加热、溶解、过滤、蒸发、结晶等基本操作。

③学习检验产品中杂质含量的一种方法——目视比色法。

二、实验原理

亚铁盐是常用还原剂，其中复盐硫酸亚铁铵（俗称摩尔盐）在空气中比单盐硫酸亚铁、氯化亚铁等稳定，在定量分析中常被用来配制 Fe^{2+} 的标准溶液。

以废 Fe 屑为原料制备硫酸亚铁铵的方法是先将废 Fe 屑溶于稀 H_2SO_4，制成 $FeSO_4$ 溶液。

$$Fe+H_2SO_4 \longrightarrow FeSO_4+H_2\uparrow$$

再将化学计量的 $(NH_4)_2SO_4$ 粉末加到 $FeSO_4$ 溶液中并使之完全溶解。将混合溶液加热蒸发后冷却结晶，即可得到浅绿色的六水合硫酸亚铁铵晶体

$$FeSO_4+(NH_4)_2SO_4+6H_2O \longrightarrow (NH_4)_2SO_4 \cdot FeSO_4 \cdot 6H_2O$$

$(NH_4)_2SO_4 \cdot FeSO_4 \cdot 6H_2O$ 晶体之所以能从混合液中优先析出，是由于它的溶解度比 $FeSO_4 \cdot 7H_2O$ 和 $(NH_4)_2SO_4$ 的溶解度都小（表 4-9）。

表 4-9　三种盐的溶解度（含“干物质”g/100 g 水）

化合物	0℃	10℃	20℃	30℃	40℃	50℃	60℃
$FeSO_4 \cdot 7H_2O$	15.65	20.5	26.5	32.9	40.2	48.6	—
$(NH_4)_2SO_4$	70.6	73.0	75.4	78.0	81.0	—	88.0
$(NH_4)_2SO_4 \cdot FeSO_4 \cdot 6H_2O$	12.5	17.2	21.6	28.1	33.0	40.0	44.6

注：—表示未测量。

评定 $(NH_4)_2SO_4 \cdot FeSO_4 \cdot 6H_2O$ 纯度等级的主要标准之一是其含 Fe^{3+} 量的多少。本实验采用目视比色法，即比较 Fe^{3+} 与 SCN^- 形成的配离子 $[Fe(NCS)_n]^{(3-n)}$ 血红色的深浅来确定产品的纯度等级。

废 Fe 屑与稀 H_2SO_4 反应时除放出 H_2 外，还夹杂少量 H_2S、PH_3 等有毒气体及酸雾，为避免后者逸出污染环境，可用充填有活性炭及 MnO_2 粉末的尾气吸收管来吸收气体中的有毒成分，其中的化学反应为：

$$Cu^{2+}+H_2S = CuS\downarrow +2H^+$$

$$8CuSO_4+2PH_3+4H_2O = 4Cu_2SO_4+4H_2SO_4+2H_3PO_4$$

$$3Cu_2SO_4+2PH_3 = 3H_2SO_4+2Cu_3P\downarrow$$

$$4Cu_2SO_4+PH_3+4H_2O = H_3PO_4+4H_2SO_4+8Cu\downarrow$$

三、实验仪器和试剂

实验仪器：常规玻璃仪器、水浴锅、电子台秤、比色管（25 mL）、减压抽滤装置、蒸发皿

实验试剂：废铁屑、硫酸、盐酸、硫酸铵、硫氰化钾溶液（$1\ mol \cdot L^{-1}$）

四、实验内容

1. 废 Fe 屑的清洗（除去表面油污）

来自机械加工的废 Fe 屑，表面沾有油污，可用碱煮法清洗。（若铁屑表面干净，此步可省略）

称取 4.0 g 废 Fe 屑，放入锥形瓶中，加 10% Na_2CO_3 溶液 20 mL，缓缓加热 10 min，并不断振荡锥形瓶。用倾析法除去碱液，再用蒸馏水将 Fe 屑洗净。

2. 硫酸亚铁的制备

往盛有洗净 Fe 屑的锥形瓶中加入 25 mL 浓度为 $3\ mol \cdot L^{-1}$ 的 H_2SO_4 溶液，置于 60~70℃ 水浴中加热以加速 Fe 屑与稀 H_2SO_4 反应，并将反应放出的气体导入尾气吸收管中。

反应开始时较激烈，要注意防止溶液溢出。待大部分 Fe 屑反应完（冒出的气泡明显减少），添加 2 mL 浓度为 $3\ mol \cdot L^{-1}$ 的 H_2SO_4 溶液（Fe^{2+} 在强酸性介质中较稳定）和适量蒸馏水，然后趁热用玻璃漏斗过滤于小烧杯中。

3. 六水合硫酸亚铁铵的制备

在台秤上称取理论计算量的 $(NH_4)_2SO_4$ 晶体，加到 $FeSO_4$ 滤液中，在电热板上加热搅拌，使 $(NH_4)_2SO_4$ 全部溶解（如不能，可加少量蒸馏水），继续蒸发浓缩至液面出现晶膜为止。静置，自然冷却至室温，即有 $(NH_4)_2SO_4 \cdot FeSO_4 \cdot 6H_2O$ 晶体析出，观察晶体的颜色和晶形。减压抽滤，并在布氏漏斗上用少量乙醇淋洗晶体 2 次，继续抽干。将晶体倒扣在一张干净滤纸上，另取一张滤纸盖在晶体上，稍加挤压以吸去残留母液。称量，计算理论产量和实际收率。

4. 产品检验——产品中 Fe^{3+} 的限量分析

称取 1.0 g 自制的 $(NH_4)_2SO_4 \cdot FeSO_4 \cdot 6H_2O$ 晶体，置于 25 mL 比色管中，用少量不含 O_2 的蒸馏水（蒸馏水小火煮沸约 10 min，除去其中所含的溶解 O_2，在细口瓶中放冷备用）

将晶体溶解，加 2 mL 浓度为 2 mol · L^{-1} 的 HCl 溶液和 1 mL 浓度为 1 mol · L^{-1} 的 KSCN 溶液，再用不含 O_2 的蒸馏水稀释至刻度，充分摇匀。将溶液所呈现的红色与标准色阶进行比较，以确定产品的纯度等级。

标准色阶（由实验室事先配好）的配制过程如下。

在三支 25 mL 比色管中，分别加入含有下列体积 Fe^{3+} 的铁铵矾 [$(NH_4)_2SO_4 \cdot Fe(SO_4) \cdot 24H_2O$] 标准溶液 0.50 mL、1.00 mL、2.00 mL，然后分别加入 2 mL 浓度为 2 mol · L^{-1} 的 HCl 溶液和 1 mL 浓度为 1 mol · L^{-1} 的 KSCN 溶液，再用不含 O_2 的蒸馏水稀释到刻度，摇匀，即得三个级别的标准色阶。

Ⅰ级：0.05 mg；Ⅱ级：0.1 mg；Ⅲ级：0.2 mg。

五、问题与讨论

①废 Fe 屑与稀 H_2SO_4 反应时有 H_2S、PH_3 等有毒气体及酸雾释出，如何消除？

②制备 $FeSO_4$ 溶液时为何一定要剩下少量 Fe 屑？

③为何要用少量乙醇淋洗 $(NH_4)_2SO_4 \cdot Fe(SO_4)_2 \cdot 24H_2O$ 晶体？用蒸馏水可以吗？

④为何在进行 Fe^{3+} 的限量分析时必须使用不含 O_2 的蒸馏水？

⑤本实验计算理论产量时，应以何种原料为基准？试解释原因。

实验十四　三草酸合铁（Ⅲ）酸钾的制备和组成测定

一、实验目的

①掌握合成 $K_3Fe[(C_2O_4)_3] \cdot 3H_2O$ 的基本原理和操作技术。

②加深对铁（Ⅲ）和铁（Ⅱ）化合物性质的了解。

③掌握容量分析等基本操作。

二、实验原理

本实验以硫酸亚铁铵为原料，与草酸在酸性溶液中先制得草酸亚铁沉淀，然后用草酸亚铁在草酸钾和草酸的存在下，以过氧化氢为氧化剂，得到铁（Ⅲ）草酸配合物。主要反应为：

$$(NH_4)_2Fe(SO_4)_2+H_2C_2O_4+2H_2O = FeC_2O_4 \cdot 2H_2O\downarrow + (NH_4)_2SO_4+H_2SO_4$$

$$2FeC_2O_4 \cdot 2H_2O+H_2O_2+3K_2C_2O_4+H_2C_2O_4 = 2K_3[Fe(C_2O_4)_3] \cdot 3H_2O$$

改变溶剂极性并加少量盐析剂，可析出绿色单斜晶体纯的三草酸合铁（Ⅲ）酸钾，通过化学分析确定配离子的组成。用 $KMnO_4$ 标准溶液在酸性介质中滴定测得草酸根的含量。Fe^{3+} 含量可先用过量锌粉将其还原为 Fe^{2+}，然后再用 $KMnO_4$ 标准溶液滴定而测得，其反应式为：

$$5C_2O_4^{2-}+2MnO_4^-+16H^+ = 10CO_2\uparrow+2Mn^{2+}+8H_2O$$

$$5Fe^{2+}+MnO_4^-+8H^+ = 5Fe^{3+}+Mn^{2+}+4H_2O$$

三、实验仪器和试剂

实验仪器：电子台秤、分析天平、抽滤装置、烧杯（100 mL）、电炉、移液管（25 mL）、容量瓶（50 mL、100 mL）、锥形瓶（250 mL）

实验试剂：$(NH_4)_2Fe(SO_4)_2 \cdot 6H_2O$、$H_2SO_4$（1 mol·$L^{-1}$）、$H_2C_2O_4$（饱和）、$K_2C_2O_4$（饱和）、KCl、$KNO_3$（300 g·$L^{-1}$）、乙醇（95%）、乙醇—丙酮混合液（1∶1）、$K_3[Fe(CN)_6]$（5%）、$H_2O_2$（3%）、$KMnO_4$（待标定）

四、实验步骤

1. 三草酸合铁（Ⅲ）酸钾的制备

①草酸亚铁的制备。

称取5 g硫酸亚铁铵固体放在250 mL烧杯中，然后加15 mL蒸馏水和5~6滴1 mol·L^{-1} H_2SO_4，加热溶解后，再加入25 mL饱和草酸溶液，加热搅拌至沸，然后迅速搅拌片刻，防止飞溅。停止加热，静置。待黄色晶体$FeC_2O_4 \cdot 2H_2O$沉淀后倾析，弃去上层清液，加入20 mL蒸馏水洗涤晶体，搅拌并温热，静置，弃去上层清液，即得黄色晶体草酸亚铁。

②三草酸合铁（Ⅲ）酸钾的制备。

往草酸亚铁沉淀中，加入饱和$K_2C_2O_4$溶液10 mL，水浴加热313 K，恒温下慢慢滴加3%的H_2O_2溶液20 mL，沉淀转为深棕色。边加边搅拌，加完后将溶液加热至沸，然后加入20 mL饱和草酸溶液，沉淀立即溶解，溶液转为绿色。趁热抽滤，滤液转入100 mL烧杯中，加入95%的乙醇25 mL，混匀后冷却，可以看到烧杯底部有晶体析出。为了加快结晶速度，可往其中滴加几滴KNO_3溶液。晶体完全析出后，抽滤，用乙醇—丙酮的混合液10 mL淋洒滤饼，抽干混合液。固体产品置于一表面皿上，置暗处晾干。称重，计算产率。

2. 三草酸合铁（Ⅲ）酸钾组成的测定

①$KMnO_4$溶液的标定。

准确称取0.13~0.17 g $Na_2C_2O_4$三份，分别置于250 mL锥形瓶中，加水50 mL使其溶解，加入10 mL 3 mol·L^{-1} H_2SO_4溶液，在水浴上加热到75~85℃，趁热用待标定的$KMnO_4$溶液滴定，开始时滴定速率应慢，待溶液中产生了Mn^{2+}后，滴定速率可适当加快，但仍须逐滴加入，滴定至溶液呈现微红色并持续30 s内不褪色即为终点。根据每份滴定中$Na_2C_2O_4$的质量和消耗的$KMnO_4$溶液体积，计算出$KMnO_4$溶液的浓度。

②草酸根含量的测定。

把制得的$K_3[Fe(C_2O_4)_3] \cdot 3H_2O$在50~60℃于恒温干燥箱中干燥1 h，在干燥器中冷却至室温，精确称取样品0.2~0.3 g，放入250 mL锥形瓶中，加入25 mL水和5 mL 1 mol·L^{-1} H_2SO_4，用标准0.02000 mol·L^{-1} $KMnO_4$溶液滴定。滴定时先滴入8 mL左右的$KMnO_4$标准溶液，然后加热到343~358 K（不高于358 K）直至紫红色消失。再用$KMnO_4$滴定热溶液，直至微红色在30 s内不消失。记下消耗$KMnO_4$标准溶液的总体积，计算$K_3[Fe(C_2O_4)_3] \cdot 3H_2O$中草酸根的质量分数，并换算成物质的量，滴定后的溶液保留待用。

③铁含量的测定。

在上述滴定过草酸根的保留溶液中加锌粉还原，至黄色消失。加热3 min，使Fe^{3+}完全转

变为 Fe^{2+}，抽滤，用温水洗涤沉淀。滤液转入 250 mL 锥形瓶中，再利用 $KMnO_4$ 溶液滴定至微红色，计算 $K_3[Fe(C_2O_4)_3]\cdot 3H_2O$ 中铁的质量分数，并换算成物质的量。

结论：在 1 mol 产品中含 $C_2O_4^{2-}$ ______ mol，Fe^{3+} ______ mol，该物质的化学式为__________。

3. 用电导法测定配离子的电荷

配置 100 mL 1.0×10^{-3} mol · L^{-3} 的 $K_3[Fe(C_2O_4)_3]$ 溶液，测定其溶液在 25℃ 的电导率。

五、数据处理

将化学法或其他方法分析的配合物的组成和含量的结果列出并讨论。

电导法测定配离子电荷，包括以下两步。

①将所测得的配离子溶液的电导率填入表 4-10。

表 4-10　电导率测定结果

配离子	电导率	摩尔电导	离子数	配离子电荷
$[Fe(C_2O_4)_3]^{3-}$				

②由测得配合物溶液的电导率，根据关系式 $\Lambda m = K\times1000/c$ 计算出该配合物的摩尔电导 Λm，从 Λm 的数值范围来确定其离子数，从而可确定配离子的电荷。

六、问题与讨论

①能否用 $FeSO_4$ 代替硫酸亚铁铵来合成 $K_3Fe[(C_2O_4)_3]$？这时可用 HNO_3 代替 H_2O_2 作氧化剂，写出用 HNO_3 作氧化剂的主要反应式。你认为用哪个作氧化剂较好？为什么？

②根据三草酸合铁（Ⅲ）酸钾的合成过程及它的 TG 曲线，你认为该化合物应如何保存？

③在三草酸合铁（Ⅲ）酸钾的制备过程中，加入 15 mL 饱和草酸溶液后，沉淀溶解，溶液转为绿色。若往此溶液中加入 25 mL 95%乙醇或将此溶液过滤后往滤液中加入 25 mL 95%的乙醇，现象有何不同？为什么？并说明对产品质量有何影响？

第五章　有机化学实验

实验一　熔点的测定及温度计的校正

一、实验目的

①了解熔点测定的意义。

②掌握熔点测定的操作方法。

③学会温度计的校正方法。

二、实验原理（详见第三章第十一节）

纯净的固体有机化合物一般都有固定的熔点。加热纯有机化合物，当温度接近其熔点范围时，升温速度随时间变化约为恒定值，化合物温度不到熔点时以固相存在，加热使温度上升，达到熔点后开始有少量液体出现，而后固液相平衡；继续加热，温度不再变化，此时加热所提供的热量使固相不断转变为液相，两相间仍为平衡，最后固体完全熔化，继续加热使得温度线性上升。因此在接近熔点时，加热速度一定要慢，每分钟温度升高不能超过2℃，只有这样，才能使整个熔化过程尽可能接近于两相平衡条件，测得的熔点也越精确。

当含杂质时（假定两者不形成固溶体），根据拉乌耳定律，在一定的压力和温度条件下，在溶剂中增加溶质，导致溶剂蒸气分压降低（图5-1中M′L′），固液两相交点M′即代表含有杂质化合物达到熔点时的固液相平衡共存点，$t_{M'}$为含杂质时的熔点，显然，此时的熔点较纯净物低。

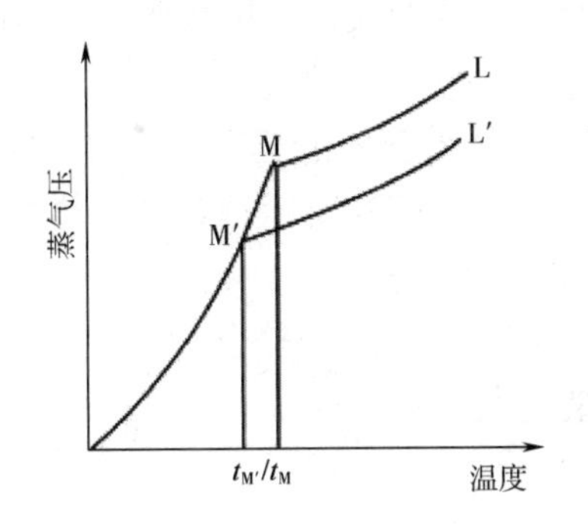

图5-1　蒸气压和温度的关系曲线

三、实验仪器和试剂

实验仪器：温度计、Thiele 管、熔点管、表面皿、酒精灯、火柴、熔点仪

实验试剂：甘油、苯甲酸、乙酰苯胺、混合物

实验装置图详见第三章第十一节图 3-58。

四、实验操作

1. 毛细管法

(1) 样品的装入

取 0.1~0.2 g 样品放于干净的表面皿上，用玻璃棒将其研细并集成一堆。把毛细管开口一端垂直插入堆积的样品中，使一些样品进入管内，然后，把该毛细管垂直桌面轻轻上下振动，使样品进入管底，再将装有样品的毛细管，放入长 50~60 cm 垂直桌面的玻璃管中，管下可垫一表面皿，使之从高处落于表面皿，如此反复几次后，可把样品装实，样品高度 2~3 mm。熔点管外的样品粉末要擦干净以免污染热浴液体。装入的样品一定要研细、填装紧致，受热时才均匀。(如果有空隙测定结果会有何影响)

(2) 测熔点

按图 3-58 搭好装置，放入导热液（甘油），剪取一小段橡皮圈套在温度计和熔点管的上部。将粘附有熔点管的温度计小心地插入加热浴中，以小火在图示部位加热。开始时升温速度可以快些，当传热液温度距离该化合物熔点 10~15℃时，调整火焰位置使浴液升温速度为每分钟上升 1~2℃，越接近熔点，升温速度应越缓慢[1]，每分钟为 0.2~0.3℃。记下试样开始塌落并有液相产生时（初熔）和固体完全消失时（全熔）的温度读数，即为该化合物的熔程。要注意在加热过程中试样是否有萎缩、变色、发泡、升华、炭化等现象，均应如实记录。

记录第一次测定值后，待浴液温度降至熔点 30℃以下，更换熔点管[2]，重复测定待测物的熔点，至少要有 2 次重复的数据，2 次测定误差不能大于±1℃。测定未知物时，要测 3 次，一次粗测，2 次精测，2 次精测的误差不能大于±1℃。实验完毕，把温度计放好，当其自然冷却至接近室温时，用废纸擦净甘油。

2. 熔点仪法（详见第三章第十一节）

3. 温度计的校正

选择数种已知熔点的纯化合物为标准，测定它们的熔点，以观察到的熔点为纵坐标，测得熔点与已知熔点差值为横坐标，画成曲线，即可从曲线上读出任一温度的校正值。

【注释】

[1] 为了保证有充分时间让热量由管外传至毛细管内使固体熔化，升温速度是准确测定熔点的关键；观察者不可能同时观察温度计所示读数和试样的变化情况，只有缓慢加热才可使此项误差减小。

[2] 有时某些化合物部分分解，有些经加热会转变为具有不同熔点的其他结晶形式，因此每一次测定必须用新的熔点管另装试样。

五、注意事项

①实验过程中要控制好升温速度。

②样品不干燥或含有杂质，会使熔点偏低，熔程变大；样品量太少不便观察，而且熔点偏低；太多会造成熔程变大，熔点偏高。

③加热介质可重复使用，但一定要等到冷却后才可倒入回收瓶，而熔点管不能冷却固化后重复使用。

六、问题与讨论

①测熔点时，若有下列情况将会对熔点产生什么影响？

A. 熔点管壁太厚。

B. 熔点管底部未完全封闭，尚有一针孔。

C. 熔点管不洁净。

D. 样品未完全干燥或含有杂质。

E. 样品研得不细或装得不紧密。

F. 加热太快。

②毛细管法测定熔点时，Thiele 管中导热液的加入量既不能太多，也不能太少，为什么？

③为什么一根毛细管中的样品只能做一次测定？

④加热的快慢为何会影响熔点？接近熔点时升温太快对测熔点有何影响？

常用标准样品熔点值如表 5-1 所示。

表 5-1　常用标准样品熔点值

样品名称	熔点/℃	样品名称	熔点/℃	样品名称	熔点/℃
水—冰	0	苯甲酸苄酯	71	尿素	135
α-萘胺	50	奈	80.6	水杨酸	159
二苯胺	54~55	间二硝基苯	90	对苯二酚	173~174
对二氯胺	53	二苯乙二酮	95~96	3，5-二硝基苯甲酸	205
乙酰苯胺	114.3	苯甲酸	122.4	蒽	262~263

实验二　蒸馏和分馏

一、实验目的

①了解蒸馏和分馏的基本原理，应用范围。

②熟练掌握蒸馏装置、分馏装置的搭建和使用方法。

③掌握分馏柱的工作原理和常压下的简单分馏操作方法。

二、实验原理

将液体混合物加热至沸腾，使部分液体变为蒸气，然后使蒸气冷却再凝结为液体，这两个过程的联合操作称为蒸馏。其中，由蒸气冷凝为液体的成分称为馏分，没有汽化为蒸气的液体称为残液。混合物中低沸点组分比较容易挥发，加热沸腾时较多地进入气相被冷凝而成为馏分，高沸点组分比较难汽化则较多地留在残液中，这样通过蒸馏可以使混合物中的两个组分进行分离。

普通蒸馏技术，作为分离液态有机化合物的常用方法，要求其组分的沸点至少要相差30℃，只有当组分的沸点差达 110℃以上时，才能用蒸馏法充分分离。但对沸点相近的混合物，仅用一次蒸馏不可能把它们分开。若要获得良好的分离效果，非得采用分馏不可。分馏是利用分段多次蒸馏的方式达到分离目的（详见第三章第十三节），蒸馏和分馏的分离效果如图 5-2 所示。

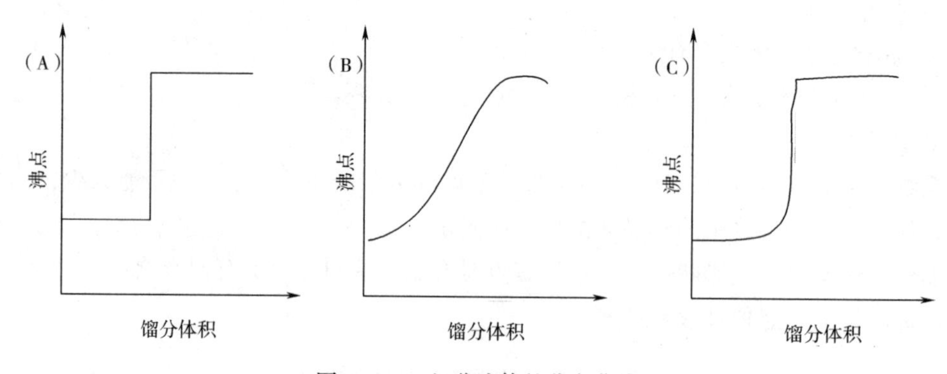

图 5-2　二组分液体的分离曲线

图 5-2（A）是二组分液体理想分离曲线，该曲线表示高沸点组分和低沸点组分可以完全分离；图 5-2（B）是二组分沸点相近液体以简单蒸馏方法进行分离的曲线，该曲线表示馏出液总是高沸点组分和低沸点组分的混合物；图 5-2（C）是二组分沸点相近液体以分馏方法进行分离的曲线，该曲线表示采用分馏的方法进行分离能将高沸点组分和低沸点组分进行比较彻底地分离。

三、实验仪器和试剂

实验仪器：圆底烧瓶、刺形分馏柱、蒸馏头、温度计、直形冷凝管、尾接管、量筒、升降台

实验试剂：丙酮

装置图详见第三章第十二节和第十三节。

四、实验步骤

1. 丙酮—水混合物的分馏

按图 3-61 搭建分馏装置，并准备 1 只 20 mL 的量筒作为接收器。向 50 mL 圆底烧瓶中加入 15 mL 丙酮、15 mL 水及 1~2 粒沸石。开始缓慢加热，并尽可能精确地控制加热的速度，使馏出液以每 1~2 秒一滴的速度蒸出。

观察并记录出现第一滴馏出液时柱顶温度，继续蒸馏，记录每增加 1 mL 馏出液时的温度

及总体积，直至圆底烧瓶中残液为1~2 mL，停止加热。待分馏柱内液体流到烧瓶时测量并记录残留液体积。馏出液倒入回收瓶中集中进行回收处理。

2. 丙酮—水混合物的蒸馏

为了比较蒸馏和分馏的分离效果，可将丙酮和水各15 mL的混合液放置于50 mL蒸馏烧瓶中，去掉分馏装置的分馏柱改装成普通蒸馏装置，重复步骤1的操作和记录。

五、实验数据记录与处理

馏出液体积记录如表5-2所示。

表5-2　馏出液体积记录表

分馏	馏出液体积/mL	第一滴	2.5	3	4	5	6
	温度/℃						
蒸馏	馏出液体积/mL						
	温度/℃						

数据处理：以柱顶温度为纵坐标，馏出液体积为横坐标，将实验结果绘成温度—体积曲线，讨论分离效率。

图5-3为普通二组分混合物的蒸馏和分馏的温度—体积曲线，曲线a为普通蒸馏曲线，可看出无论是丙酮还是水，都不能以纯净状态分离，曲线b可以看出分馏柱的作用，曲线转折点为丙酮和水的分离点，基本可将丙酮分离。

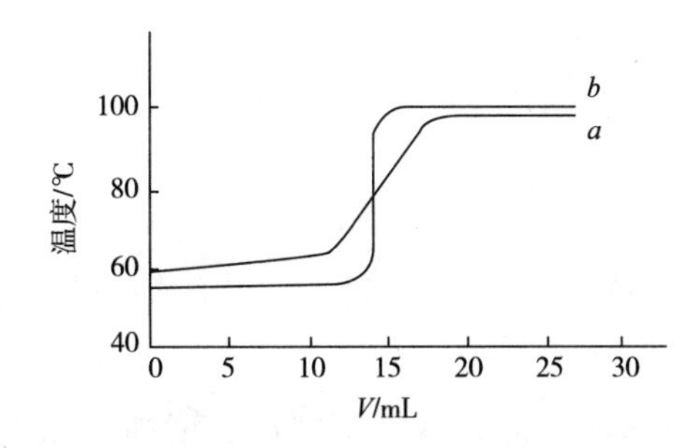

图5-3　二组分混合物的分馏和蒸馏温度—体积曲线

六、问题与讨论

①分馏和蒸馏在原理及装置上有哪些异同？如果是两种沸点很接近的液体组成的混合物能否用分馏提纯呢？

②如果把分馏柱顶上的温度计水银球位置往下插些，行吗？为什么？

③将两端馏液作燃烧试验时，不燃烧的部分是什么物质？

④蒸馏时，如果加热后才发觉未加入止暴剂，应该怎样处理才安全？

⑤当加热后有馏出液出来时，才发现冷凝管未通水，请问能否马上通水，应怎样正确操作？

⑥分馏实验中，若加热太快，每秒钟的滴数超过要求量，则用分馏方法分离两种液体的

能力会显著下降，为什么？

实验三　乙酸乙酯的制备及沸点的测定

一、实验目的

①掌握酯化反应制备羧酸酯的基本原理。

②掌握萃取、洗涤和干燥的操作方法。

二、基本原理

羧酸与醇作用生成羧酸酯和水的反应称为酯化反应，酯化反应是可逆的，即生成的酯又能水解成羧酸和醇。所以，当酯化反应进行到一定程度后，酯化与水解达成动态平衡。加入催化剂（如浓硫酸）可使反应速度加快。为了提高酯化反应的产率，通常在反应器中加入脱水剂或将生成的水及时移走，也可通过增大反应物羧酸或醇的浓度来实现。酯的理论产量由反应开始时摩尔数最小的那种反应物为基准来计算。

乙酸乙酯可由硫酸、冰醋酸和乙醇加热回流制备可得[1]。由于反应液中尚含有硫酸、乙酸、乙醇和副产物乙醚，需进行纯化才能得到纯产品。反应如下：

$$CH_3COOH+C_2H_5OH \xrightarrow[H_2SO_4]{120\sim125℃} CH_3COOC_2H_5+H_2O$$

副反应：

$$2CH_3CH_2OH \xrightarrow{浓\ H_2SO_4} C_2H_5OC_2H_5+H_2O$$

三、实验仪器和试剂

实验仪器：圆底烧瓶、球形冷凝管、分液漏斗、直形冷凝管、蒸馏头、温度计、尾接管、锥形瓶、磁力搅拌加热器

实验试剂：无水乙醇、冰醋酸、饱和碳酸钠溶液、饱和氯化钠溶液、饱和氯化钙溶液、无水硫酸钠

装置图如图 5-4 所示。

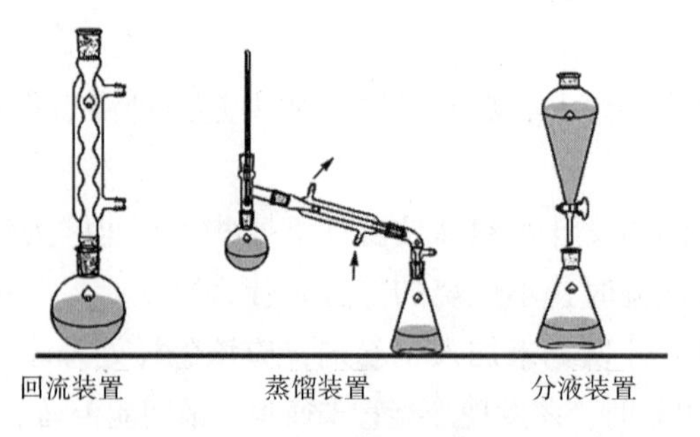

图 5-4　乙酸乙酯实验装置图

四、实验步骤

在 100 mL 圆底烧瓶中，加入 19 mL 无水乙醇和 10 mL 冰醋酸，分批小心加入 5 mL 浓硫酸，边加边振荡，使混合均匀[2]。加入 2~3 粒沸石，装上回流冷凝管，回流 1 h。稍冷后，改成蒸馏装置，收集 83℃以下的馏出液，注意若蒸馏过程中反应瓶内出现大量白雾状物质[3]，则立即关闭热源，停止蒸馏。

馏出液中加入 10 mL 饱和碳酸钠溶液[4]，小心振荡，直至不再有 CO_2 气体产生。将溶液转入分液漏斗中，静置分出下层水溶液。有机层依次用 10 mL 饱和食盐水[5]、10 mL 饱和氯化钙溶液洗涤。放出下层废液，从分液漏斗上口将乙酸乙酯转入干燥的锥形瓶内，加入适量无水硫酸钠，加盖、间歇振荡，干燥 30 min。

将干燥后的粗乙酸乙酯滤入 50 mL 圆底烧瓶中，装好蒸馏装置，在水浴上加热蒸馏，收集 73~78℃的馏分，称重，计算百分产率。

纯乙酸乙酯是具有果香的无色透明液体，bp（沸点）77.2℃，d_4^{20}（密度）0.901，n_D^{20}（折光率）1.3723。

【注释】

［1］此方法虽产率较低，但实验时间较短、操作简单。

［2］如混合不好，反应液容易炭化。

［3］当大量产物蒸出后，瓶内硫酸浓度增大，若继续蒸馏会使瓶内残留的有机物炭化，导致反应瓶难以清洗。

［4］在馏出液中除了酯和水外，还含有少量未反应的乙醇和乙酸，也含有副产物乙醚。故必须用碱除去其中的酸，并用饱和氯化钙除去未反应的醇，否则杂质与酯形成共沸物（见表 5-3），从而影响酯的收率。

表 5-3　乙酸乙酯与乙醇、水形成共沸物的情况

共沸物沸点/℃	共沸物组成（质量分数/%）		
	乙酸乙酯	乙醇	水
70.2	82.6	8.4	9.0
70.4	91.9	—	8.1
71.8	69.0	31.0	—

注：—表示未添加。

［5］当有机层用碳酸钠洗过后，若紧接着就用氯化钙溶液洗涤，有可能产生絮状碳酸钙沉淀，使进一步分离变得困难，故在两步操作间必须用水清洗一步。因为乙酸乙酯在水中有一定的溶解度，为了尽可能减少损失，所以用饱和食盐水来进行水洗。

五、问题与讨论

①酯化反应有什么特点？在实验中怎样才能使酯化反应尽量向生成物方向进行？

②使用分液漏斗应注意哪几点？实验中如何快速判断水层和油层的位置？

③蒸出的粗乙酸乙酯中含有哪些杂质？如何将它们除去？

实验四　从茶叶中提取咖啡因及咖啡因的提纯

一、实验目的

①学习从茶叶中提取咖啡因的基本原理。
②通过从茶叶中提取咖啡因，掌握从天然产物中提取纯有机物的一种方法。
③学习用升华法提纯有机物的基本操作。

二、实验原理

咖啡因具有兴奋大脑皮层、增强机体免疫功能和强心利尿等作用，在制药及一些高级饮料和香烟中作为添加剂使用。咖啡因可由人工合成或天然提取，由于人工合成的咖啡因含有原料残留，长期食用会有残毒作用，因此有的国家已禁止在饮料中使用合成咖啡因。因而天然咖啡因身价倍增，其市场价格往往是人工合成产品的3~4倍，甚至更高。咖啡豆、可可豆是咖啡因含量较高的天然产物，但在我国这两种物质的资源有限。茶叶中也含咖啡因，虽然含量较低，但我国是产茶大国、资源丰富。在茶叶的加工过程中产生大量的茶末、茶灰、茶梗，加工1 t茶叶可产生下脚料20~40 kg，当茶叶生产过剩时，低档茶叶大量积压。如何利用废茶料和低档茶叶提取市场紧俏的咖啡因，促进增值增收，满足市场需求，具有重要意义。

茶叶中含有多种生物碱，其中以咖啡碱（又称咖啡因）为主，占1%~5%，另外还含有丹宁酸、多酚、纤维素和蛋白质等物质。咖啡因属于杂环化合物嘌呤的衍生物，化学名称为1，3，7-三甲基-2，6-二氧嘌呤，结构式如下：

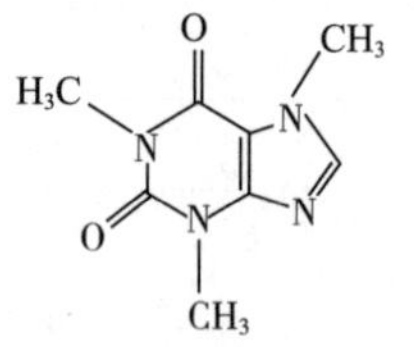

咖啡因

1，3，7-三甲基-2，6-二氧嘌呤

咖啡因是弱碱性化合物，易溶于氯仿、热水、乙醇、苯等溶剂。含结晶水的咖啡因系无色针状结晶，在100℃时失去结晶水，120℃时升华显著，178℃时迅速升华为针状晶体。无水咖啡因的熔点为238℃。

为了提取茶叶中的咖啡因，往往利用适当的溶剂（如氯仿、乙醇等）在脂肪提取器中连续抽提，然后蒸除溶剂，即得粗咖啡因。粗咖啡因还含有其他一些生物碱和杂质，利用升华可以进一步提纯。

三、实验仪器和试剂

实验仪器：索氏提取器一套、圆底烧瓶、蒸馏头、温度计、直型冷凝管、尾接管、锥形瓶、酒精灯、量筒、漏斗、蒸发皿、石棉网、磁力搅拌加热器

实验试剂：茶叶、生石灰、95%乙醇、滤纸、脱脂棉

装置图详见第三章第九节和第十节。

四、实验内容

1. 咖啡因粗产品的抽提

称取 10 g 茶叶末，用滤纸将茶叶包裹卷成筒状[1]，注意勿使茶叶从滤纸缝中漏出。将滤纸筒装入索氏提取器中的抽提筒内，按图 3-57 搭建索氏提取装置，在 250 mL 圆底烧瓶中加入 80 mL 95%乙醇和几粒沸石，然后在抽提筒内加入约 20 mL 95%乙醇，加热圆底烧瓶使乙醇蒸气回流进入抽提筒内，待抽提筒内的液体与虹吸管顶端平齐，液体便会虹吸流回圆底烧瓶内，连续抽提一段时间，待溢流液颜色很淡或无色时，停止加热。

2. 浓缩

稍冷后，将抽提筒内残留的液体倒入圆底烧瓶，然后改成蒸馏装置，补加 1～2 粒沸石，加热回收提取液中的大部分乙醇[2]（约 80 mL），趁热将瓶中的残液倾入蒸发皿中。

3. 中和和去溶剂

往盛有咖啡因提取液的蒸发皿中加入 6 g 研细的生石灰粉[3]，搅拌使成糊状，在蒸气浴上蒸干，整个过程应该不停地用玻璃棒搅拌蒸发皿内的液体，直至溶剂全部除去[4]。冷却后，擦去沾在边上的粉末，以免在升华时污染产物。

4. 升华法提纯咖啡因

取一只口径合适的玻璃漏斗，罩在隔以刺有许多小孔滤纸的蒸发皿上，漏斗颈部塞一小团棉花[5]（图 3-55），在石棉网上小心加热蒸发皿，逐渐升高温度，当观察到滤纸上出现许多白色针状晶体时，暂停加热，让其自然冷却至 100℃左右。小心取下漏斗，揭开滤纸，用刮刀仔细地将纸及漏斗内壁上的咖啡因刮下。再将蒸发皿中的残渣加以搅拌，重新放好滤纸和漏斗，用较大的火焰再加热升华一次，使升华完全。此次火也不能太大[6]，否则蒸发皿内会大量冒烟，产品既受污染又遭损失。合并 2 次收集的咖啡因，称重并计算茶叶中咖啡因的含量。

【注释】

［1］滤纸套既要紧贴器壁，又要方便取放，其高度不得超过虹吸管，滤纸包茶叶末时要严谨，防止漏出堵塞虹吸管，纸套上面折成凹形，以保证回流液均匀浸润被萃取物。

［2］瓶中乙醇不可蒸得太干，否则残液很黏，转移时损失较大。

［3］生石灰起吸水和中和作用，以除去丹宁等酸性杂质。

［4］若水分未除尽，升华开始时会产生烟雾，污染器皿。

［5］蒸发皿上盖一刺有小孔的滤纸是为了避免已升华的咖啡因落入蒸发皿中，纸上的小孔使蒸气通过。漏斗颈塞棉花，以防止咖啡因蒸气逸出。

［6］在萃取回流充分的情况下，升华操作是实验成败的关键。在升华过程中必须严格控

制加热温度，温度太高，将导致产物和滤纸炭化，一些有色物质也会被带出来，导致产品不纯。

五、问题与讨论

①提取咖啡因时，加入生石灰的作用是什么？
②进行升华操作时应注意哪些问题？
③升华提纯咖啡因时，升华温度应控制在什么范围内？

实验五　柱色谱分离偶氮苯和邻硝基苯胺

一、实验目的

①了解柱色谱分离有机物的原理、吸附剂的选择和洗脱剂的选择。
②掌握柱色谱分离有机物的操作步骤。

二、实验原理

色谱法是分离、提纯和鉴定有机化合物的重要方法，其分离效果远比分馏、重结晶等一般方法要好。混合物的各组分随着流动的液体或气体（称为流动相），通过另一种固定的固体或液体（称为固定相），利用各组分在两相中的分配、吸附或其他亲和性能的不同，经过反复作用，最终达到分离的目的。常用的色谱法有柱色谱法、纸色谱法、薄层色谱法和气相色谱法。

柱色谱法又称柱层析法，柱内装有固定相如氧化铝或硅胶，液体样品从柱顶加入，流经吸附剂时被吸附在柱的上端，然后从柱顶加入洗脱剂冲洗。由于固定相对各组分吸附能力不同，样品内的成分以不同速度沿柱下移，最终吸附能力弱的组分随溶剂首先流出，吸附能力强的组分最后流出，由此实现物质的分离。

吸附剂的吸附能力与吸附剂和溶剂的性质有关，选择溶剂时还应考虑被分离物质各组分的极性和溶解性，如非极性化合物用非极性溶剂。

本实验以色谱用中性氧化铝为吸附剂，以石油醚和乙酸乙酯为洗脱剂。在被分离的偶氮苯和邻硝基苯胺中，吸附剂对前者的吸附较弱，所以在淋洗过程中，偶氮苯首先被洗脱，而邻硝基苯胺就需要用极性稍大的乙酸乙酯来洗脱。

三、实验仪器和试剂

实验仪器：色谱柱、锥形瓶、移液管、洗耳球、旋转蒸发仪
实验试剂：色谱用中性氧化铝、乙酸乙酯、石油醚、石英砂、偶氮苯、邻硝基苯胺
装置图详见第三章第十六节。

四、实验步骤

1. 装柱（湿法装柱）

用镊子取少许脱脂棉放于干净、干燥的色谱柱底部，轻轻塞紧，再在脱脂棉上盖 0.5 cm 厚的石英砂，关闭活塞。向柱中倒入石油醚至约为柱高的 3/4 处，打开活塞，控制流出速度为 1 滴/秒。通过一干燥的玻璃漏斗慢慢加入色谱用中性氧化铝（用前在 120℃以上烘箱内干燥数小时），用洗耳球轻轻敲打柱身下部，使填装紧密[1]，当吸附剂全部装入后，轻轻敲击界面，使氧化铝界面平整，再在上面加 0.5 cm 厚的石英砂（或用一张与柱内径相当的滤纸代替）[2]，操作时一直保持上述流速，注意不能使液面低于固定相的上层[3]。

2. 加样

当固定相上方的溶剂（石油醚）液面刚好流至石英砂面时，立即沿柱壁加入 2 mL 含有 50 mg 邻硝基苯胺及 50 mg 偶氮苯的石油醚溶液[4]。当此液面流至石英砂面时，立即用 0.5 mL 石油醚润洗色谱柱管壁的有色物质。如此重复 2~3 次，直至洗净为止。（每次加入润洗的石油醚时必须等柱内液体恰好流至石英砂面，且不得低于石英砂面）

3. 洗脱

待固定相上方的溶剂（石油醚）液面再次流至石英砂面时（即所有样品均入柱后），继续往色谱柱内加石油醚洗脱[5]，每次 10 mL 左右，控制流出速度如前，当橙红色的色带快流出色谱柱时，更换一个干燥洁净的接收器（原接收器内无色的石油醚可循环用于洗脱），继续用石油醚淋洗，至滴出液近无色为止。改用乙酸乙酯[6]作洗脱剂，更换接收器（此时待接收的为色谱柱内未流出的石油醚，可弃置），当有黄色物质开始滴出时，更换另一干燥洁净的接收器收集，至黄色物全部洗下为止。

4. 去除溶剂

将上述含有偶氮苯或邻硝基苯胺的溶液，利用旋转蒸发仪蒸除洗脱剂，称重，计算收集到的偶氮苯或邻硝基苯胺的质量。

5. 测定熔点

偶氮苯的熔点为 67~68℃，邻硝基苯胺的熔点为 71~71.5℃。

【注释】

[1] 色谱柱填装紧密与否，对分离效果有很大的影响。若柱中留有气泡或各部分松紧不匀，会影响渗滤速度和显色的均匀。

[2] 加入砂子的目的是使加料时不致把吸附剂冲起，影响分离效果。

[3] 为了保持柱子的均一性，使整个吸附剂浸泡在溶剂或溶液中是必要的，否则当柱中溶剂或溶液流干时，柱身干裂，影响渗滤和显色的均一性。

[4] 最好用移液管或滴管将被分离溶液转移至柱中。

[5] 最好使用滴液漏斗滴加洗脱剂。

[6] 这里若改用极性稍强的甲醇，洗脱速度会更快些。有时为了洗脱分离极性相近的化合物，需按不同比例配制不同极性的混合溶剂作洗脱剂。

五、问题与讨论

①为什么极性大的组分要用极性较大的溶剂洗脱？

②在氧化铝柱子上，若分离下列两组混合物，组分中哪一个在柱的上端?

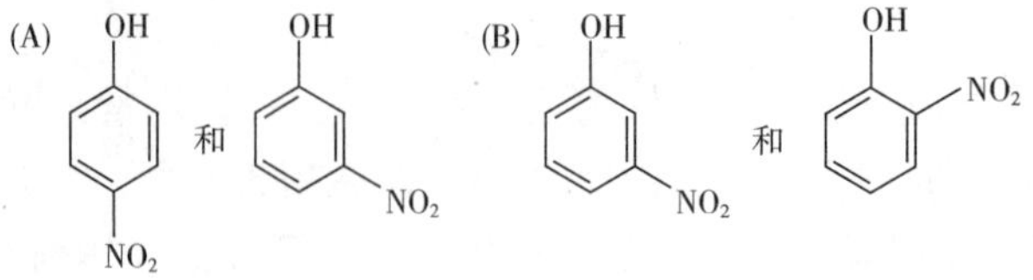

(A) OH NO_2 和 OH NO_2　(B) OH NO_2 和 OH NO_2

③柱子中若留有空气或填装不匀，会怎样影响分离效果？如何避免？

④为什么要等待分离样品全部入柱后才能洗脱?

实验六　菠菜色素的提取和分离

一、实验目的

①通过菠菜叶中色素的提取和分离，进一步理解和掌握色谱分离技术的原理和操作方法。

②了解薄层层析色谱技术分离鉴别物质的原理和方法。

二、实验原理

叶绿素是一种绿色的色素，存在于绿色植物的叶细胞里，它是非常重要的一种生命源。没有叶绿素，人类则无法生存，就没有我们这个绿色的世界。叶绿素的功能在于能进行独特的光合作用——把吸收的二氧化碳和水合成有机物，作为植物生长所需要的能量贮存起来。叶绿素还有很多作用，叶绿素中含有的微量元素铁，是天然的造血原料，不食叶绿素，人就会发生贫血。叶绿素在改善体质、祛病强身方面也有很多作用，如能增强机体的耐受力、抗衰老、防止基因突变等，是人体健康的卫士。

1. 叶绿体色素的提取原理

植物叶片中的叶绿体色素有叶绿素和胡萝卜素两类，主要包括叶绿素 a、叶绿素 b，β-胡萝卜素及叶黄素等。叶绿体色素是脂溶性色素，易溶于乙醚、乙醇、丙酮、氯仿、二硫化碳、苯，难溶于冷甲醇、石油醚、汽油中。植物叶绿体色素通常可用乙醇、丙酮等有机溶剂提取。

2. 薄层层析色谱（TLC）法分离叶绿体色素

色谱法是一种物理分离方法，包括固定相和流动相，其利用混合物中各成分性质和结构的差异，以及与固定相、流动相之间的不同大小作用力，随着流动相的移动而在两相间反复多次进行分配，最终因保留时间的不同而实现分离。

叶绿体色素中的各种成分因结构不同导致分子极性存在一定的差异。叶绿素 a 的分子式为 $C_{55}H_{72}O_5N_4Mg$，叶绿素 b 的分子式为 $C_{55}H_{70}O_6N_4Mg$，这两种色素差别很小，叶绿素 a 呈蓝绿色，叶绿素 b 呈黄绿色。它们在结构上的差别，仅在于 1 个—CH_3 被 1 个—CHO 所取代。β-胡萝卜素的分子式为 $C_{40}H_{56}$。

通过薄层色谱对叶绿体色素提取液进一步分离，可分离叶绿素 a、叶绿素 b、β-胡萝卜素及去镁叶绿素，再经溶剂溶解，并进行光谱表征。

3. 叶绿素 a、叶绿素 b 含量的测定

叶绿素 a 和叶绿素 b 在波长 662 nm、644 nm 处均有吸收，通过分光光度计测定 662 nm 和 644 nm 处吸光度，然后根据朗伯—比尔定律可以推断出叶绿素 a 和叶绿素 b 的含量，计算公式如式（5-1）和式（5-2）所示。

$$\text{叶绿素 a 的含量（mg/g）} = \frac{(12.7A_{662} - 2.69A_{644}) \times 2V}{1000 \times m} \tag{5-1}$$

$$\text{叶绿素 b 的含量（mg/g）} = \frac{(22.7A_{644} - 4.68A_{662}) \times 2V}{1000 \times m} \tag{5-2}$$

式中：A_{662}——662 nm 下的吸光度；

A_{644}——644 nm 下的吸光度；

V——定容体积；

m——叶片质量。

三、实验仪器和试剂

实验仪器：研钵、三角漏斗、容量瓶、分液漏斗、毛细管、量筒、色谱缸、硅胶 G 薄层板、锥形瓶、烘箱、离心机、可见光分光光度计、旋转蒸发仪

实验试剂：丙酮、石油醚（60~90℃）、氯化钠、无水硫酸钠、菠菜叶

四、实验步骤

1. 菠菜叶色素的提取

用电子天平称取 1~2 g 菠菜叶，剪成碎块，放在研钵中加入 3 mL 丙酮一起研碎，将绿色溶液沿着玻璃棒倒入小烧杯中（固体残渣尽量不要倒入烧杯中），再用丙酮重复上述操作 2 次，每次 3 mL 丙酮。将烧杯中收集的丙酮提取液用脱脂棉过滤，滤液转入分液漏斗中，加入 10 mL 石油醚和 10 mL 饱和食盐水[1]，小心振荡（避免乳化），分离丙酮和水溶性的物质（如何判断油层在上层还是下层）。油层用 20 mL 蒸馏水分 2 次洗涤绿色溶液，最后将绿色有机层转入 50 mL 干燥的小锥形瓶中，加适量无水硫酸钠干燥一段时间。

将干燥好的提取液转入离心管中，管口用保鲜膜盖住，在 1000 r/min 的转速下离心 10 min，取清液遮光保存，待用。

2. 叶绿素的分离

将步骤 1 得到的清液在旋转蒸发仪上浓缩，以备薄层色谱点样用。

（1）硅胶 G 薄层板的活化

在 100~120℃烘箱中烘 30~60 min，放于干燥器中保存。

展开剂的制备：往色谱缸中加入丙酮：石油醚=2：3（体积比）的混合液 20 mL，轻轻振荡色谱缸，盖上盖子，静置 10~15 min，使其溶剂蒸气饱和。

（2）点样

取硅胶 G 薄层板，在板一侧距底边 1.0 cm 处画一条横线作为起点线，在起点线以上 8.0 cm

处画一条横线作为终点线，用干燥洁净的玻璃毛细管在起点线处点样（溶剂挥发后，轻触6~7次），控制斑点直径小于2 mm，晾干。

（3）展开

将点好样点的硅胶板放入色谱缸中，展开剂液面不能超过点样起点线，盖好盖子进行上行色谱。要尽可能多地分离叶片中各种色素，待展开剂前沿上升到终点线时（20~30 min），取出并在通风橱内晾干。

（4）鉴定

观察每个斑点/色带的位置，并计算 R_f 值（h/H）。

R_f = 样品中某组分移动离开原点的距离÷展开剂前沿距离原点中心的距离

3. 分光光度法测定叶绿素的含量

将上述剩余的叶绿体色素提取液用石油醚稀释，再转入25 mL容量瓶中，定容待用。以石油醚为参比溶液，用0.5 cm的比色皿测量其在波长662 nm、644 nm的吸光度并带入式（5-1）、式（5-2）计算叶绿素a和叶绿素b的含量。

4. 叶绿体色素的光谱表征

将色谱板上叶绿素a和叶绿素b的色谱带分别用干净的刮刀刮入试管中，加入5 mL 80%丙酮溶液提取，用紫外可见光谱法定性鉴定。从色谱板自上往下可看到橙黄色的β-胡萝卜素、灰色的去镁叶绿素、蓝绿色的叶绿素a及黄绿色的叶绿素b色带。

五、实验结果

①计算菠菜叶绿素a和叶绿素b的含量。

②计算各色谱带的 R_f 值。

叶绿素a和叶绿素b色谱带记录表如表5-4所示。

表5-4　叶绿素a和叶绿素b色谱带记录表

温度：________　展开剂：________　m=________　V=________　H=________

编号	颜色	h/cm	R_f 值	A_{662}	A_{644}	归属（即色谱属于什么物质）
1						
2						
3						
4						

六、问题与讨论

①为什么可以用 R_f 来鉴定有机化合物？如何利用 R_f 来鉴定有机化合物？

②点样时应注意哪些事项？

③影响薄层色谱的比移值 R_f 大小的因素有哪些？如何影响？

④展开时，展开剂不可浸过叶绿体色素点。若超过，将产生什么后果？

实验七　1-溴丁烷的制备

一、目的要求

①熟悉醇与氢卤酸发生亲核取代反应的原理，掌握1-溴丁烷的制备方法。

②掌握带气体吸收的回流装置的安装及液体干燥操作。

③巩固蒸馏、洗涤及液体的干燥等基本操作。

二、实验原理

纯1-溴丁烷为无色透明液体，沸点101.6℃，密度1.2758 g/mL。不溶于水，易溶于乙醇、乙醚、丙酮等有机溶剂。可用作有机溶剂及有机合成时的烷基化试剂及中间体，也可用作医药原料（如丁溴东莨菪碱可用于肠、胃炎、胆石症等）。实验室通常采用正丁醇与溴化氢发生亲核取代反应来制取。反应式如下：

主反应：

$$NaBr+H_2SO_4 \longrightarrow HBr+NaHSO_4$$

$$\underset{\text{正丁醇}}{CH_3CH_2CH_2CH_2OH}+HBr \rightleftharpoons \underset{\text{1-溴丁烷}}{CH_3CH_2CH_2CH_2Br}+H_2O$$

本实验主反应为可逆反应，为提高产率，反应时采用过量的溴化钠和浓硫酸代替溴化氢，边生成溴化氢边参与反应，可提高溴化氢的利用率；浓硫酸还起到催化脱水作用。反应中，为防止反应物正丁醇被蒸出，采用了回流装置。为防止有毒的溴化氢逸出，安装了气体吸收装置。

反应时硫酸应缓慢加入，温度也不宜过高，否则易发生下列副反应：

$$CH_3CH_2CH_2CH_2OH \xrightarrow[\triangle]{H_2SO_4} CH_3CH_2CH{=\!=}CH_2+H_2O$$

$$2CH_3CH_2CH_2CH_2OH \xrightarrow[\triangle]{H_2SO_4} \underset{\text{正丁醚}}{CH_3CH_2CH_2CH_2OCH_2CH_2CH_2CH_3}+H_2O$$

$$2HBr+H_2SO_4 \longrightarrow Br_2+SO_2\uparrow+2H_2O$$

生成的1-溴丁烷中混有过量的溴化氢、硫酸、未完全转化的正丁醇，以及副产物烯烃、醚类等，可经过洗涤、干燥和蒸馏予以除去。

三、实验仪器和试剂

实验仪器：圆底烧瓶、球形冷凝管、玻璃漏斗、烧杯、蒸馏头、直形冷凝管、温度计、尾接管、锥形瓶、分液漏斗、磁力搅拌加热套、量筒

实验试剂：正丁醇、无水溴化钠、浓硫酸、碳酸钠溶液、氢氧化钠、无水氯化钙、亚硫酸氢钠

装置图如图5-5和图5-6所示。

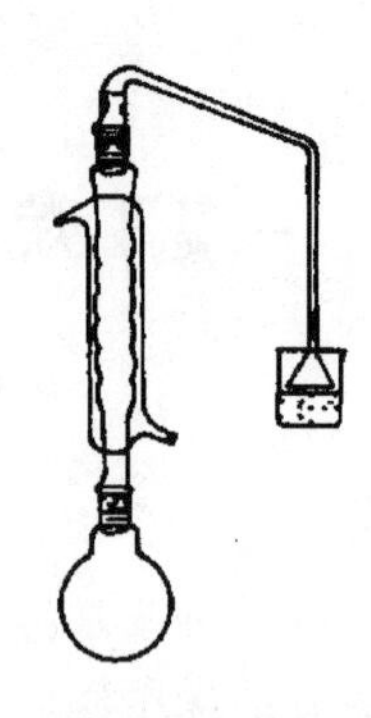

图 5-5 带气体吸收的回流装置

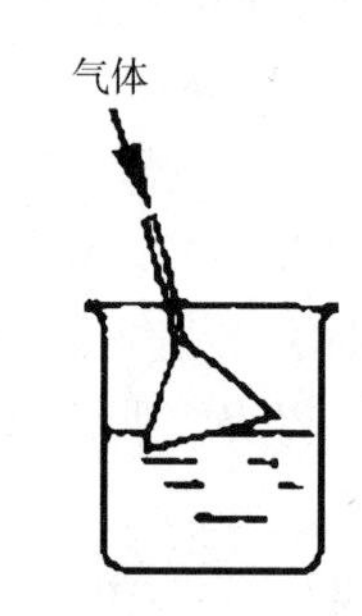

图 5-6 气体吸收装置

四、实验步骤

1. 回流

在 100 mL 圆底烧瓶中，加入磁力搅拌子、12 mL 水[1]，置烧瓶于冰水浴中，在振摇下分批加入 15 mL 浓硫酸，混匀并冷至室温，再分四次加入 9.7 mL 正丁醇，混合均匀，然后在搅拌下加入 13.3 g 研细的无水溴化钠，充分旋动烧瓶以免结块，撤去冰浴，擦干烧瓶外壁。搭建回流装置，用烧杯盛放一定量浓度为 5%的氢氧化钠溶液作尾气吸收液[2]。用电热套加热[3]，促使溴化钠不断溶解，加热过程中始终保持反应液呈微沸状态，缓缓回流约 1 h。观察并记录现象。

2. 蒸馏

稍冷后拆去回流冷凝管，在圆底烧瓶上安装蒸馏头改为蒸馏装置，用 50 mL 锥形瓶作为接收器。加热蒸馏，直至馏出液中无油滴生成为止。停止蒸馏后，烧瓶中的残液应趁热倒入废酸缸中[4]。

3. 洗涤

将蒸出的粗 1-溴丁烷倒入分液漏斗，用 10 mL 水洗涤一次[5]，将 1-溴丁烷层（哪层？如何快速判断？）置于干净的烧杯中，再向烧杯中滴入 4 mL 浓硫酸[6]，用冰水浴冷却并加以振摇，然后倒入干净的分液漏斗中，静置片刻，小心地分去浓硫酸。有机层依次再用 12 mL 水、6 mL 10%碳酸钠溶液、12 mL 水进行洗涤。

4. 干燥

经洗涤后的粗 1-溴丁烷由分液漏斗下口转移到干燥的锥形瓶中，加入适量无水氯化钙，配上塞子，充分振摇后，放置 30 min。

5. 蒸馏

将干燥好的粗 1-溴丁烷用漏斗（漏斗口处塞棉花）小心滤入干燥、干净的圆底烧瓶中，放入磁力搅拌子，加热蒸馏。收集 99~103℃馏分，称量，计算产率。

【注释】

[1] 加水是为了减少溴化氢气体的逸出，减少副产物正丁醚和丁烯的生成。

[2] 在反应过程中应密切注意，防止烧杯中的液体发生倒吸而进入冷凝管。一旦发生倒吸，应立即将漏斗移出烧杯，然后稍稍加大热源温度，待有流出液时再恢复原状。反应结束时，应先将漏斗移出，再停止加热。

[3] 用电热套加热时，一定要缓慢升温，使反应液呈微沸状态，烧瓶不要紧贴在电热套上，以便容易控制温度。

[4] 残液中的硫酸氢钠冷却后结块，不易倒出。

[5] 第一次水洗时，如果产品有色（含溴），可加饱和 $NaHSO_3$ 溶液洗涤。

[6] 浓硫酸洗涤可除去粗产品中少量未反应的正丁醇和副产物丁醚等杂质，否则正丁醇与溴丁烷可形成共沸物（沸点 98.6℃，含正丁醇 13%）。

五、注意事项

①回流要微沸，注意溴化氢吸收装置，玻璃漏斗不要浸入水中，防止倒吸。

②分液漏斗使用前要涂凡士林，防止分液时漏液，造成产品损失。

③洗涤分液时，应注意顺序，并认清哪一层是产品。

④碱洗时放出大量热并有二氧化碳产生，因此洗涤时要不断放气，防止分液漏斗内的液体冲出来。

⑤最后蒸馏时仪器要干燥，不得将干燥剂倒入蒸馏瓶内。

⑥整个实验过程都要注意通风。

六、问题与讨论

①本实验有哪些副反应？如何减少副反应？

②粗蒸馏和精蒸馏有什么区别？

③浓硫酸在实验中的作用是什么，其浓度过高或过低会有何影响？

④反应回流后瓶内上层呈橙红色，说明其是何物，如何产生，怎么除去？

⑤说明各步洗涤的作用？

实验八　乙酰苯胺的制备及重结晶提纯

一、目的要求

①熟悉氨基酰化反应的原理及意义，掌握乙酰苯胺的制备方法。

②掌握重结晶提纯的原理及基本操作。

③巩固分馏、抽滤、熔点的测定等基本操作技术。

二、实验原理

乙酰苯胺为无色晶体，具有退热镇痛作用，是较早使用的解热镇痛药，因此俗称“退热冰”。乙酰苯胺也是磺胺类药物合成中重要的中间体，由于芳环上的氨基易氧化，在有机合成中为了保护氨基，往往先将其乙酰化转化为乙酰苯胺，然后再进行其他反应，最后水解除去乙酰基。除了保护氨基，芳胺的酰化在有机合成中还有如下作用：氨基经酰化后，降低了氨基在亲电取代反应（特别是卤化）中的活化能力，使其由很强的第Ⅰ类定位基变成中等强度的第Ⅰ类定位，使反应由多元取代变为有用的一元取代；由于乙酰基的空间效应，往往选择性地生成对位取代产物；在某些情况下，酰化可避免氨基与其他功能基或试剂（如 RCOCl、$—SO_2Cl$ 等）之间发生不必要的反应。

乙酰苯胺可由苯胺与乙酰化试剂（如乙酰氯、乙酸酐或乙酸等）直接作用制得，反应活性是乙酰氯>乙酸酐>乙酸。乙酸酐一般来说是比酰氯更好的酰化试剂，但是当用游离胺与纯乙酸酐进行酰化时，常伴有二乙酰胺［$ArN(COCH_3)_2$］副产物的生成。另外，乙酰氯和乙酸酐的价格较贵，而乙酸试剂易得，价格便宜，所以实验室一般选用纯的乙酸（俗称冰醋酸）作为乙酰化试剂。反应式如下：

$$C_6H_5-NH_2 + CH_3COOH \rightleftharpoons C_6H_5-NHCOCH_3 + H_2O$$

冰醋酸与苯胺的反应速率较慢，且反应是可逆的，为了提高乙酰苯胺的产率，一般采用冰醋酸过量的方法，同时利用韦氏分馏柱将反应中生成的水从平衡中移去。由于苯胺易氧化，加入少量锌粉，防止苯胺在反应过程中氧化。

重结晶是提纯固体有机物的主要方法之一，其原理是利用混合物中各组分在某种溶剂中的溶解度不同，或在同一溶剂不同温度下的溶解度不同而使它们相互分离（详见第三章第七节）。乙酰苯胺在水中的溶解度随温度的变化差异较大，因此乙酰苯胺粗品可以用水重结晶进行纯化。

三、实验仪器和试剂

实验仪器：圆底烧瓶、刺形分馏柱、蒸馏头、温度计、直形冷凝管、尾接管、锥形瓶、抽滤瓶、布氏漏斗、循环水真空泵、保温漏斗、磁力搅拌加热套

实验试剂：苯胺、冰醋酸、锌粉、活性炭

装置图详见第三章第十三节图 3-61。

四、实验步骤

1. 酰化

在 50 mL 圆底烧瓶中，加入 5 mL 新蒸馏苯胺[1]、8.5 mL 冰醋酸和 0.1 g 锌粉。立即装上分馏柱，在柱顶安装一支温度计，用电热套缓慢加热至反应物沸腾，维持馏分在柱内回

流 20 min 以上，然后继续升温至温度计温度约为 105℃（此时，分馏柱顶端开始有馏分出现）。收集蒸出的水和乙酸，记录馏分的体积。维持温度在 105℃左右约 30 min，这时反应所生成的水基本蒸出。当温度计的读数不断下降，反应达到终点，即可停止加热。

2. 结晶抽滤

在烧杯中加入 100 mL 冷水，将反应液趁热[2]以细流状倒入水中（为什么要这样操作），边倒边搅拌，此时有细粒状固体析出。冷却后抽滤，并用少量冷水洗涤固体，得到白色或黄色的乙酰苯胺粗品，称重。

3. 重结晶

粗产品用水重结晶。将抽滤所得的粗产品转移至烧杯中，以 1 g 产品加 20 mL 水的比例加入适量的水[3]，搅拌下加热至微沸，若此时固体溶解不完全/含有不溶的油状物则补加水至其恰好完全溶解，再加入 15%~20%的水[4]。稍冷后，根据粗品颜色的深浅加入适量活性炭并煮沸 10 min，趁热过滤/抽滤收集滤液，自然冷却至室温，而后冰水冷却，待固体完全析出后，抽滤，冷水洗涤 2 次。

4. 干燥

将抽滤所得固体转移至表面皿中，自然晾干或用水浴烘干。

5. 熔点测定

纯净的乙酰苯胺为无色片状晶体，熔点 114℃。

【注释】

[1] 久置的苯胺因为氧化而颜色较深，使用前要重新蒸馏。因为苯胺的沸点较高，蒸馏时选用空气冷凝管冷凝，或采用减压蒸馏。

[2] 若让反应液冷却，则乙酰苯胺固体析出，沾在烧瓶壁上不易倒出。

[3] 乙酰苯胺在水中的溶解度与温度的关系如表 5-5 所示，乙酰苯胺在水中含量为 5.2%时，重结晶效率好、产率高。由于每个学生的转化率不同、产品损失也各不一样，因此很难估计用水量。一个经验办法是，按照粗产品的质量，以 1 g 产品加 12~15 mL 水的比例加入水，加热至 90℃以上，如果有油珠，则补加热水至油珠溶解完全。个别同学加水过量，可蒸发部分水至出现油珠，再补加少量水。

表 5-5　乙酰苯胺在水中的溶解度与温度的关系

温度/℃	20	25	50	80	100
溶解度/($g \cdot 100\ mL^{-1}$)	0.46	0.56	0.84	3.45	5.5

[4] 为防止脱色过程溶剂挥发，以及热过滤过程中温度下降使溶液变成过饱和，因此需要加入过量的溶剂。

五、注意事项

①反应所用玻璃仪器必须干燥。

②锌粉的作用是防止苯胺氧化，只要少量即可。加得过多，会出现不溶于水的氢氧化锌。

③反应时分馏温度不能太高，以免大量冰醋酸蒸出而降低产率。

④冰醋酸具有强烈刺激性，要在通风橱内取用。

⑤切不可在沸腾的溶液中加入活性炭，以免引起暴沸。

六、问题与讨论

①苯胺的乙酰化反应有何意义？常用的酰化试剂有哪些，活性怎样？
②合成乙酰苯胺时，锌粉起什么作用？加入过量会怎样？
③反应时为什么要控制分馏柱顶端的温度为 105℃左右？
④合成乙酰苯胺时，反应达到终点时为什么会出现温度计读数的上下波动？
⑤在制备乙酰苯胺的饱和溶液进行重结晶时，在烧杯下有一油珠出现，试解释原因。怎样处理才算合理？

实验九　2-甲基-2-丁醇的制备及折光率的测定

一、实验目的

①学习格氏试剂的制备和应用，掌握无水无氧反应条件的控制。
②掌握低沸点易燃液体蒸馏的方法。
③巩固蒸馏、回流、洗涤、干燥等基本实验操作。
④学会液体化合物折光率的测定方法。

二、基本原理

卤代烷在无水乙醚中与金属镁发生插入反应生成烷基卤化镁（Grignard 试剂），生成的烷基卤化镁再与酮发生加成—水解反应，得到叔醇。

$$C_2H_5Br + Mg \xrightarrow{\text{无水乙醚}} C_2H_5MgBr$$

$$H_3C-C(=O)-CH_3 + C_2H_5MgBr \longrightarrow (H_3C)_2C(C_2H_5)OMgBr \xrightarrow[H^+]{H_2O} (H_3C)_2C(C_2H_5)OH + Mg(OH)Br$$

反应必须在无水和无氧条件下进行。因为 Grignard 试剂遇水分解，遇氧会继续发生插入反应。

本实验中用无水乙醚作溶剂，由于无水乙醚的挥发性大，可以借乙醚蒸气赶走容器中的空气，因此可以获得无水、无氧的条件。

Grignard 试剂生成的反应是放热反应，因此应控制溴乙烷的滴加速度，不宜太快，保持反应液微沸即可。Grignard 试剂与酮的加成物酸性水解时也是放热反应，所以要在冷却条件下进行。

2-甲基-2-丁醇可用作合成香料、农药的原料，也是一种优良的溶剂。纯 2-甲基-2-丁醇为无色液体，沸点 102.5℃，n_D^{20} 1.4025。

三、实验仪器和试剂

实验仪器：三口烧瓶、球形冷凝管、恒压滴液漏斗、干燥管、分液漏斗、圆底烧瓶、蒸馏头、温度计、直形冷凝管、尾接管、锥形瓶、量筒、烧杯、磁力搅拌加热套、阿贝折射仪

实验试剂：溴乙烷、镁屑、无水丙酮、无水乙醚、乙醚、碘、浓硫酸、无水碳酸钾、无水氯化钙

装置图如图5-7所示。

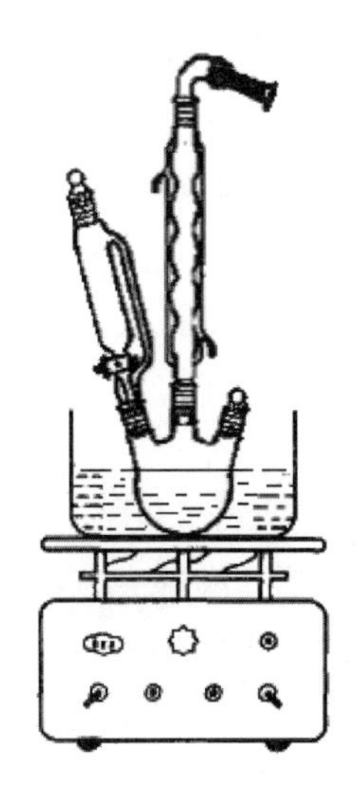

图5-7　格氏试剂制备的回流反应装置

四、实验步骤

第一阶段：乙基溴化镁的制备（本实验要求无水，玻璃仪器必须预先烘干）。

1. 投料

按图5-7搭好装置后，在250 mL三口烧瓶中放入磁力搅拌子、3.5 g洁净干燥的镁屑、20 mL无水乙醚，在恒压滴液漏斗中加入15 mL无水乙醚和20 mL溴乙烷，摇匀。开动搅拌，从滴液漏斗往三口烧瓶中一次性加入1/7~1/5的溴乙烷与乙醚的混合液。

2. 滴加、回流

当溶液颜色变成灰色浑浊时，表明反应已经开始（若10 min还没有明显的现象，可用手掌将烧瓶温热或用温水浴温热，也可投入一小粒碘）。确认反应已经开始后，慢慢滴加溴乙烷与乙醚的混合液，调整滴加速度，使反应瓶内保持缓缓沸腾状态（若反应剧烈，应暂停滴加，并用冷水稍微冷却）。滴加完毕，待反应缓和后，小火加热回流，待镁大量消耗或几乎反应完全，格氏试剂制好备用。

第二阶段：2-甲基-2-丁醇的制备。

3. 滴加丙酮

乙基溴化镁溶液用冷水浴冷却，在搅拌下缓慢滴加10 mL无水丙酮与10 mL无水乙醚的混合液（注意控温，防止丙酮大量挥发）。滴加完毕后，在冷却下继续搅拌反应5 min。

4. 酸化

撤去干燥管，在搅拌与冷却下，小心滴加预先配好的稀硫酸溶液（6 mL浓硫酸和90 mL水），观察并记录现象。注意滴加时要先慢后快，待镁屑反应完全，层间不再产生气泡即可进入下一步骤。

第三阶段：2-甲基-2-丁醇的纯化。

5. 洗涤、干燥

混合液倒入分液漏斗，分层，保留水层。醚层用 15 mL 10%碳酸钠溶液洗涤，分出醚层保留。碱层与原先保留的水层合并，用 20 mL 乙醚分 2 次萃取，萃取所得醚层均并入原先保留的醚层。合并后的醚层加入适量无水碳酸钾干燥，加塞振摇，至澄清透明。

6. 蒸馏

干燥后的液体倒入 100 mL 圆底烧瓶，加磁力搅拌子，水浴加热，回收乙醚。待乙醚基本蒸出后撤去水浴，加热套加热，收集 100~104℃馏分，得纯净的 2-甲基-2-丁醇。称重，计算产率。

7. 测折光率

具体步骤见第三章第十七节折光率的测定。纯净的 2-甲基-2-丁醇的折光率 n_D^{20} 1.4025。

五、注意事项

①市售的镁屑带应事先处理，即用稀盐酸洗去氧化层，干燥。

②镁和卤代烷反应时，所放出的热量足以使乙醚沸腾。根据乙醚沸腾的情况，可以判断反应的剧烈程度。如果沸腾太剧烈，会使溴乙烷从冷凝管上端逸出而损失掉，所以要严格控制溴乙烷的滴加速度。

③格氏试剂和空气中的氧、水分、二氧化碳都能作用，所以制备的乙基溴化镁溶液不能久放，应继续做下面的加成反应。

$$C_2H_5MgBr + H_2O \longrightarrow C_2H_6 + Mg\begin{matrix} \diagup Br \\ \diagdown OH \end{matrix}$$

$$C_2H_5MgBr + 1/2O_2 \longrightarrow C_2H_5OMgBr \xrightarrow{H_2O} C_2H_5OH + Mg\begin{matrix} \diagup Br \\ \diagdown OH \end{matrix}$$

④2-甲基-2-丁醇能与水形成恒沸混合物，沸点为 87.4℃。如果干燥得不彻底，就会有相当量的液体在 95℃以下被蒸出，这样就需要重新干燥和蒸馏。

⑤加入一小粒碘起催化作用，反应开始后，碘的颜色立即褪去。碘催化过程可用下列方程式表示。

$$Mg + I_2 \longrightarrow MgI_2 \xrightarrow{Mg} 2Mg \cdot I$$

$$Mg \cdot I + RX \longrightarrow R \cdot + MgXI$$

$$MgXI + Mg \longrightarrow Mg \cdot X + Mg \cdot I$$

$$R \cdot + Mg \cdot X \longrightarrow RMgX$$

六、问题与讨论

①在制备格氏试剂和进行亲核加成反应时，为什么使用的药品和仪器均须绝对干燥？

②反应若不能立即开始，应采取哪些措施？如果反应未真正开始，却加进了大量的溴乙烷，有什么不好？

③用本法制备叔戊醇还可选用其他什么原料？写出反应式。

④本实验可能发生的副反应有哪些？如何避免？

⑤萃取水层的目的是什么？萃取水层时是否需要无水乙醚？为什么？

⑥迄今在你做过的实验中，共用过哪几种干燥剂？试述它们的作用及应用范围，为什么本实验得到的粗产物不能用氯化钙干燥？

实验十　肉桂酸的制备及熔点测定

一、实验目的

①掌握 Perkin 反应的原理及肉桂酸的制备方法。

②学习水蒸气蒸馏的原理及其应用，掌握水蒸气蒸馏的装置及操作方法。

③巩固脱色、重结晶、抽滤等基本操作。

二、实验原理

芳香醛和酸酐在相同羧酸的碱金属盐存在下，发生类似醇醛缩合的反应得到 α，β-不饱和芳香酸。这个反应用于合成肉桂酸及其同系物，称为 Perkin 反应（铂金反应），它是酸碱催化醇醛缩合反应的一种特殊情况。

Perkin 反应历程是：羧酸盐负离子 A 作为质子接受者，转变为酸 B，同时生成一个酸酐的负离子 C，然后和醛发生亲核加成，生成中间产物 β-羟基酸酐 D。质子受体酸 B 作为脱水的催化剂，使中间产物 β-羟基酸酐再脱水和水解得到不饱和酸 E，同时再生成第一步所需要的催化剂负离子。

$$\underset{}{(CH_3CO)_2O}+\underset{(A)}{CH_3COOR} \rightleftharpoons \underset{(C)}{[\overset{-}{C}H_2\overset{O}{\overset{\|}{C}}O\overset{O}{\overset{\|}{C}}CH_3]R}+\underset{(B)}{CH_3COOH}$$

$$C_6H_5CHO + \overset{-}{C}H_2\overset{O}{\overset{\|}{C}}O\overset{O}{\overset{\|}{C}}CH_3 \longrightarrow C_6H_5\overset{O^-}{\overset{|}{C}}HCH_2\overset{O}{\overset{\|}{C}}O\overset{O}{\overset{\|}{C}}CH_3 \xrightarrow{CH_3COOH} \underset{(D)}{C_6H_5\overset{OH}{\overset{|}{C}}HCH_2\overset{O}{\overset{\|}{C}}O\overset{O}{\overset{\|}{C}}CH_3}$$

$$\xrightarrow{-H_2O} \underset{(E)}{C_6H_5CH{=}CH\overset{O}{\overset{\|}{C}}O\overset{O}{\overset{\|}{C}}CH_3} \xrightarrow{水解} C_6H_5CH{=}CHCOOH + CH_3COOH$$

$$C_6H_5CHO + (CH_3CO)_2O \xrightarrow[150\sim170℃]{K_2CO_3} \xrightarrow{HCl} C_6H_5CH{=}CHCOOH + CH_3COOH$$

水蒸气蒸馏的原理：水蒸气蒸馏是用来分离和提纯液态或固态有机物的一种方法，根据道尔顿分压定律：$P=P_A+P_水$，将水蒸气通入不溶（或难溶于水）但有一定挥发度的有机物中，使该有机物在低于100℃的温度下，随着水蒸气一起蒸馏出来。(具体知识参看第三章第十五节)

三、实验仪器和试剂

实验仪器：三口烧瓶、空气冷凝管、温度计、水蒸气蒸馏装置、烧杯、玻璃棒、量筒、布氏漏斗、抽滤瓶、磁力搅拌加热套、循环水真空泵、显微熔点仪

实验试剂：苯甲醛、醋酸酐、无水碳酸钾、碳酸钠固体、活性炭、浓盐酸

装置图详见第三章第十五节图3-65。

四、实验步骤

1. 肉桂酸的制备

在装有空气冷凝管及温度计的50 mL三口烧瓶中，加入磁力搅拌子、无水碳酸钾3 g[1]、新蒸过的醋酸酐8 mL及新蒸过的苯甲醛3 mL[2]，缓慢升温，在145℃下回流1 h[3]。当瓶壁上有固体物质析出时，摇动铁架台，冲洗下去。反应结束后，稍冷却，加入溶有7 g固体碳酸钠[4]的热溶液，使反应体系呈弱碱性（pH为8~9），趁热将溶液转移至水蒸气蒸馏装置中。

2. 水蒸气蒸馏除苯甲醛

装好装置，进行水蒸气蒸馏，直至流出液无油珠为止（蒸除未反应完的苯甲醛）。

3. 后处理得粗产品

蒸馏烧瓶中的残留液加适量活性炭（根据残留液的颜色决定活性炭的用量在0.2~0.5 g之间），小火微沸5 min后趁热抽滤得无色透明溶液。稍冷却，在搅拌下向滤液中小心滴加浓盐酸至pH值为1~2（消耗浓盐酸10~20 mL）。冰水冷却，待结晶全部析出后，抽滤，用少量冷水洗涤沉淀，称重。

4. 重结晶

粗产物可用热水进行重结晶，每克产品加50 mL水，加热煮沸使固体溶解充分，冰水浴冷却结晶，抽滤，烘干，称重，计算产率。

5. 测定熔点

纯净的肉桂酸为无色单斜晶体，此法合成的产品为反式异构体。

【注释】

[1] Perkin反应所用仪器必须彻底干燥（包括称取苯甲醛和乙酸酐的量筒）。无水碳酸钾也可用无水醋酸钾取代，但不能用无水碳酸钠代替。

[2] 醋酸酐放久了因吸收潮气而水解转变为乙酸，故在实验前需重新蒸馏。苯甲醛放久了会氧化生成苯甲酸。这不但影响反应进行，而且苯甲酸混入产品中不易去除干净，将影响产品质量。故苯甲醛应事先蒸馏，取178~180℃馏分进行反应。

[3] 加热速度不能过快，否则乙酐会挥发损失。应缓慢加热至反应液刚好回流。

[4] 乙酸的存在使苯甲醛在水中的溶解度增大，不能很好地除去，因此用碳酸钠与乙酸

反应，但碳酸钠不能换成氢氧化钠，否则未反应的苯甲醛可能在加热条件下发生坎尼扎罗（Cannizzaro）反应，生成影响产品质量的苯甲酸。

五、问题与讨论

①在 Perkin 反应中，如果使用与酸酐不同的羧酸盐作缩合剂会得到什么？

②为什么乙酸酐和苯甲醛要在实验前重新蒸馏才能使用？

③能否用氢氧化钠代替碳酸钠中和反应混合物？为什么？

④通常在什么情况下使用水蒸气蒸馏？如何判断水蒸气蒸馏的终点？

⑤加入活性炭的目的是什么？杂质是如何产生的？

⑥在本实验条件下，苯甲醛与丙酸酐在丙酸钾作用下反应得到的产物是什么？

实验十一　苯甲酸和苯甲醇的制备

一、实验目的

①学习由苯甲醛在浓碱条件下进行歧化反应制备苯甲醇和苯甲酸的原理和方法，加深对坎尼扎罗（Cannizzaro）反应的认识。

②进一步熟悉液体产物与固体产物的分离与纯化的方法。

③巩固重结晶和蒸馏等基本实验操作，初步掌握减压蒸馏的操作方法。

④巩固低沸点易燃液体蒸馏的方法。

二、实验原理

坎尼扎罗（Cannizaro）反应是指无 a-活泼氢的醛类在浓的 NaOH 或 KOH 的水或醇溶液作用下发生的歧化反应。此反应的特征是醛自身同时发生氧化和还原作用，一分子醛被氧化成羧酸（在碱性溶液中成为羧酸盐），另一分子醛则被还原成醇。芳香醛是发生坎尼扎罗反应最常见的类型，甲醛及三取代乙醛也能发生此类歧化反应。苯甲醛发生坎尼扎罗反应生成苯甲醇和苯甲酸的反应式如下。

$$2\,C_6H_5CHO + NaOH \longrightarrow C_6H_5COONa + C_6H_5CH_2OH$$

$$C_6H_5COONa + HCl \rightleftharpoons C_6H_5COOH + NaCl$$

反应的实质是羰基的亲核加成，其反应机理是：醛首先和 OH^- 进行亲核加成得到负离子，然后碳上的氢带着一对电子以氢负离子的形式转移到另一分子的羰基而不是碳原子上。

$$C_6H_5-\overset{\displaystyle O}{\overset{\|}{C}}-H + OH^- \longrightarrow C_6H_5-\underset{\displaystyle OH}{\underset{|}{\overset{\displaystyle O^-}{\overset{|}{C}}}}-H$$

$$C_6H_5-\underset{\displaystyle OH}{\underset{|}{\overset{\displaystyle O^-}{\overset{|}{C}}}}-H + C_6H_5-\overset{\displaystyle O}{\overset{\|}{C}}-H \longrightarrow C_6H_5-\overset{\displaystyle O}{\overset{\|}{C}}-OH + C_6H_5-\underset{\displaystyle H}{\underset{|}{\overset{\displaystyle O^-}{\overset{|}{C}}}}-H$$

$$\longrightarrow C_6H_5CO_2^- + C_6H_5CH_2OH$$

在坎尼扎罗反应中，通常使用40%的浓碱，其中碱的物质的量要比醛的物质的量多一倍以上，否则，反应不完全，未反应的醛与醇混合在一起，通过一般的蒸馏很难将二者进行分离。

纯苯甲醇为无色液体，沸点 205.4℃，d_4^{20}1.043，n_D^{20}1.5396；纯苯甲酸为白色针状晶体，熔点 122.4℃。

三、实验仪器和试剂

实验仪器：锥形瓶、分液漏斗、圆底烧瓶、蒸馏头、直形冷凝管、空气冷凝管、温度计、烧杯、布氏漏斗、抽滤瓶、循环水真空泵、阿贝折射仪

实验试剂：氢氧化钠、苯甲醛、乙醚、碳酸钠、盐酸、亚硫酸氢钠、无水硫酸镁、刚果红试纸

四、实验步骤

1. 歧化反应

方法一：将 11 g 氢氧化钠（0.27 mol）和 11 mL 水加入 150 mL 的锥形瓶中，震摇使氢氧化钠溶解，然后冷却至室温。在不断搅拌下，分批加入 13.2 g（12.7 mL，0.124 mol）新蒸过的苯甲醛[1]，每次约加入 3 mL[2]，每加一次，都应塞紧瓶塞，用力振荡[3]，使反应物充分混合，过程中若反应温度过高，可适时地把锥形瓶放入冷水浴中冷却，直到反应液最终转变为白色蜡状物，塞紧瓶塞，放置 24 h 以上。

方法二：在反应瓶中加入 11 g 氢氧化钠和 11 mL 水，冷却至室温后，加入 13.2 g 新蒸过的苯甲醛。磁力搅拌下[4] 加热回流 1 h 左右，当反应物呈透明状、油层消失时停止加热并冷却反应物。

2. 苯甲醇的制备

①向反应物中逐渐加入约 45 mL 水[5]，微热，不断搅拌或振摇[6]，使其中的苯甲酸盐全部溶解。

②将溶解后的混合物冷却，转入分液漏斗中，每次用 10 mL 乙醚萃取苯甲醇，连续萃取 3 次，合并乙醚萃取液（水层保留），依次用 5 mL 饱和亚硫酸氢钠溶液[7]、10 mL 10%碳酸钠溶液及 10 mL 冷水洗涤乙醚层，分离出乙醚提取物。

③加入适量无水硫酸镁或无水硫酸钾干燥有机层，将干燥好的乙醚溶液转入 50 mL 蒸馏烧瓶中，用热水浴加热，蒸馏除去乙醚（倒入指定的回收瓶内），当温度计读数达到 85℃时，

停止加热，改用空气冷凝管，利用加热套加热。收集沸程在 198～204℃范围内的馏分（或用减压蒸馏）。

④称重，计算产率；测定产物的折光率。

3. 苯甲酸的制备

①在不断的搅拌下，将经过乙醚萃取后分离出来的下层水溶液用 25%盐酸酸化，至刚果红试纸变蓝（pH 值约为 1），充分冷却后使苯甲酸析出完全，抽滤得粗产品。

②利用少量冷水洗涤得到粗产品，挤压去水分，在热水浴上干燥。若要得到纯净的产物，可用热水进行重结晶。

③称重，计算产率；测产物的熔点。

【注释】

[1] 充分振摇是反应成功的关键，如混合充分，放置 24 h 后，混合物通常在瓶内固化，苯甲醛气味消失。

[2] 为避免歧化反应过快产生大量热，造成温度过高增加氧化副反应，需将苯甲醛分批加入。

[3] 久置的苯甲醛因氧化含有苯甲酸，使用前应重新蒸馏，收集 179℃的馏分，最好采用减压蒸馏，收集 62℃（1.333 kPa）的馏分或 90.1℃（5.332 kPa）的馏分。

[4] 反应在两相中进行，必须充分搅拌。

[5] 水不能加入太多，否则苯甲酸因溶解在大量水中而损失。

[6] 向反应瓶中加水后，应在磁力搅拌器上尽量搅拌时间长一些，以保障苯甲酸盐充分溶解在水中，减少与苯甲醇的包裹，有利于后续的乙醚萃取。

[7] 用亚硫酸氢钠溶液洗涤乙醚溶液时，不能长时间振荡，避免下层的水溶解过多的乙醚而降低亚硫酸氢钠在水中的溶解度，可能达到饱和而析出大量晶体。

五、问题与讨论

①本实验中两种主要产物是根据什么原理进行分离提纯的？

②用饱和亚硫酸氢钠、碳酸钠和水洗涤乙醚萃取物各洗去的是什么物质？萃取过的水溶液是否也需要用饱和亚硫酸氢钠溶液处理？为什么？

③坎尼扎罗反应和羟醛缩合反应的反应条件和产物有什么不同？

④为什么要用新蒸的苯甲醛？长期放置的苯甲醛含有什么杂质？若不除去此杂质对本实验有何影响？

实验十二　环己烯的制备

一、实验目的

①学习环己醇在磷酸或硫酸等催化下脱水制备环己烯的原理和方法。

②掌握水浴蒸馏的基本操作技能。

二、实验原理

烯烃的实验室制备方法主要是通过醇在浓硫酸、浓磷酸等催化作用下脱水或卤代烃在醇钠作用下脱卤化氢。用酸催化醇脱水得到烯烃遵守扎依采夫（Saytezeff）规则，反应基本按照 E1 消除机理进行，脱水速度为叔醇>仲醇>伯醇。由于在反应过程中有中间体碳正离子生成，所以，消除反应过程中常伴随有重排反应，导致双键异构化和碳骨架的重排。另外，醇脱水反应过程中还容易发生烯烃的聚合及醇分子间的脱水等副反应。环己烯可以通过环己醇脱水而来：

$$\text{C}_6\text{H}_{11}\text{—OH} \xrightarrow[\triangle]{85\%\text{H}_3\text{PO}_4} \text{C}_6\text{H}_{10} + \text{H}_2\text{O}$$

环己醇是仲醇，脱水相对容易，反应产率高，环己醇分子间脱水生成环己醚较难。纯环己烯为无色透明液体，沸点 83℃，$d_4^{20}=0.8102$，$n_D^{20}=1.4465$。

三、实验仪器和试剂

实验仪器：圆底烧瓶、分馏柱、直形冷凝管、蒸馏头、温度计、接引管、锥形瓶、分液漏斗

实验试剂：环己醇、85%磷酸、饱和食盐水、5%碳酸钠溶液、无水氯化钙

四、实验步骤

①在 50 mL 干燥的圆底烧瓶中，放入 20 g 环己醇[1] 及 5 mL 85%的磷酸[2]，充分摇荡，投入磁力搅拌子，安装分馏装置，用小锥形瓶作接收器，并将其放入冰水浴中。

②慢慢加热混合物至沸腾，利用加热速度控制分馏柱顶部温度不超过 73℃，慢慢蒸出环己烯和水的共沸混合物[3]。当无液体蒸出时，可升温继续蒸馏，控制温度计温度不超过 90℃，烧瓶中只剩下很少量的残渣并出现阵阵白雾时，停止加热[4]。

③将粗产物转移至分液漏斗中，加入等体积的饱和食盐水，摇匀后充分静置分层，分去水层，有机层用 5%Na_2CO_3 溶液洗涤，然后将有机层倒入干燥的小锥形瓶中，加入适量无水氯化钙干燥[5]。待液体完全澄清透明后，将干燥后的有机相通过滤纸或少量脱脂棉过滤至干燥的 50 mL 蒸馏瓶中，用水浴加热蒸馏，收集 82~85℃的馏分。

【注释】

[1] 环己醇在常温下是黏稠状液体，为避免因黏附容器壁而造成损失，最好用称量法直接称取。

[2] 也可以用硫酸作催化剂，但磷酸作脱水剂比硫酸优越，既可避免有机物受热氧化或炭化，又可避免刺激性气体二氧化硫的释放。

[3] 由于反应形成共沸物，环己烯和水形成的二元共沸物沸点为 70.8℃（含水约 10%），环己醇与水形成的二元共沸物沸点为 97.8℃（含水 80%）。所以反应开始时加热温度不可过高，分馏速度不宜太快，最好稍加回流后再让产物蒸出，馏出物速度以 2~3 s 每滴为宜。

[4] 反应终点的判断：反应烧瓶中出现白雾；加热温度不变的前提下，柱顶温度自动下降或下降后又回升至 85℃以上；接收器中馏出物（环己烯—水的共沸物）的量接近理论计算值。

[5] 分液时水层应尽可能分离完全，否则将增加干燥剂的用量，使产物更多地被干燥剂吸附造成损失，这里用无水氯化钙还可与醇形成配合物从而除去少量环己醇。

五、问题与讨论

①反应加热前，为什么要让反应物充分摇匀混合？

②反应时为什么要控制分馏柱顶温度不超过73℃？如何控制？

③环己烯粗产品为什么不用纯水洗，而是用饱和食盐水进行洗涤？

④在分馏终止前，烧瓶中出现的阵阵白雾是什么？

⑤哪些不当操作可能导致实验产率太低或产品纯度低？如何解决？

实验十三　环己酮的制备

一、实验目的

①掌握环己醇氧化法制备环己酮的原理和方法。

②学习和巩固搅拌、滴加、回流、蒸馏、萃取、分离、干燥等基本实验操作技术和空气冷凝管的应用。

③进一步了解醇和酮之间的联系和区别。

二、实验原理

实验室制备脂肪族醛酮，分别由相应的伯醇或仲醇氧化得到，较常见的氧化剂是铬酸，铬酸可由重铬酸盐和40%~50%硫酸混合而得。铬酸氧化伯醇制备脂肪醛时，由于脂肪醛易被继续氧化成羧酸，所以很难得到高产率的脂肪醛；但利用铬酸氧化仲醇却可得到较高产率的脂肪酮，因为酮对氧化剂稳定，不容易被继续氧化（但遇到强氧化剂仍可被氧化）。醇在铬酸条件下氧化为放热过程，反应中需要严格控制温度。

近年来，曾有报道铬酸及其盐具有致癌作用，且其价格较贵。为克服其不足，出现了以次氯酸钠氧化醇制备酮的方法。该法产率高且不污染环境。

以铬酸或次氯酸钠为氧化剂，环己醇被氧化生成环己酮的反应式分别如下：

OH　　　　　　　　　　　　O

$$\text{(环己醇)} + Na_2Cr_2O_2 + H_2SO_4 \longrightarrow \text{(环己酮)} + Cr_2(SO_4)_3 + Na_2SO_4 + H_2O$$

OH　　　　　　　　　　　　O

$$\text{(环己醇)} + NaClO \xrightarrow{H^+} \text{(环己酮)} + NaCl + H_2O$$

纯环己酮沸点为155.6℃，n_D^{20} 1.4507。

三、实验仪器和试剂

实验仪器：机械搅拌器、三口烧瓶、恒压滴液漏斗、克氏蒸馏头、球形冷凝管、温度计、

分液漏斗、蒸馏装置一套（空气冷凝管）

实验试剂：环己醇、重铬酸钠、浓硫酸、乙醚、碳酸钠、无水硫酸钠、次氯酸钠、冰醋酸、淀粉碘化钾试纸、亚硫酸氢钠、无水碳酸钠、氯化钠、无水硫酸镁

环己酮合成装置（次氯酸钠氧化法）如图 5-8 所示。

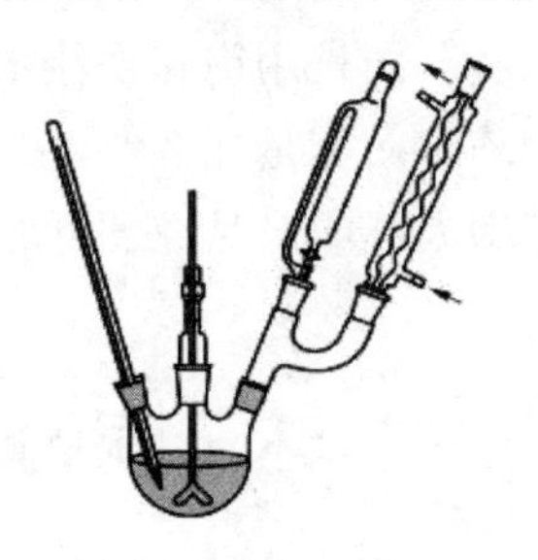

图 5-8　环己酮合成装置（次氯酸钠氧化法）

四、实验步骤

1. 方法一（铬酸氧化法）

①在 100 mL 烧杯内，加入 5.25 g 重铬酸钠、30 mL 水，搅拌溶解，冷却，边搅拌边加入 4.3 mL 浓硫酸，冷却到 30℃以下备用。

②向 100 mL 圆底烧瓶中，加入 5.3 mL 环己醇，将冷却好的铬酸溶液置入其中，搅拌混合，过程中利用冰水浴控制反应温度为 55~60℃。当混合液温度开始下降（约 30 min）时，移去水浴，放置 1 h，其间不断振荡，直至反应液最终呈墨绿色为止。

③量取 30 mL 水，加入上述烧瓶中，用水蒸气蒸馏装置将产物环己酮和水一起蒸出，至馏出液不浑浊再多蒸出 8~10 mL 为止（馏出液总量约 25 mL）。

馏出液用食盐饱和，之后转入分液漏斗中静置分层，分出有机相和无机相，无机相用乙醚萃取（10 mL×2），合并乙醚层和有机层萃取液，无机相倒入指定的废液缸中，合并有机相分别用 10 mL 5%碳酸钠溶液、水（15 mL×2）洗涤，无水硫酸钠干燥。

粗产品滤入 100 mL 圆底烧瓶中，加磁力搅拌子，水浴蒸除乙醚（回收）。再通过加热套加热蒸馏环己酮，收集 152~155℃馏分。

④称重，并计算产率。

⑤测产物沸点及折射率。

2. 方法二（次氯酸氧化法）

①在 100 mL 烧杯内，加入 5.0 g 次氯酸钠、37 mL 水，搅拌溶解，配制浓度为 1.8 mol/L 的次氯酸钠水溶液（可用间接碘量法[1] 测定），并在冰水浴中冷却。

②在 100 mL 三口烧瓶中分别安装搅拌器、克氏蒸馏头和温度计，克氏蒸馏头的一口安装滴液漏斗，另一口接回流冷凝管。将 5.0 g 环己醇和 12.5 mL 冰醋酸依次加入烧瓶中。开动搅拌器，将事先冷却好的次氯酸钠溶液通过滴液漏斗逐滴加入反应瓶中，瓶内温度维持在 30~35℃，随着次氯酸钠的不断滴加，反应液会从无色最终变成黄绿色。为确认氧化反应是否完全，可用淀粉碘化钾试纸进行检验，若呈阳性则说明次氯酸钠过量，氧化已完全；反之，则说明未完全氧化，可再加入 2~3 mL 的次氯酸钠，直至完全氧化为止。加完后在室温下继续

搅拌 15 min，然后加入饱和亚硫酸氢钠溶液 1～5 mL 至反应液变成无色，用淀粉碘化钾试纸检验呈阴性，确认次氯酸钠已被完全除去。

③拆除烧瓶上其他装置，向瓶内的混合物中加入 30 mL 水，进行水蒸气蒸馏。收集 20～25 mL 馏出液（含有环己酮、水和乙酸），冷却后，一边搅拌一边分批向馏出液中加入约 3.5 g 无水碳酸钠中和乙酸，用 pH 试纸检测到溶液显中性为止，然后加入精制氯化钠（4 g 左右）使有机相析出，将生成液倒入分液漏斗，分出有机层，水层用乙醚萃取（10 mL×2），合并环己酮及乙醚萃取液，无机相倒入指定的废液缸中。用无水硫酸镁干燥，再用普通漏斗过滤，用干燥的 100 mL 圆底烧瓶收集滤液，加磁力搅拌子，水浴蒸除乙醚（回收）后，再通过加热套加热蒸馏环己酮，收集 152～155℃馏分。

④称重，并计算产率。

⑤测产物沸点和折射率。

【注释】

[1] 碘量法是氧化还原滴定法中应用比较广泛的一种方法，这是因为电对 I_2/I^- 的标准电位既不高也不低，碘可作为氧化剂而被中强的还原剂（如 Sn^{2+}、H_2S）等还原；碘离子也可作为还原剂而被中强的或强的氧化剂（如 H_2SO_4、IO_3^-、$Cr_2O_7^{2-}$、MnO_4^- 等）氧化。

五、注意事项

①环己醇和环己酮有中等毒性，使用过程中应避免吸入或与皮肤接触；次氯酸钠与酸接触能放出有毒气体，有腐蚀性，能引起烧伤，对皮肤有刺激性，应密封避光低温保存。

②铬酸氧化醇是一个放热反应，实验中必须严格控制反应温度以防反应过于剧烈，若温度过低反应困难，温度过高则副反应增多。

③产物密度为 0.9478，与水相差不大，且在水中有一定溶解度（2.4 g/100 mL 水，31℃），如果出现馏出液分层不明显的情况，可加入饱和食盐水增大水层密度，同时利用盐析的作用使两层分开。

六、问题与讨论

①对比分析两种氧化法制备环己酮的优缺点，本实验的氧化剂能否改用硝酸或高锰酸钾，为什么？

②两种方法中，为何氧化剂都要进行冷却处理？

③本实验为什么要严格控制反应温度，温度过高或过低有什么不好？

④蒸馏产物时为何使用空气冷凝管？

⑤环己醇用硝酸氧化，得到的产物是什么？

实验十四　正丁醚的制备

一、实验目的

①掌握醇分子间脱水制备醚的反应原理和实验方法。

②掌握共沸蒸馏分水法的原理和分水器（油水分离器）的使用。

二、实验原理

正丁醇在硫酸催化下，分子间脱水生成正丁醚。反应方程式如下：

$$2CH_3(CH_2)_3OH \xrightarrow{H_2SO_4,\ 135℃} CH_3(CH_2)_3O(CH_2)_3CH_3+H_2O$$

为从可逆反应中获得较好收率，在反应过程中，不断将生成的水除去，使平衡向右移动，提高产率。该体系可能会发生的副反应：

$$CH_3(CH_2)_3OH \xrightarrow{H_2SO_4,\ >135℃} CH_3CH_2CH{=\!=}CH_2+H_2O$$

三、实验仪器和试剂

实验仪器：三口烧瓶、空心塞、温度计、油水分离器、球形冷凝管、分液漏斗、圆底烧瓶、蒸馏头、空气冷凝管、尾接管、锥形瓶、量筒、磁力搅拌加热套等

实验试剂：正丁醇、浓硫酸、氢氧化钠、无水氯化钙

装置图如图 5-9 所示。

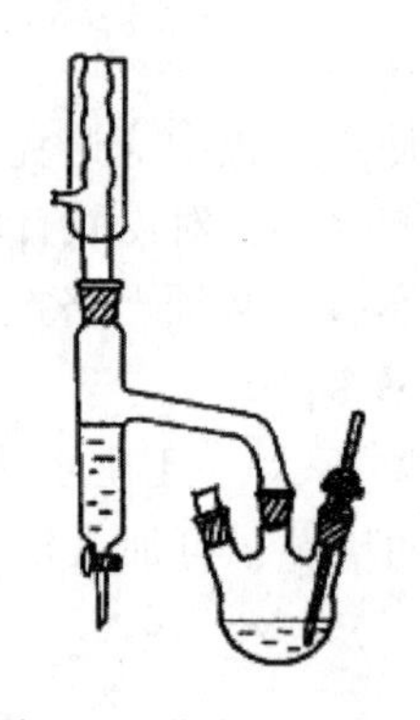

图 5-9　分水反应装置

四、实验步骤

在干燥的 100 mL 三颈烧瓶中，加入 12.5 g（15.5 mL）正丁醇和 4 g（2.2 mL）浓硫酸，摇动使混合，加入磁力搅拌子。温度计水银球必须浸入液面以下，另一瓶口装上油水分离器（图 5-9）。搭好装置后，从分水器中放出约 2 mL 水[1]，然后开启磁力搅拌加热套，让反应体系在搅拌下逐渐升温，保持瓶内液体微沸至回流。回流液经冷凝管收集于分水器内，由于相对密度的不同，水在下层，而上层较水轻的有机相至分水器支管时即可返回三口瓶中[2]。继续加热到瓶内温度升高到 135℃ 左右，分水器已全部被水充满时，表示反应已基本完成，约需 1 h，如继续加热，则溶液变黑，并有大量副产物丁烯生成。

反应物冷却后，将混合物倒入盛有 40 mL 水的分液漏斗中（若分水器内剩余有机物未流回反应瓶，则需将分水器上层的有机物一并转入分液漏斗），充分振摇，静置后分出上层的粗产品。用 20 mL 10%氢氧化钠溶液、10 mL 水及 10 mL 饱和氯化钙溶液洗涤[3]，然后用适量无水氯化钙干燥。将干燥后的产物转移到干燥干净的蒸馏烧瓶中（切勿将干燥剂倒入瓶

内)，蒸馏收集 140~144℃馏分，纯正丁醚的沸点为 142.4℃，n_D^{20} 1.3992。

【注释】

[1] 如果从醇转变为醚的反应是定量进行的，那么反应中应该被除去的水的体积数可从下式估算。

$$2C_4H_9OH \xrightarrow{加热} (C_4H_9)_2O + H_2O$$

理论上　　2×74 g　　130 g　18 g

实际投料　　12.5 g　　x=1.52 g

即本实验用 12.5 g 正丁醇脱水制备正丁醚，那么应该脱去的水量约为 1.52 g，在实验以前预先在装满水的分水器里分出 1.5~2 mL 水，那么加上反应以后生成的水正好充满分水器，而使汽化冷凝后的醇正好溢流返回反应瓶，从而达到自动分离的目的。

[2] 本实验利用恒沸点混合物蒸馏的方法将反应生成的水不断从反应体系中除去。正丁醇、正丁醚和水可能生成的几种恒沸点混合物如表 5-6 所示。

表 5-6　生成恒沸点混合物的种类

恒沸点混合物		沸点/℃	质量分数/%		
			正丁醚	正丁醇	水
二元	正丁醇—水	93.0	—	55.5	45.5
	正丁醚—水	94.1	66.6	—	33.4
	正丁醇—正丁醚	117.6	17.5	82.5	—
三元	正丁醇—正丁醚—水	90.6	35.5	34.6	29.9

[3] 也可用下述方法精制粗丁醚：待混合物冷却后，转入分液漏斗，用 16 mL 50%硫酸分 2 次洗涤，再用 10 mL 水洗涤，因 50%硫酸洗去粗产物中正丁醇的同时也能微溶正丁醚，所以产率略有降低。

五、问题与讨论

①假定正丁醇的用量为 35 g，试计算在反应中生成多少体积的水?

②如何判断反应已经接近完全?

③反应结束为什么要将混合物倒入水中？各步洗涤的目的是什么?

④能否用本实验的方法由乙醇和 2-丁醇制备乙基仲丁基醚？试说明原因。

⑤制备乙醚和正丁醚在反应原理和实验操作上有什么不同?

实验十五　乙酸正丁酯的制备

一、实验目的

①掌握醇与酸进行酯化反应制备乙酸正丁酯的方法。

②熟练掌握分水器（油水分离器）的使用。

③巩固回流、洗涤、萃取、干燥、蒸馏等基本操作技术。

二、实验原理

有机酸酯通常用醇和羧酸在少量酸性催化剂存在下，进行酯化反应制备。酯化反应是一个典型的可逆反应。为了提高目标产物的收率，常采取以下措施：使用过量的醇或酸，在反应中移走某一产物（蒸出反应生成的酯或水），使用特殊催化剂，当然也可兼而有之。

利用酸和醇制备酯，在实验室中有 3 种方法。

①共沸蒸馏分水法：生成的酯和水以共沸物的形式蒸出来，冷凝后通过分水器分出水，油层回到反应器中。

②提取酯化法：加入溶剂，使反应物、生成的酯溶于溶剂中而和水层分开。

③直接回流法：一种反应物过量，直接回流。

制备乙酸正丁酯用共沸蒸馏分水法效果较好，利用乙酸和正丁醇为原料，酸催化可直接酯化制备乙酸正丁酯，反应式如下：

$$n\text{-}C_4H_9OH+CH_3COOH \xrightarrow{H_2SO_4} n\text{-}C_4H_9OOCH_3+H_2O$$

纯乙酸正丁酯为无色液体，有水果香味，沸点 126.5℃，d_4^{20}0.882，n_D^{20}1.3951。

三、实验仪器和试剂

实验仪器：单口烧瓶、分水器、球形冷凝管、蒸馏头、直形冷凝管、尾接管、锥形瓶、分液漏斗、量筒、阿贝折射仪

实验试剂：正丁醇、冰醋酸、浓硫酸、碳酸钠、无水硫酸镁等

四、实验步骤

1. 回流反应

在干燥的 100 mL 圆底烧瓶中，装入 11.5 mL 正丁醇（9.3 g，0.125 mol）和 7.2 mL 冰醋酸（7.5 g，0.125 mol），并小心地加入 3~4 滴浓硫酸，混合均匀，投入几粒沸石。按图 5-9 安装分水器和回流冷凝管，并在分水器中预先加水至略低于支管口，标记水位。通过加热套加热至回流反应，随着反应的进行，开始有水生成。从分水器下端放出水分，保持分水器中水层液面在原来的高度，约 40 min 后不再有水生成，表明反应完成，停止加热，记录分出水的量。

2. 洗涤和干燥

待瓶内无明显回流后，卸下回流冷凝管，将分水器中的酯层与烧瓶中的反应液一起倒入分液漏斗中，依次用 10 mL 水、10 mL 10%碳酸钠溶液[1]、10 mL 水洗涤，分去水层，将酯层置于干燥的锥形瓶中，加适量无水硫酸镁进行干燥。

3. 精蒸馏和测定折光率

将干燥后的乙酸正丁酯倒入干燥的 50 mL 圆底烧瓶中，加入沸石，安装好蒸馏装置，加热收集沸程为 124~126℃的馏分[2]，前后馏分倒入指定的回收瓶中，产品称重后测折光率，

计算产率。

【注释】

[1] 碱洗时分液漏斗要放气，否则二氧化碳的压力会使液体冲出来。

[2] 本实验利用形成的共沸混合物将生成的水去除。共沸物的沸点为：乙酸正丁酯—水沸点为90.7℃，正丁醇—水沸点为93℃，乙酸正丁酯—正丁醇沸点为117.6℃，乙酸正丁酯—正丁醇—水沸点为90.7℃。精蒸馏时应注意观察前馏分的温度。

五、注意事项

①冰醋酸在低温时易凝结成结晶状固体（熔点16.6℃），取用时可用热水浴加热使其熔化，注意不要触及皮肤，防止灼伤。

②浓硫酸在反应中起催化作用，只需少量即可。硫酸比重大，易沉积在烧瓶底部，因此滴加浓硫酸时，要边加边摇，以免局部炭化，也可用固体超强酸作催化剂。

③在分水器中预先加水量应略低于支管口的下沿，不能进入反应瓶。根据分出的水量可初步判断反应是否反应完全。

④加热速度不宜过快，应控制均匀的回流速度。

⑤本实验中不能用无水氯化钙作干燥剂，因为它与产品能形成络合物而影响产率。

六、问题与讨论

①酯化反应有哪些特点？乙酸正丁酯的合成实验是根据什么原理来提高产品产量的？

②如何判断本反应的终点？

③乙酸正丁酯的粗产品中有哪些杂质？怎样将其除掉？

④本实验根据什么原理将水分出？计算反应完全应分出多少水？

⑤本实验中如果控制不好反应条件，会发生什么副反应？

实验十六　阿司匹林的制备

一、实验目的

①通过本实验了解阿司匹林（乙酰水杨酸）的制备原理和方法。

②进一步巩固重结晶、熔点测定、抽滤等基本操作。

③了解乙酰水杨酸的应用价值。

二、实验原理

乙酰水杨酸，商品名为阿司匹林，为常用的退热镇痛药。广泛地应用于治疗感冒、头痛、发热、关节痛、牙痛和风湿病，并且能够抑制血小板凝集、预防手术后血栓形成、心肌梗死。

制备乙酰水杨酸最常用的方法是将水杨酸与乙酸酐作用，通过乙酰化反应，使水杨酸分子中酚羟基上的氢原子被乙酰基取代，生成乙酰水杨酸。

水杨酸，又名2-羟基苯甲酸，分子内易形成氢键而难以乙酰化，通常加入少量浓硫酸破坏水杨酸分子中羧基与酚羟基间形成的氢键，从而加速反应的进行，进而使酰化作用较易完成。在生成乙酰水杨酸的同时，水杨酸分子之间也可发生缩合反应，生成少量的聚合物。其反应式如下。

主反应：

$$\text{(COOH, OH)}C_6H_4 + CH_3\overset{O}{\overset{\|}{C}}-O-\overset{O}{\overset{\|}{C}}CH_3 \xrightarrow[75\sim80^{\circ}C]{H_2SO_4} \text{(COOH)}C_6H_4-O\underset{\underset{O}{\|}}{C}CH_3 + CH_3COOH$$

反应温度应控制在75~80℃，温度过高易发生下列副反应：

$$\text{(OH)}C_6H_4-COOH + HO-C_6H_4\text{(COOH)} \xrightarrow[\triangle]{H^+} \text{(OH)}C_6H_4-\overset{O}{\overset{\|}{C}}-O-C_6H_4\text{(COOH)} + H_2O$$

水杨酰水杨酸酯

$$\text{(OCOCH}_3\text{)}C_6H_4-COOH + HO-C_6H_4\text{(COOH)} \xrightarrow[\triangle]{H^+} \text{(OCOCH}_3\text{)}C_6H_4-\underset{\underset{O}{\|}}{C}-O-C_6H_4\text{(COOH)} + H_2O$$

乙酰水杨酰水杨酸酯

通过乙酰化反应先得到的是粗制乙酰水杨酸混合物，其中含有未反应的原料、副产物、催化剂等，必须经过进一步的纯化才能得到纯品。

乙酰水杨酸能与碳酸氢钠反应生成水溶性钠盐，而副产物聚合物不能溶于碳酸氢钠，这种性质上的差别可用于乙酰水杨酸的纯化。最终产物中可能存在的杂质还有水杨酸本身，可通过重结晶而除去。水杨酸与大多数酚类化合物一样，可与三氯化铁发生颜色反应，形成深色络合物，而乙酰水杨酸因酚羟基已被酰化，不再与三氯化铁发生颜色反应，因此可通过这个方法判断水杨酸杂质是否被完全除去。

纯乙酰水杨酸为白色针状结晶，熔点为135~136℃。

三、实验仪器和试剂

实验仪器：圆底烧瓶、温度计、蒸馏头、真空尾接管、锥形瓶、布氏漏斗、抽滤瓶、循环水真空泵、小烧杯、试管、表面皿、滤纸

实验试剂：水杨酸、乙酸酐、乙醇、1%$FeCl_3$、浓硫酸

四、实验步骤

1. 重蒸乙酸酐

将30 mL乙酸酐放入50 mL的圆底烧瓶中进行蒸馏，收取137~140℃的馏分备用。

2. 酰化

在干燥的锥形瓶中加入 6 g 水杨酸和 12 mL 乙酸酐，再滴入 10 滴浓硫酸[1]，立即配上带有 100℃温度计的塞子[2]（温度计插入物料之中），不断摇动锥形瓶使水杨酸全部溶解后置于水浴中加热，在充分振摇下缓慢升温至 75℃[3]，保持此温度反应 15 min，期间仍不断振摇，最后提高反应温度至 80℃，再反应 5 min，使反应进行完全。

3. 结晶抽滤

稍冷后拆下温度计，在充分搅拌下[4] 将反应液倒入盛有 100 mL 水的烧杯中，然后冰水冷却，待结晶完全析出后，进行抽滤。用少量冷水洗涤滤饼 2 次，压紧抽干后称重。

4. 重结晶

在盛有粗产品的烧杯中加入 30 mL 35%乙醇，置于 45~50℃水浴中加热，使其迅速溶解，若产品不能完全溶解，可酌情补加 35%的乙醇溶液。然后静置到室温，冰水冷却，待结晶完全析出后，进行抽滤。用少量冷水洗涤滤饼 2 次，压紧抽干。将结晶转移至表面皿中，自然晾干后称量，计算产率。

5. 检验纯度

取少量重结晶产品加入盛有 5 mL 水的试管中，加入 1~2 滴 1%三氯化铁溶液，观察有无颜色反应。

【注释】

[1] 由于分子内氢键的作用，水杨酸与醋酸酐直接反应需要控制在 150~160℃才能生成乙酰水杨酸。加入浓硫酸的目的主要是破坏氢键，加快反应速度，使反应在较低的温度下（80℃）就能够进行，还可以使副产物的量大幅减少，因此实验中要注意控制好温度。水浴加热温度不宜过高，时间不宜过长，否则副产物可能增加。

[2] 酰化反应时，要用手压住瓶塞，以防反应蒸气冲出，并不断振摇，确保反应进行完全。

[3] 控制好酰化反应温度，否则将增加副产物的生成。

[4] 将反应液转移到水中时，要充分搅拌，将大的固体颗粒搅碎，以防重结晶时不易溶解。

五、问题与讨论

①制备阿司匹林时，为什么所用仪器必须是干燥的？

②反应时加入浓硫酸的作用是什么？不加浓硫酸对实验有何影响？

③反应中有哪些副产物？如何除去？

实验十七　磺胺的制备

一、实验目的

①掌握氨基的水解及乙酰氨基衍生物水解方法。

②掌握回流、脱色、重结晶等基本操作。

二、实验原理

苯胺经乙酰化保护其氨基后再氯磺化、氨解和水解，便可制得磺胺（对氨基苯磺酰胺）：

$$C_6H_5NHCOCH_3 + 2HOSO_2Cl \longrightarrow p\text{-}CH_3CONHC_6H_4SO_2Cl + H_2SO_4 + HCl$$

$$p\text{-}CH_3CONHC_6H_4SO_2Cl + 2NH_4OH \longrightarrow p\text{-}CH_3CONHC_6H_4SO_2NH_2 + NH_4Cl + 2H_2O$$

$$p\text{-}CH_3CONHC_6H_4SO_2NH_2 + H_2O \longrightarrow p\text{-}NH_2C_6H_4SO_2NH_2 + CH_3COOH$$

三、实验仪器和试剂

实验仪器：锥形瓶、量筒、温度计、烧杯、抽滤瓶、布氏漏斗、磁力搅拌加热器
实验试剂：乙酰苯胺、氯磺酸、氢氧化钠、浓氨水（28%）、盐酸

四、实验步骤

1. 对乙酰氨基苯磺酰氯的制备（氯磺反应）

将 2 g 乙酰苯胺置于干的 100 mL 锥形瓶中，在加热套内用小火加热锥形瓶，乙酰苯胺熔融后[1] 停止加热。塞住瓶口让其自然冷却，乙酰苯胺在瓶底结成硬块，再用冰水冷却。把 5 mL 氯磺酸[2] 一次加入经冷却的乙酰苯胺中，锥形瓶口立即接上氯化氢吸收装置[3]。反应迅速进行，产生大量氯化氢气体。如反应太剧烈，则可将锥形瓶浸入冷水浴中冷却[4]。待全部乙酰苯胺固体消失、反应缓慢后，加热至 60℃，维持 15 min，并不断摇动，至无氯化氢气体放出为止。

反应物移至室温下放置，冷却后再用冰水冷却 10 min，在通风橱内将反应物慢慢地倾倒[5] 至盛有约 40 mL 冰水的 100 mL 烧杯中，边倒边不断搅拌，此时有白色或粉红色的沉淀析出。抽滤，用少量冰水洗涤 3 次，压干。产品立即进行氨解反应[6]。

2. 对乙酰氨基苯磺酰胺的制备（氨解反应）

把上述制得的对乙酰氨基苯磺酸氯移至 100 mL 烧杯中，加入 6 mL 浓氨水[7]，并不断搅

拌，反应放热并有大量沉淀析出而成糊状。在 70℃ 下加热 20 min，待反应物冷却至室温后，加入 10 mL 冰水，再用冰水冷却，抽滤，沉淀用水洗涤两次，然后抽干，称重，不必烘干即可进行下步反应。

3. 粗磺胺的制备（水解反应）

将乙酰氨基苯磺酰胺移至 100 mL 锥形瓶中，每克湿滤饼加 2 mL 10%氯化氢。装上回流冷凝管，在加热套内加热回流 15 min 至固体消失，为澄清溶液。稍冷后加入少量活性炭，煮沸脱色约 5 min，趁热过滤。待滤液冷却后[8]，滴入 20% NaOH 溶液至 pH = 9，这时有大量沉淀析出。在水浴中冷却片刻，抽滤，用少量冰水洗涤，抽滤，烘干，称重，可得粗磺胺。

4. 重结晶

用水重结晶，每克粗产品约用水 6 mL，加热溶解，冷却至室温后，再用冰水冷却，待结晶析出完全后过滤，冰水洗涤两次，烘干，即得纯磺胺（注意晶形），烘干，称重，测熔点。

【注释】

[1] 加热熔融乙酰苯胺的目的如下：一是让其熔融后结块减少其表面积，防止氯磺化时反应过于猛烈；二是可以进一步除去残留在乙酰苯胺中的水分，提高试剂氯磺酸的利用率。为此，在乙酰苯胺熔融后若发现锥形瓶壁上有水分凝结时，应小心地用滤纸抹去。

[2] 氯磺酸对皮肤和衣服有很强的腐蚀性，与水接触可发生猛烈的分解作用，故应谨慎取用、小心操作。用于反应的仪器和试剂均应干燥，切勿将水倒入氯磺酸中。

[3] 进入 HCl 吸收瓶的导气管口不可插入吸收液中，否则吸收液很可能会吸入反应瓶，造成严重后果。尾气导气管应引至户外或水槽。

[4] 氯磺化是放热反应，为了防止在高温时发生二取代，故应控制好温度（50℃以下）。

[5] 反应物要慢慢倒入碎冰中，并且要充分搅拌，因为过量的氯磺酸遇水分解和硫酸遇水均会放热，而对乙酰氨基苯磺酰氯受热又会水解成对乙酰氨基苯磺酸或对氨基苯磺酸。

$$p\text{-}CH_3CONHC_6H_4SO_2Cl + H_2O \xrightarrow[\triangle]{H^+} p\text{-}CH_3CONHC_6H_4SO_2OH + HCl$$

$$p\text{-}CH_3CONHC_6H_4SO_2Cl + 2H_2O \xrightarrow[\triangle]{H^+} p\text{-}H_2NC_6H_4SO_2OH + HCl + CH_3COOH$$

[6] 对乙酰氨基苯磺酰氯粗品含有水分及少量未洗除的酸，久置后易水解，最好立即将它转化为磺酰胺。

[7] 磺酰胺有微弱的酸性，因此对乙酰氨基苯磺酰胺溶于过量的浓氨水中，加水稀释，可降低其溶解度。反应式如下：

$$p\text{-}CH_3CONHC_6H_4SO_2NH_2 \xrightarrow{NH_3 \cdot H_2O} p\text{-}CH_3CONHC_6H_4O_2S\text{—}\overset{-}{N}H \cdot \overset{+}{N}H_4$$

［8］磺胺受空气氧化颜色变深，如果趁热中和，将会影响产品的色泽。另外，在烘干时勿使温度太高，并不时地加以翻动。

五、问题与讨论

①过量的氯磺酸是如何分解的，用化学方程式回答。

②对乙酰氨基苯磺酰胺制备磺胺时，为什么只水解乙酰氨基？试解释乙酰氨基和磺酰胺基水解反应的活性。

实验十八　甲基橙的制备

一、实验目的

①通过甲基橙的制备学习重氮化反应和偶合反应的实验操作。

②进一步巩固盐析和重结晶的原理和操作。

二、实验原理

芳香族伯胺与亚硝酸钠在过量无机酸存在下，低温（0～5℃）时发生反应生成重氮盐的反应叫重氮化反应。重氮盐的稳定性与芳环上取代基的性质有关，吸电子基团使重氮盐比较稳定，如硝基苯胺的重氮化反应可以在室温下进行。

重氮盐与芳香族叔胺或酚类发生偶联反应，生成偶氮类化合物，本实验就是通过对氨基苯磺酸重氮盐与 *N*，*N*–二甲基苯胺的醋酸盐在弱酸介质中发生偶联制得甲基橙。在偶合时先得到的是红色的酸性甲基橙，称为酸性黄，在碱性中酸性黄转变为甲基橙的钠盐，即为甲基橙。甲基橙是常用的指示剂，相关反应如下：

1. 重氮化反应

$$HO_3S\text{—}C_6H_4\text{—}NH_2 \longrightarrow \overset{\ominus}{O_3S}\text{—}C_6H_4\text{—}\overset{\oplus}{N}H_3 \xrightarrow{NaOH} NaO_3S\text{—}C_6H_4\text{—}NH_2$$

$$\xrightarrow[HCl]{NaNO_2} HO_3S\text{—}C_6H_4\text{—}N_2Cl$$

2. 偶合反应

$$HO_3S-C_6H_4-N_2Cl \xrightarrow[HOAc]{C_6H_5N(CH_3)_2} \left[HO_3S-C_6H_4-\overset{H}{\underset{\oplus}{N}}=N-C_6H_4-N(CH_3)_2 \right] OAc^{\ominus}$$

$$\longrightarrow NaO_3S-C_6H_4-N=N-C_6H_4-N(CH_3)_2$$

介质的酸碱性对偶联反应影响很大，酚类偶联一般在中性或弱碱性介质中进行；胺类偶联反应宜在中性或弱酸性中进行（pH=3.5~7）。

三、实验仪器和试剂

实验仪器：圆底烧瓶、温度计、表面皿、玻璃棒、滴管、小试管、抽滤瓶、布氏漏斗、循环水真空泵、磁力搅拌加热器

实验试剂：对氨基苯磺酸、10%氢氧化钠溶液、亚硝酸钠、浓盐酸、冰醋酸、*N*,*N*-二甲基苯胺、乙醇、乙醚、淀粉—碘化钾试纸、饱和氯化钠溶液、冰、食盐

四、实验步骤

1. 重氮盐的制备

在 100 mL 圆底烧瓶中加入 1 g 对氨基苯磺酸晶体[1] 和 5 mL 5%氢氧化钠溶液，加入磁力搅拌子，温热使固体溶解，然后用冰盐浴冷却至 5℃以下。将事先配置好的 0.04 g 亚硝酸和 3 mL 水的溶液加入烧瓶中。用冰盐浴维持温度 0~5℃[2]，在不断搅拌下，慢慢用滴管滴加 1.5 mL 浓盐酸和 5 mL 水溶液，直至用淀粉—碘化钾试纸检测呈现蓝色为止[3]，继续在冰盐浴中搅拌 15 min，使反应完全，这时有白色细小晶体析出[4]。

2. 偶合反应

在试管中加入 0.7 mL *N*，*N*-二甲基苯胺和 0.5 mL 冰醋酸，并混合均匀。在搅拌下将此混合液缓慢加入上述冷却的重氮盐溶液中，加完后继续搅拌 10 min。然后，缓缓加入约 8 mL 10%氢氧化钠水溶液，直至反应物变为橙色（此时反应液 pH=9~10），甲基橙粗品呈细粒状沉淀析出。

将反应物置于沸水浴中加热 5 min，冷却后再放置冰浴中冷却，使甲基橙晶体析出完全。抽滤，用 10 mL 饱和氯化钠溶液洗涤两次，压紧抽干。干燥后得粗品，称重。

3. 重结晶提纯

粗产品用1%氢氧化钠进行重结晶。待结晶析出完全，抽滤，依次用少量水、少量乙醇和乙醚洗涤，压紧抽干，得片状结晶。称重，计算产量。

4. 检验

将少许甲基橙溶于水中，加几滴稀盐酸，然后用稀碱中和，观察颜色变化。

【注释】

[1] 对氨基苯磺酸为两性化合物，酸性强于碱性，它能与碱作用成盐而不能与酸作用成盐。

[2] 重氮化过程中，应严格控制温度在5℃以下，反应温度若高于5℃，重氮盐易分解，存在爆炸的危险，产率也会降低。

[3] HNO_2与KI作用析出碘，碘遇淀粉显蓝色，若试纸不显蓝色，尚需补充HNO_2溶液以保证重氮化完全。

[4] 因为重氮盐在水中为中性内盐，低温时难溶于水，而呈晶体析出。

五、问题与讨论

①在重氮盐制备前为什么还要加入氢氧化钠？如果直接将对氨基苯磺酸与盐酸混合，再加入亚硝酸钠溶液进行重氮化操作可行吗？为什么？

②制备重氮盐为什么要维持0~5℃的低温，温度高对反应有哪些不良影响？

③重氮化反应为什么要在强酸条件下进行？偶合反应为什么要在弱酸条件下进行？

④简述甲基橙在酸碱介质中变色的原因，并用反应式表示。

⑤*N*，*N*-二甲基苯胺与重氮盐偶合为什么总是在氨基的对位上发生？

第六章　分析化学实验

实验一　酸碱标准溶液的配制及比较滴定

一、实验目的

①学习酸碱标准溶液的配制、标定和浓度的比较。
②学习滴定操作，初步掌握准确确定终点的方法。
③学习滴定分析中容量器皿等的正确使用。
④熟悉指示剂的性质和终点颜色的变化。

二、实验原理

酸碱滴定中常用盐酸和氢氧化钠配制酸碱标准溶液，由于浓盐酸不仅含有杂质，而且容易挥发，氢氧化钠易吸收空气中的水分和二氧化碳，故无法直接配制准确浓度的溶液（即标准溶液），只能先配成近似所需浓度的溶液，然后用基准物质进行标定。

一定浓度的 HCl 和 NaOH 溶液相互滴定时所消耗的体积之比应是一定的，即反应达化学计量点时：

$$c_{(HCl)}\ V_{(HCl)} = c_{(NaOH)}\ V_{(NaOH)}$$

$$\frac{V_{HCl}}{V_{NaOH}} = \frac{c_{NaOH}}{c_{HCl}}$$

因此，只要标定其中任何一种溶液的浓度，由比较滴定的结果（体积比）就可以算出另一种溶液的浓度。另外，借比较滴定可以检验滴定操作技术及判断终点的能力。

强酸 HCl 与强碱 NaOH 溶液的滴定反应，突跃范围的 pH 为 4~10，在这一范围中可采用甲基橙（变色范围 pH 3.1~4.4）、甲基红（变色范围 pH 4.4~6.2）、酚酞（变色范围 pH 8.0~9.6）等指示剂来指示终点。本实验分别选取甲基橙和酚酞作为指示剂，通过自行配制的盐酸和氢氧化钠溶液相互滴定，来测定它们的体积比。

三、实验仪器和试剂

实验仪器：量筒（5 mL、500 mL）、烧杯（500 mL）、玻璃棒、试剂瓶（500 mL）、橡皮塞、玻璃塞、酸式滴定管（50 mL）、碱式滴定管（50 mL）、锥形瓶（250 mL）

实验试剂：浓 HCl（分析纯）、NaOH 固体、0.2%甲基橙水溶液、0.2%酚酞乙醇溶液

四、实验步骤

1. 0.1 mol · L^{-1} HCl 溶液的配制

用洗净的小量杯量取 4.2 mL 浓 HCl 溶液（注意浓盐酸易挥发，应在通风橱或通风口下操作），倒入装有约 496 mL 蒸馏水的试剂瓶中，盖上玻璃塞摇匀，贴上标签备用。（若试剂瓶体积不到 500 mL，可在烧杯中配好摇匀，再转移 400 mL 至试剂瓶中）

2. 0.1 mol · L^{-1} NaOH 溶液的配制

在台秤上称取 2.0 g 固体 NaOH，置于 500 mL 烧杯中，马上加 50 mL 水使之全部溶解，稍冷却后转移至 500 mL 试剂瓶中，再加 450 mL 水，用橡皮塞塞好，摇匀，贴上标签备用。（若试剂瓶体积不到 500 mL，可在烧杯中配好摇匀，再转移 400 mL 至试剂瓶中）

3. 酸碱溶液的比较滴定

①用所配的 NaOH 溶液润洗滴定管 2~3 次，每次 5~10 mL，弃去碱液，将所配碱液装入碱式滴定管中，赶出气泡，调好零刻度 0.00 mL。

②用上述同样的方法，以所配制的 HCl 溶液装入酸式滴定管中，赶出气泡，调好零刻度。

③由碱式滴定管放出 NaOH 溶液 20.00 mL 于 250 mL 锥形瓶内，加 1~2 滴甲基橙指示剂，用 0.1 moL^{-1}HCl 溶液滴定。滴定时不停地摇动锥形瓶，直到加入 1 滴或半滴 HCl 溶液后溶液由黄色变为橙色为止。停 30 s 后，记录两滴定管的读数。反复练习滴定操作和观察滴定终点，至熟练。

④由碱式滴定管放出 NaOH 溶液 20.00 mL 于 250 mL 锥形瓶内，加 1~2 滴甲基橙指示剂，用 0.1 mol · L^{-1} HCl 溶液滴定。滴定时不停地摇动锥形瓶，直到加入 1 滴或半滴 HCl 溶液后溶液由黄色变为橙色为止。停 30 s 后记录滴定管的读数。平行滴定三份。求出体积比及其平均值和相对平均偏差，要求相对平均偏差不大于 0.2%。

⑤由酸式滴定管放出 HCl 溶液 20.00 mL 于 250 mL 锥形瓶内，加 1~2 滴酚酞指示剂，用 0.1 mol · L^{-1} NaOH 溶液滴定。滴定时不停地摇动锥形瓶，直到加入 1 滴或半滴 NaOH 溶液后溶液由无色变为微红色为止。此红色保持 30 s 不褪色即为终点，记录滴定管的读数。平行滴定三份。求出体积比及其平均值和相对平均偏差，要求 3 次之间所消耗 NaOH 溶液的体积的最大偏差值不超过 0.04 mL。

五、数据处理（表 6-1、表 6-2）

表 6-1　HCl 溶液滴定 NaOH 溶液（指示剂：甲基橙）

项目	Ⅰ	Ⅱ	Ⅲ
V_{NaOH}/mL			
V_{HCl}/mL			
V_{HCl}/V_{NaOH}			
$\bar{V}$ [V_{HCl}/V_{NaOH}]			
相对偏差/%			
相对平均偏差/%			

表 6-2　NaOH 溶液滴定 HCl 溶液（指示剂：酚酞）

项目	Ⅰ	Ⅱ	Ⅲ
V_{HCl}/mL			
V_{NaOH}/mL			
$\bar{V}_{NaOH}$/mL			
n 次间 V_{NaOH} 最大绝对差值/mL			
相对偏差/%			
相对平均偏差/%			

六、问题与讨论

①滴定管的使用步骤可以归纳为哪 6 步？

②滴定的速度有哪三种？

③滴定管读数时有何要求？

④用盐酸滴定 NaOH 时用什么指示剂？NaOH 滴定 HCl 时用什么指示剂？能否互换？为什么？

⑤滴定管和移液管使用前均需用操作液荡洗，而滴定用的烧杯或锥形瓶为什么不能用待测液荡洗？

⑥配制酸碱标准溶液时，为什么用量筒量取 HCl、用台秤称取 NaOH 固体，而不用吸量管和分析天平？

⑦滴定至临近终点时加入半滴的操作是怎样进行的？

七、注意事项

①由于 NaOH 溶液腐蚀玻璃，因此不能使用玻璃塞，否则长久放置会导致瓶子打不开，且浪费试剂，一定要使用橡皮塞。长期放置的 NaOH 标准溶液应装入广口瓶，瓶塞上部装有碱石灰装置，以防止 CO_2 和水分进入。

②如果甲基橙由黄色转变为橙色终点不好观察，可用三个锥形瓶比较。一个锥形瓶中放入 50 mL 蒸馏水，滴入甲基橙指示剂，显示黄色；另一个锥形瓶中加入 50 mL 蒸馏水，滴入一滴甲基橙，再滴入 1/4 或 1/2 滴 0.1 mol/L HCl 溶液，显示橙色；再取一个锥形瓶，加入 50 mL 蒸馏水，滴入一滴甲基橙，再滴入一滴 0.1 mol/L NaOH 溶液，显示深黄色。

③配制 NaOH 的方法对于初学者较为方便，但不严格。因为市售的 NaOH 常因吸收 CO_2 而混有少量 Na_2CO_3，以致在分析结果中导致误差。

实验二　氢氧化钠标准溶液的标定与食醋总酸量的测定

一、实验目的

①学习标准溶液的配制与标定，进一步熟悉滴定操作。

②掌握差减法的操作要领。

③了解基准物质邻苯二甲酸氢钾的性质及其应用。

④掌握强碱滴定弱酸的滴定过程、突跃范围及指示剂的选择原理。

二、实验原理

食醋中的主要成分是 HAc（$K_a = 1.8 \times 10^{-5}$），此外还有少量其他有机弱酸。它们与 NaOH 溶液反应的方程式分别为：

$$NaOH + HAc \longrightarrow NaAc + H_2O$$

$$nNaOH + HnA\ (\text{有机酸}) \longrightarrow Na_nA + nH_2O$$

用 NaOH 溶液滴定时，只要是解离常数 $K_a \geqslant 10^{-7}$ 的有机弱酸都可以被直接滴定，因此测出的是总酸量。分析结果用含量最多的 HAc 来表示。反应产物为弱酸强碱盐，滴定突跃在碱性范围内（pH 约为 8.7），可选用酚酞等在碱性范围变色的指示剂。

三、实验仪器和试剂

实验仪器：电子天平（0.1 mg）、碱式滴定管（50 mL）、移液管（25 mL）、容量瓶（250 mL）、锥形瓶（250 mL）

实验试剂：NaOH 溶液（0.1 mol · L^{-1}）、酚酞指示剂（0.2%）、食醋、邻苯二甲酸氢钾（$KHC_8H_4O_4$）基准物质（$Mr = 204.22$；在 105~110℃干燥 1 h 后，置干燥器中备用）

四、实验步骤

1. 0.1 mol · L^{-1}NaOH 溶液浓度的标定

准确称取基准物质邻苯二甲酸氢钾 3 份，每份 0.4~0.6 g，分别倒入带标记的 250 mL 锥形瓶中，加入 40~50 mL 蒸馏水，待试剂完全溶解后，加入 2 滴酚酞指示剂，用待标定的 NaOH 溶液滴定至呈微红色并保持 30 s 内不褪色即为终点。平行测定 3 份，计算 NaOH 溶液的浓度和各次标定结果的相对偏差，精密度应符合要求（即各次相对偏差应小于 0.2%），否则需重新标定。数据记录及结果处理填入表 6-3。

2. 食醋中总酸量的测定

用移液管吸取 25.00 mL 食醋原液，移入 250 mL 容量瓶中，用蒸馏水稀释至刻度，摇匀。用移液管平行移取 25.00 mL 已稀释的食醋 3 份，分别放入 250 mL 锥形瓶，加酚酞指示剂 2 滴，用 NaOH 标准溶液滴定至终点。根据 NaOH 标准溶液的浓度和滴定时消耗的体积，可计算食醋的总酸量 ρ_{HAc}（g · L^{-1}）。计算公式如式（6-1）所示，数据记录及结果处理填入表 6-4。

$$\rho_{HAc} = \frac{c_{NaOH} \times V_{NaOH} \times M_{HAc}}{25.00 \times \dfrac{25.00}{250.00}} \tag{6-1}$$

式中：c_{NaOH}——NaOH 的浓度；

V_{NaOH}——NaOH 的体积；

M_{HAc}——HAc 的相对分子质量；

ρ_{HAc}——HAc 的总酸量。

五、数据处理

表 6-3　NaOH 溶液浓度的标定

项目	Ⅰ	Ⅱ	Ⅲ
$m_{1(邻+瓶)}$ /g			
$m_{2(邻+瓶)}$ /g			
$m_{(邻)}$ /g			
V_{NaOH}/mL			
c_{NaOH}/(mol·L^{-1})			
$\bar{c}_{NaOH}$/(mol·L^{-1})			
相对偏差/%			
相对平均偏差/%			

表 6-4　食醋总酸量的测定

项目	Ⅰ	Ⅱ	Ⅲ
c_{NaOH}/(mol·L^{-1})			
V_{NaOH}/mL			
食醋总酸量/(g·L^{-1})			
食醋总酸量平均值/(g·L^{-1})			
相对偏差/%			
相对平均偏差/%			

六、问题与讨论

①差减法称量试剂时，锥形瓶里能否有蒸馏水？为什么要对锥形瓶进行编号？

②称取基准试剂邻苯二甲酸氢钾时，为什么称取的质量为 0.4~0.6 g？写出和氢氧化钠反应的方程式。称得太多或太少对标定结果有何影响？

③常用的标定 NaOH 标准溶液的基准物质有哪几种？本实验选用的基准物质是什么？与其他基准物质比较，它有什么显著的优点？

④在用 NaOH 滴定有机酸时，能否使用甲基橙作指示剂？为什么？

⑤草酸、酒石酸等多元有机弱酸能否用 NaOH 溶液分步滴定？

⑥测定食醋含量时，所用的蒸馏水不能含有 CO_2，为什么？

七、注意事项

①滴定管、移液管的操作要规范。

②所用蒸馏水不能含 CO_2。

③注意碱式滴定管滴定前要赶走气泡，滴定过程中不要形成气泡。

④邻苯二甲酸氢钾是基准物质，要用递减法称量。

实验三　$KMnO_4$ 标准溶液的配制和标定

一、实验目的

①掌握 $KMnO_4$ 法的基本原理。

②掌握 $KMnO_4$ 法标准溶液的配制和标定方法。

③掌握滴定分析的基本操作技术。

④了解自动催化反应。

⑤认识和了解 $KMnO_4$ 指示剂的特点。

二、实验原理

$KMnO_4$ 是最常用的氧化剂之一。市售的 $KMnO_4$ 常含有少量杂质，如硫酸盐、氯化物及硝酸盐等，因此不能用精确称量的 $KMnO_4$ 直接配制准确浓度的溶液。用 $KMnO_4$ 配制的溶液要在暗处放置数天，待把还原性杂质充分氧化后，先除去生成的 MnO_2 沉淀，再标定其准确浓度。光线和 Mn^{2+}、MnO_2 等都能促进分解，故配制好的溶液应除尽杂质，并保存于暗处。

$KMnO_4$ 标准溶液常用还原剂 $Na_2C_2O_4$ 作为基准物质来标定。$Na_2C_2O_4$ 不含结晶水，容易精制。用 $Na_2C_2O_4$ 标定 $KMnO_4$ 溶液的反应式如下：

$$2MnO_4^- + 5C_2O_4^{2-} + 16H^+ = 2Mn^{2+} + 10CO_2\uparrow + 8H_2O$$

滴定时可利用 MnO_4^- 离子本身的颜色指示滴定终点。

三、实验仪器和试剂

实验仪器：分析天平、台秤、酸式滴定管、移液管、容量瓶、量筒、锥形瓶

实验试剂：$KMnO_4$ 固体、$Na_2C_2O_4$ 固体（AR 或基准试剂，$Mr = 134.00$）、3 mol · L^{-1} H_2SO_4 溶液

四、实验步骤

1. 0.02 mol · L^{-1} 高锰酸钾标准溶液的配制

在电子台秤上称取 1.0 g $KMnO_4$，放入 200 mL 烧杯中，加水溶解并充分搅拌，直到 $KMnO_4$ 全部溶解，用蒸馏水稀释至 150 mL，静置一周后，通过玻璃棉或砂芯漏斗过滤去除沉淀物，溶液收集于棕色试剂瓶中。

2. $KMnO_4$ 溶液浓度的标定

准确称取一定量（自己计算，称准到 0.0002 g）干燥过的 $Na_2C_2O_4$ 基准物质 3 份于 250 mL 锥形瓶中，加水 30 mL 使之溶解，再加 10 mL 3 mol · L^{-1} H_2SO_4 溶液，并加热至有蒸气冒出

(75~85℃)，立即用待标定的溶液滴定。开始滴定时反应速度要慢，每加入一滴 $KMnO_4$ 溶液，要摇动锥形瓶，使颜色褪去后，再继续滴加第二滴。待溶液中产生 Mn^{2+} 后，滴定速度可以加快，但临近终点时滴定速度要减慢，同时充分摇匀，直到溶液呈现微红色并持续 30 s 不褪色即为终点，记录滴定耗用的 $KMnO_4$ 溶液的体积，计算 $KMnO_4$ 溶液的浓度。

$$2MnO_4^- + 5C_2O_4^{2-} + 16H^+ = 2Mn^{2+} + 10CO_2\uparrow + 8H_2O$$

$$5n_{MnO_4^-} = 2n_{C_2O_4^{2-}}$$

$$c_{KMnO_4} = \frac{2}{5} \times \frac{m_{Na_2C_2O_4}}{M_{Na_2C_2O_4} \times V_{KMnO_4} \times 10^{-3}}$$

五、数据处理（表 6-5）

表 6-5　$KMnO_4$ 溶液浓度的标定

项目	Ⅰ	Ⅱ	Ⅲ
$m_{1(草+瓶)}$ /g			
$m_{2(草+瓶)}$ /g			
$m_{(草)}$ /g			
V_{KMnO_4}/mL			
c_{KMnO_4}/(mol·L^{-1})			
$\bar{c}_{KMnO_4}$/(mol·L^{-1})			
相对偏差/%			
相对平均偏差/%			

六、问题与讨论

①通过计算，草酸钠的称取范围是多少？

②标定 $KMnO_4$ 溶液时为什么要加酸？在不同的介质条件（酸性、中性、碱性）下被还原的产物分别是什么？

③用 $Na_2C_2O_4$ 基准物质标定 $KMnO_4$ 溶液时，应注意的反应条件是什么？

④装过 $KMnO_4$ 溶液的滴定管有不易洗去的棕色物质，这是什么？该怎样除去？

⑤配制 $KMnO_4$ 溶液应注意什么？用 $Na_2C_2O_4$ 基准物质标定 $KMnO_4$ 溶液时，为什么开始滴入的 $KMnO_4$ 紫色消失缓慢，后来却消失得越来越快，直至滴定终点出现稳定的粉红色？

七、注意事项

①标定 $KMnO_4$ 标准溶液时需注意“三度一点”，即：

A. 温度：将溶液加热到 75~85℃。温度过低，反应速度太慢（低于 60℃ 反应速率太慢）。但反应温度过高又会使 $C_2O_4^{2-}$ 部分分解，使标定的 $KMnO_4$ 溶液浓度偏高。应加热到烫手、冒热气，但绝不能沸腾的状态。

B. 速度：滴定速度遵循“慢$_1$”→“快”→“慢$_2$”原则。

“慢$_1$”：第一滴褪色后再滴第二滴，第二滴褪色后再滴第三滴，目的使自身催化剂 Mn^{2+} 产生。

“快”：不能形成水线，只能是水珠的连线，否则 $KMnO_4$ 来不及和 $C_2O_4^{2-}$ 反应，就会在热的溶液中分解，使标定 $KMnO_4$ 溶液的浓度偏低。

“慢 2”：临近终点时，要滴一滴摇一摇，滴半滴摇一摇，直到溶液呈微红色且 30 s 不褪色，即为终点。

C. 酸度：保持酸度（0.5～1.0 mol·$L^{-1}H_2SO_4$）。酸度过高，$C_2O_4^{2-}$ 分解，酸度太低，MnO_4^- 不能生成 Mn^{2+}。所以记得添加 H_2SO_4 溶液。

D. 终点：终点颜色不稳定，只要 30 s 不褪色即为终点，若 30 s 后褪了色那可能是空气中的还原性气体或尘埃将 $KMnO_4$ 还原。

②$KMnO_4$ 溶液是有色溶液，所以读滴定管读数时，读液面的上沿。

③$KMnO_4$ 标准溶液只能贮存在棕色试剂瓶中，保存的溶液应呈中性，避光、防尘、不含 MnO_2。

实验四　不同水样的水质检验及评价

一、实验目的

①学习不同水样中 Ca^{2+}、Mg^{2+}、SO_4^{2-}、Cl^- 等离子的分析原理和检验方法，对蒸馏水和自来水中的 Ca^{2+}、Mg^{2+}、SO_4^{2-}、Cl^- 等进行定性检验。

②掌握水的电导率与水质关系，了解水的电导率测定基本原理，学习水的电导率测定方法；分别测定蒸馏水和自来水的电导率。

③掌握水硬度测定的原理及方法，运用配位滴定法测定自来水的硬度。

④学习 EDTA 标准溶液的配制和标定方法，准确配制和标定 EDTA 标准溶液。

⑤综合比较并评价蒸馏水和自来水的水质状况。

二、实验原理

1. 定义

硬水：一般含有钙、镁盐类的水叫硬水，硬度一般大于 5°。

硬度：水的硬度是指溶解在水中的盐类物质的含量，即钙盐与镁盐含量的多少。含量多的硬度大，反之则小。硬度分为暂时硬度和永久硬度。

暂时硬度：水中含有钙、镁的酸式碳酸盐，遇热即成碳酸盐沉淀而失去其硬性。

永久硬度：水中含有钙、镁的硫酸盐、氯化物、硝酸盐，在加热时也不沉淀。（在锅炉运行温度下，溶解度低的可析出而成为锅垢）

总硬度：暂时硬度和永久硬度的总和。由镁离子形成的硬度称为“镁硬”，由钙离子形成的硬度称为“钙硬”。

2. 测定原理

水是最常用的溶剂，自来水是将天然水经过初步处理得到的较纯净的水，在实验室中常用来粗洗实验仪器、冷却等，它含有较多的可溶性杂质，如 Ca^{2+}、Mg^{2+}、SO_4^{2-}、Cl^-、Fe^{3+}、Zn^{2+}等。水质量的检验可采用测定水的电导率或电阻率等物理方法，以及无机杂质离子的化学方法。水的纯度越高，电导率越低。用电导率仪可以测定水样的电导率。不同水样的电导率如表 6-6 所示。

表 6-6　不同水样的电导率

水样	自来水	去离子水Ⅱ	去离子水Ⅰ	超纯水
使用电极	铂黑	铂黑	铂黑	光亮
电导率/（$S\cdot cm^{-1}$）	0.4	1×10^{-2}	1×10^{-3}	1×10^{-5}

水样中 Cl^-和 SO_4^{2-} 的存在可分别以 $AgNO_3$ 溶液、$BaCl_2$ 溶液来检验，而用钙指示剂、镁试剂检验水样中 Ca^{2+}、Mg^{2+}的存在。游离钙指示剂呈蓝色，在 pH>12 的碱性溶液中，它与 Ca^{2+}作用呈酒红色。镁试剂在碱性溶液中呈红紫色，被 $Mg(OH)_2$ 吸附后呈蓝色。自来水经过再处理后即可获得实验室常用纯水（蒸馏水或去离子水）。

自来水中 Ca^{2+}、Mg^{2+}总量可采用配位滴定法测定，然后换算为相应的硬度即为自来水的硬度。本实验以氨性缓冲溶液控制溶液酸度（pH≈10），将铬黑 T 作为指示剂，用三乙醇胺掩蔽 Fe^{3+}、Al^{3+}等干扰离子，以 EDTA 标准溶液进行滴定。在化学计量点前 Ca^{2+}、Mg^{2+}与铬黑 T 生成酒红色配合物，当 EDTA 溶液滴定至化学计量点时，指示剂游离出来，使溶液呈现纯蓝色。

水中钙、镁离子的含量，可用 EDTA 配位滴定法测定。其测定原理与以 $CaCO_3$ 为基准物标定 EDTA 标准溶液浓度的原理相同。总硬度的测定则是以铬黑 T 为指示剂，控制溶液的酸度为 pH＝10 左右，以 EDTA 标准溶液滴定，具体操作如下。吸取一定量的未知水样，用 pH＝10 的 NH_3-NH_4Cl 缓冲溶液调节溶液的酸度至 pH＝10，用铬黑 T 为指示剂，用 EDTA 标准溶液滴定至溶液由酒红色变为纯蓝色，即为终点。变色原理如下。

滴定前，水样中加入 pH＝10 的 NH_3—NH_4Cl 缓冲溶液和铬黑 T 指示剂后，溶液呈酒红色，发生了如下反应：

$$\text{铬黑 T}+Mg^{2+} = \text{Mg-铬黑 T}$$

滴定时，滴定剂 EDTA 先和水样中的 Ca^{2+}和 Mg^{2+}配位，将 Ca^{2+}和 Mg^{2+}反应完全后，滴定剂 EDTA 夺取 Mg-铬黑 T 中的 Mg^{2+}，使铬黑 T 游离出来，溶液呈蓝色，到达终点，反应如下：

$$\text{Mg-铬黑 T}+\text{EDTA} = \text{铬黑 T}+\text{Mg-EDTA}$$

由 EDTA 标准溶液的浓度和用量，可算出水的总硬度，由总硬度减去钙硬即为镁硬。

水硬度的表示方法有多种，各国习惯有所不同。本实验以 $CaCO_3$ 的质量浓度 ρ_{CaCO_3}（$mg\cdot L^{-1}$）表示水的硬度，如式（6-2）所示。

$$\rho_{CaCO_3}=\frac{McV}{V_{试}}\times10^3 \tag{6-2}$$

式中：M——$CaCO_3$ 的摩尔质量，$g\cdot mol^{-1}$；

c——EDTA 标准溶液的浓度，$mol \cdot L^{-1}$；

V——消耗的 EDTA 标准溶液体积，mL；

$V_{试}$——水样的体积，mL。

我国规定，总硬度以 $CaCO_3$ 的质量浓度计，生活饮用水硬度不得超过 450 $mg \cdot L^{-1}$。

三、实验仪器和试剂

实验仪器：电导率仪、电子天平、台秤、酸式滴定管、碱式滴定管、移液管、锥形瓶、量筒、烧杯、容量瓶、试剂瓶、洗瓶

实验试剂：以 $CaCO_3$ 为基准物时所用试剂：EDTA、$CaCO_3$、$NH_3 \cdot H_2O$ 溶液（1∶1）、镁溶液（1 g $MgSO_4 \cdot 7H_2O$ 溶解于水中，稀释至 200 mL）、NaOH 溶液（10%）、钙指示剂。

以 ZnO 为基准物时所用试剂：ZnO、HCl（1∶1）溶液、$NH_3 \cdot H_2O$（1∶1）溶液、二甲酚橙、六次甲基四胺（20%）

HNO_3（2 $mol \cdot L^{-1}$）、NaOH（6 $mol \cdot L^{-1}$）、$AgNO_3$（0.1 $mol \cdot L^{-1}$）、$BaCl_2$（1 $mol \cdot L^{-1}$）、钙指示剂、甲基红、镁试剂、铬黑 T 指示剂、三乙醇胺、EDTA 标准溶液（0.01 $mol \cdot L^{-1}$）、氨性缓冲溶液（pH≈10）

EDTA 标准溶液（0.01 $mol \cdot L^{-1}$）：称取 2 g 乙二胺四乙酸二钠盐（相对分子质量为 372.1），用水溶解后稀释至 500 mL，需以 $CaCO_3$ 为基准物进行标定。

氨性缓冲溶液（pH≈10）：称取 20 g NH_4Cl 溶解于水中，加 100 mL 浓氨水，用水稀释至 1 L。

四、实验步骤

1. 自来水、蒸馏水的水质检验

取两试管，分别加入 10 滴自来水和蒸馏水。

Ca^{2+}的检验：加入 2 滴 6 $mol \cdot L^{-1}$ 的 NaOH 溶液和少许钙指示剂，观察溶液是否变红。

Mg^{2+}的检验：加入 2 滴 6 $mol \cdot L^{-1}$ 的 NaOH 溶液和 2 滴镁试剂溶液，观察是否有蓝色沉淀产生。

Cl^-的检验：加入 2 滴 2 $mol \cdot L^{-1}$ 的 HNO_3 使之酸化，然后加入 2 滴 0.1 $mol \cdot L^{-1}$ 的 $AgNO_3$，观察是否出现白色浑浊。

SO_4^{2-}的检验：加入 2 滴 1 $mol \cdot L^{-1}$ 的 $BaCl_2$ 溶液，观察是否出现白色浑浊。

2. 自来水、蒸馏水电导率的测定

用待测水样冲洗小烧杯，取水样 25 mL 于烧杯中，用电导率仪依次测出它们的电导率。

3. 自来水硬度的测定

（1）0.005 $mol \cdot L^{-1}$EDTA 溶液的配制

在台天平上称取乙二胺四乙酸二钠盐 0.95 g，溶解于 150~200 mL 温水中，稀释至 500 mL，如混浊应过滤。转移至 500 mL 试剂瓶中，摇匀后待用。

（2）以 $CaCO_3$ 为基准物标定 EDTA 溶液

①0.005 $mol \cdot L^{-1}$ 标准钙溶液的配制：碳酸钙基准物置于称量瓶中，在 110℃下干燥 2 h，置于干燥器中，准确称取 0.10~0.12 g（准确称至小数点后第四位）于小烧杯中。盖上表面

皿，加水湿润，再从杯嘴边逐滴加入数毫升 HCl（1∶1）至完全溶解。用水把可能溅到表面皿上的溶液淋洗入烧杯中，加热至近沸，待冷却后移入 250 mL 容量瓶中，稀释至刻度，摇匀。

②标定：用移液管移取 25.00 mL 标准钙溶液，置于锥形瓶中，加 1 滴甲基红，用氨水中和 Ca^{2+} 标准溶液中的 HCl，溶液由红变黄即可。加 20 mL 水和 10 mL 氨性缓冲溶液，再加 1 滴铬黑 T 指示剂，摇匀后立即用 EDTA 溶液滴定，当溶液由酒红色转变为纯蓝色即为终点，平行滴定 3 次，用平均值计算 EDTA 的准确浓度。

（3）以 ZnO 为基准物标定 EDTA 溶液

①0.005 $mol \cdot L^{-1}$ 锌标准溶液的配制：准确称取在 800~1000℃灼烧过（需 20 min 以上）的基准物 ZnO 0.12~0.14 g 于 100 mL 烧杯，用少量水润湿，然后逐滴加入 HCl（1∶1），边加入边搅至完全溶解为止。然后将溶液定量转移至 250 mL 容量瓶中，稀释至刻度并摇匀。

②标定：准确移取 25.00 mL 锌标准溶液于 250 mL 锥形瓶中，加入约 30 mL 水和 2~3 滴二甲酚橙指示剂，先加氨水（1∶1）至溶液由黄色刚变为橙色（不能多加），然后滴加 20% 六次甲基四胺至溶液呈稳定的紫色后再多加 3 mL，用 EDTA 溶液滴定至溶液由紫红色变亮黄色，即为终点。

（4）注意事项

①配位反应进行的速度较慢（不像酸碱反应能在瞬间完成），故滴定时加入 EDTA 溶液的速度不能太快，在室温低时尤要注意。特别是近终点时，应逐滴加入，并充分振摇。

②配位滴定中，加入指示剂的量是否适当对终点的观察十分重要，宜在实践中总结经验，加以掌握。

（5）自来水硬度的测定

在洁净的烧杯中装入澄清的水样，用移液管移取水样 50.00 mL 于 250 mL 锥形瓶中，加入 3 mL 三乙醇胺及 5 mL 氨性缓冲溶液以掩蔽重金属离子，再加入 2~3 滴铬黑 T 指示剂，摇匀，立即用 EDTA 标准溶液滴定至溶液由酒红色变为纯蓝色，即为滴定终点。平行滴定三份，计算自来水的硬度，以 $CaCO_3$ 表示。

五、数据处理

①将水质检验的现象和水的电导率记在表 6-7 中，并分析得出结论。

②将 EDTA 溶液标定的测定数据记在表 6-8 中，并分析得出结论。

③将自来水的硬度测定数据记在表 6-9 中，并计算出水的硬度。

表 6-7　水质检验的现象和水的电导率

水样		检验离子				电导率/（$\mu S \cdot cm^{-1}$）
		Ca^{2+}	Mg^{2+}	Cl^-	SO_4^{2-}	
自来水	现象					
	结论					
蒸馏水	现象					
	结论					

表 6-8　EDTA 溶液标定的测定数据

平行实验	Ⅰ	Ⅱ	Ⅲ
$CaCl_2$ 体积 $V_{试}$/mL	25.00	25.00	25.00
V_{EDTA}/mL			
c_{EDTA}/（mol · L^{-1}）			
$\bar{c}_{EDTA}$/（mol · L^{-1}）			
相对平均偏差/%			

表 6-9　自来水硬度的测定数据

实验内容	测定硬度		
	Ⅰ	Ⅱ	Ⅲ
自来水体积 $V_{试}$/mL			
V_{EDTA}/mL			
ρ_{CaCO_3}（mg · L^{-1}）			
平均 ρ_{CaCO_3}（mg · L^{-1}）			
相对平均偏差/%			

六、问题与讨论

①本实验所使用的 EDTA，应该采用何种指示剂标定？最合适的基准物质是什么？

②HCl 溶液溶解 $CaCO_3$ 基准物的操作中应注意些什么？

③在测定水的硬度时，先于三个锥形瓶中加水样，再加氨性缓冲溶液，然后一份一份地滴定，这样好不好，为什么？

④以 $CaCO_3$ 为基准物，以钙指示剂作为指示剂标定 EDTA 溶液时，应控制溶液的酸度为多少？为什么？怎样控制？

⑤标定 EDTA 溶液时为什么要使用 2 种指示剂？

七、注意事项

①指示剂的用量不要过大，否则溶液发黑无法辨别终点。

②滴定时，因反应速度较慢，在接近终点时，标准溶液要慢慢加入，并充分摇动；在氨性溶液中，当 $Ca(HCO_3)_2$ 含量高时，会缓慢析出 $CaCO_3$ 沉淀使终点拖长，变色不敏锐。这时可先加入 1~2 滴 HCl（1∶1）将溶液酸化，煮沸溶液以除去 CO_2，然后加入缓冲溶液调节滴定至所需 pH。

③水样的体积要精确。

④铬黑 T 与 Mg^{2+} 显色的灵敏度高，与 Ca^{2+} 显色的灵敏度低，当水样中 Ca^{2+} 含量很高而 Mg^{2+} 含量很低时，往往得不到敏锐的终点。可在水样中加入少量 Mg-EDTA，利用置换滴定的原理来提高终点变色的敏锐性。

实验五　不同矿样中 Fe_2O_3 与 MnO_2 含量的测定

一、实验目的

①掌握 $K_2Cr_2O_7$、$Na_2C_2O_4$ 和 $KMnO_4$ 标准溶液的配制及使用。

②学习矿石试样的酸溶法。

③学习 $K_2Cr_2O_7$ 法测定铁及矿样中 MnO_2 的测定原理及方法。

④对无汞定铁有所了解，增强环保意识。

⑤了解二苯胺磺酸钠指示剂的作用原理。

二、实验原理

1. 铁矿中全铁测定

用 HCl 溶液分解铁矿石后，在热 HCl 溶液中，以甲基橙为指示剂，用 $SnCl_2$ 将 Fe^{3+} 还原至 Fe^{2+}，并过量 1~2 滴。经典方法是用 $HgCl_2$ 氧化过量的 $SnCl_2$，除去 Sn^{2+} 的干扰，但 $HgCl_2$ 造成环境污染，本实验采用无汞定铁法。还原反应为：

$$2FeCl_4^- + SnCl_4^{2-} + 2Cl^- = 2FeCl_4^{2-} + SnCl_6^{2-}$$

使用甲基橙指示 $SnCl_2$ 还原 Fe^{3+} 的原理是：Sn^{2+} 将 Fe^{3+} 还原完后，过量的 Sn^{2+} 可将甲基橙还原为氢化甲基橙而褪色，不仅指示了还原的终点，Sn^{2+} 还能继续使氢化甲基橙还原成 *N*，*N*–二甲基对苯二胺和对氨基苯磺酸，过量的 Sn^{2+} 则可以消除。反应为

$$(CH_3)_2NC_6H_4N = NC_6H_4SO_3Na \xrightarrow{2H^+} (CH_3)_2NC_6H_4NH—NHC_6H_4SO_3Na$$

$$\xrightarrow{2H^+} (CH_3)_2NC_6H_4H_2N + NH_2C_6H_4SO_3Na$$

以上反应为不可逆反应，因而甲基橙的还原产物不消耗 $K_2Cr_2O_7$。

HCl 溶液浓度应控制在 4 mol · L^{-1}，若大于 6 mol · L^{-1}，Sn^{2+} 会先将甲基橙还原为无色，无法指示 Fe^{3+} 的还原反应；若低于 2 mol · L^{-1}，则甲基橙褪色缓慢。

滴定反应为：

$$6Fe^{2+} + Cr_2O_7^{2-} + 14H^+ \Longleftrightarrow 6Fe^{3+} + 2Cr^{3+} + 7H_2O$$

滴定突跃范围为 0.93~1.34 V，使用二苯胺磺酸钠为指示剂时，由于它的条件电位为 0.85 V，因而需加入 H_3PO_4 使滴定变成的 Fe^{3+} 变成 Fe（HPO_4）$_2^-$ 而降低 Fe^{3+}/Fe^{2+} 电对的电位，使突跃范围变成 0.71~1.34 V，指示剂可以在此范围内变色，同时也消除了 $FeCl_4^-$ 黄色对终点观察的干扰，Sb（Ⅴ）、Sb（Ⅲ）干扰本实验，不应存在。

2. 软锰矿中 MnO_2 测定

MnO_2 是一种较强的氧化剂，矿样中 MnO_2 含量的多少，表明其氧化能力的大小，测定矿样中氧化能力实际上是测定 MnO_2 的含量。

测定时，通常是在酸性溶液中使与过量的还原剂 $Na_2C_2O_4$ 作用。多余的还原剂用 $KMnO_4$ 标准溶液回滴，反应方程式如下：

$$MnO_2+C_2O_4^{2-}+4H^+ \longrightarrow Mn^{2+}+2CO_2\uparrow+2H_2O$$

$$MnO_4^-+5C_2O_4^{2-}+16H^+ \longrightarrow 2Mn^{2+}+10CO_2\uparrow+8H_2O$$

三、实验试剂

①$SnCl_2$（100 g · L^{-1}）：10 g $SnCl_2 \cdot 2H_2O$ 溶于 40 mL 浓热 HCl 溶液中，加水稀释至 100 mL。

②$SnCl_2$（50 g · L^{-1}）。

③H_2SO_4-H_3PO_4 混酸：将 15 mL 浓 H_2SO_4 缓慢加至 70 mL 水中，冷却后加入 15 mL 浓 H_3PO_4 混匀。

④甲基橙（1 g · L^{-1}）。

⑤二苯胺磺酸钠（2 g · L^{-1}）。

⑥$K_2Cr_2O_7$ 标准溶液 $c\left(\frac{1}{6}K_2Cr_2O_7\right)=0.05000$ mol · L^{-1}：将 $K_2Cr_2O_7$ 在 150~180℃干燥 2 h，置于干燥器中冷却至室温。用指定质量称量法准确称取 0.6127 g $K_2Cr_2O_7$ 于小烧杯中，加水溶解，定量转移至 250 mL 容量瓶中，加水稀释至刻度，摇匀。

⑦$Na_2C_2O_4$ 标准溶液（0.1000 mol · L^{-1}）。

⑧$KMnO_4$ 标准溶液（0.1000 mol · L^{-1}）。

⑨H_2SO_4（1∶1）。

⑩H_2SO_4（2.0 mol · L^{-1}）。

⑪铁矿石粉样和软锰矿粉样：分别置于 105℃干燥 2 h。

四、实验步骤

1. 铁矿中全铁测定

准确称取已干燥的铁矿石粉 1.0~1.5 g 于 250 mL 烧杯中，用少量水润湿，加入 20 mL 浓 HCl 溶液，盖上表面皿，在通风柜中低温加热分解试样，若有带色不溶残渣，可滴加 20~30 滴 100 g · L^{-1} $SnCl_2$ 助溶。试样分解完全时，残渣应接近白色（SiO_2），用少量水吹洗表面皿及烧杯壁，冷却后转移至 250 mL 容量瓶，稀释至刻度并摇匀。

移取试样溶液 25.00 mL 于锥形瓶中，加 8 mL 浓 HCl 溶液，加热近沸，加入 6 滴甲基橙，趁热边摇动锥形瓶边逐滴加入 100 g · L^{-1} $SnCl_2$ 还原 Fe^{3+}。溶液由橙变红，再慢慢滴加 50 g · L^{-1} $SnCl_2$ 至溶液变为淡粉色，再摇几下直至粉色褪去。立即用流水冷却，加 50 mL 蒸馏水、20 mL 硫磷混酸、4 滴二苯胺磺酸钠，立即用 $K_2Cr_2O_7$ 标准溶液滴定到稳定的紫红色为终点，平行测定 3 次，计算矿石中铁的含量（质量分数）。

2. 软锰矿中 MnO_2 测定

准确称取已干燥的软锰矿石粉 0.2 g 于 250 mL 锥形瓶中，准确加入 $Na_2C_2O_4$ 标准溶液 50 mL，加入 2.0 mol · L^{-1} H_2SO_4 50 mL。然后置于 75~85℃水浴上加热，不断摇动锥形瓶，当黑色或棕色颗粒试样完全溶解后，CO_2 也应当全部逸出（CO_2 全部逸出的标志是冒大泡），稍冷却，用蒸馏水冲洗锥形瓶内壁，用 $KMnO_4$ 标准溶液滴定多余的 $C_2O_4^{2-}$，当溶液呈现出微红色且 30 s 内不褪色的状态，即为终点。计算 MnO_2 的含量（质量分数）。

五、数据处理（表 6-10、表 6-11）

表 6-10　铁矿石中铁含量的测定

项目	Ⅰ	Ⅱ	Ⅲ
$m_{(铁矿石)}$ /g			
$V_{(铁矿石)}$ /mL			
$V_{K_2Cr_2O_7}$/mL			
c（Fe)/%			
平均值/($mol \cdot L^{-1}$)			
相对平均偏差/%			

表 6-11　锰矿石中 MnO_2 含量的测定

项目	Ⅰ	Ⅱ	Ⅲ
$m_{(锰矿石)}$ /g			
$V_{Na_2C_2O_4}$/mL			
V_{KMnO_4}/mL			
c（MnO_2)/%			
平均值/($mol \cdot L^{-1}$)			
相对平均偏差/%			

六、问题与讨论

①$K_2Cr_2O_7$ 为什么可以直接称量配制准确浓度的溶液？

②分解铁矿石时，为什么要在低温下进行？如果加热至沸会对结果产生什么影响？

③$SnCl_2$ 还原 Fe^{3+}的条件是什么？怎样控制 $SnCl_2$ 不过量？

④以 $K_2Cr_2O_7$ 溶液滴定 Fe^{2+}时，加入 H_3PO_4 的作用是什么？

七、注意事项

①溶解铁样时要注意温度，温度太高会造成部分挥发而损失。

②在加入甲基橙后，一定要有颜色变化的过程，使 $SnCl_2$ 的量刚刚好。

③软锰矿实验的注意事项同实验三。

实验六　邻二氮菲分光光度法测定微量铁

一、实验目的

①掌握分光光度计的使用方法。

②了解实验条件研究的一般方法。

③掌握用吸光光度法测定铁的原理及方法。

④掌握利用校正曲线进行微量成分分光光度法测定的基本方法和计算。

二、实验原理

当光通过溶液后有一部分被物质吸收，如图 6-1 所示。如果 I_0 为入射光的强度，I_t 为透过光的强度，则 I_t/I_0 是透光率 T，$-\lg T$ 定义为吸光度 A。实验证明，当一束单色光（一定波长的光）通过一定厚度 b 的有色溶液时，$A=\varepsilon bc$，这种定量关系称为朗伯—比尔定律。其中 ε 是一个比例系数，它与入射光的波长及溶液的性质、温度等因素有关，是物质的特征常数。

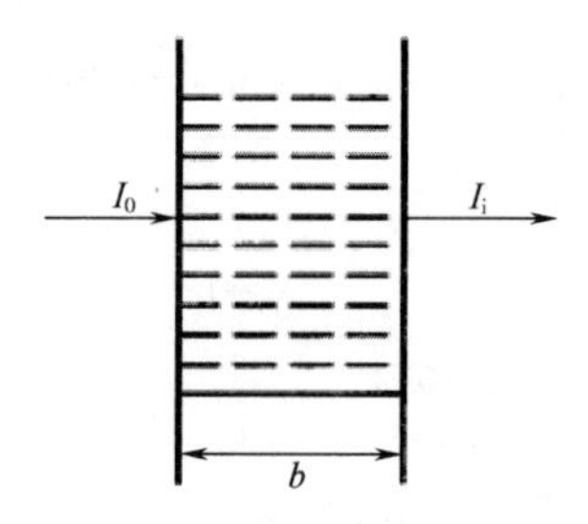

图 6-1　溶液对光的吸收

邻二氮菲是测定铁的高灵敏、高选择性试剂，邻二氮菲分光光度法是测定微量铁的常用方法，在 pH 为 2~9 的溶液中，Fe^{2+}与邻二氮菲生成稳定的橘红色配合物，摩尔吸光系数 $\varepsilon_{508}=1.1\times10^4\ L\cdot mol^{-1}\cdot cm^{-1}$。$Fe^{3+}$与邻二氮菲也生成配合物（呈蓝色），因此，在显色之前须用盐酸羟胺将全部的 Fe^{3+}还原为 Fe^{2+}。

分光光度法的实验条件，如测量波长、显色剂用量、溶液，酸度、温度、显色时间、溶剂，以及共存离子干扰和消除等，都是通过实验来确定的。本实验在测定试样中铁含量之前，先做部分条件试验，以便初学者掌握确定实验条件的方法。

利用分光光度法进行定量测定时，一般选择在最大吸收波长处，该波长下的摩尔吸光系数 ε 最大，测定的灵敏度也最高。为了找出物质的最大吸收波长，需测绘待测物质的吸收曲线（又称吸收光谱），如图 6-2 所示。

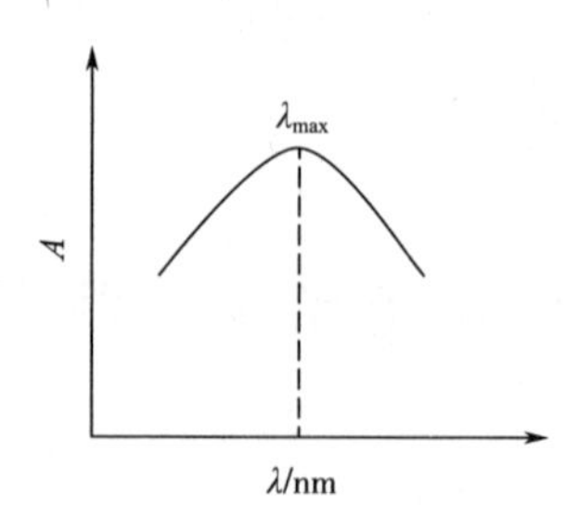

图 6-2　物质吸收曲线

条件试验的简单方法是：变动某实验条件，固定其余条件，测得一系列吸光度值，绘制吸光度—某实验条件的曲线，根据曲线确定某实验条件的适宜值。

测定试样中铁含量通常采用标准曲线法，即配制一系列浓度由大到小的标准溶液，在确定条件下依次测量各标准溶液的吸光度（A），以标准溶液的浓度为横坐标，相应的吸光度为纵坐标，绘制标准曲线。将未知试样按照与绘制标准曲线相同的操作条件进行操作，测定出其吸光度，再从标准曲线上查出该吸光度对应的浓度值就可计算出被测试样中被测物的含量。

由于邻二氮菲与 Fe^{2+} 的反应选择性高，显色反应所生成的有色络合物的稳定性高，重现性好，因而在我国的国家标准中，采用邻二氮菲分光光度法测定钢铁、锡、铅焊料、铅锭等冶金产品和工业硫酸、工业碳酸钠、氧化铝等化工产品中的铁含量。

三、实验仪器和试剂

实验仪器：7200 型分光光度计（配备 1 cm 的比色皿）、具塞磨口比色管（50 mL）、吸量管（1 mL、2 mL、10 mL）、容量瓶（250 mL）

实验试剂：HCl（1∶1），NaAc（1 mol·L^{-1}）、10%的盐酸羟胺（100 g·L^{-1}）（现配现用）、0.15%的邻二氮菲（1.5 g·L^{-1}）（现配现用）、含铁水样（总铁含量 0.30~1.40 mg·L^{-1}）

铁标准溶液（储备液）：准确称取 0.8634 g 分析纯 $NH_4Fe(SO_4)_2 \cdot 12H_2O$ 于 200 mL 烧杯中，加入 20 mL（1∶1）HCl 及少量蒸馏水，使其溶解后，转移至 1000 mL 容量瓶中，用蒸馏水稀释至刻度，摇匀。此溶液 Fe^{3+} 浓度为 100 mg·L^{-1}。

四、实验步骤

1. 配制铁标准使用溶液（10 mg·L^{-1}）

取 10.00 mL 100 mg·L^{-1} 的铁标准储备溶液，置于 100 mL 容量瓶中，加入 1 mL HCl（1∶1），用蒸馏水稀释至刻度，摇匀。

2. 吸收曲线的绘制和测量波长的选择

用吸量管吸取 0.00 mL 和 8.00 mL 铁标准使用溶液分别注入两支 50 mL 比色管中，各加入 1.00 mL 盐酸羟胺溶液，摇匀后放置 1 min，再加入 2.00 mL 邻二氮菲溶液和 5 mL NaAc，加水稀释至刻度，摇匀。放置 10 min，以试剂空白（即 0.0 mL 铁标准溶液）为参比，在波长 440~560 nm 之间，每隔 10 nm 测一次吸光度，在最大吸收峰附近，每隔 5 nm 测一次吸光度。在坐标纸上，以波长 λ 为横坐标，吸光度 A 为纵坐标，绘制 A 与 λ 关系的吸收曲线。从吸收曲线上选择测定铁的适宜波长，一般选用最大吸收波长（λ_{max}）。

3. 显色剂用量的选择

取 8 个 50 mL 比色管，各加入 10.00 mL 铁标准溶液、1.00 mL 盐酸羟胺，摇匀。再分别加入 0.00 mL、0.10 mL、0.30 mL、0.50 mL、1.00 mL、2.00 mL、3.00 mL 和 4.00 mL 邻二氮菲溶液和 5 mL NaAc 溶液，用水稀释至刻度，摇匀。放置 10 min，以试剂空白为参比，在选择好的波长下测定各溶液的吸光度。以所取邻二氮菲溶液的体积 V 为横坐标，吸光度 A 为纵坐标，绘制 A 与 V 的关系曲线，得出测定铁时显色剂的最佳用量。

4. 标准曲线的制作

在 6 个 50 mL 比色管中，分别加入 0.00 mL、2.00 mL、4.00 mL、6.00 mL、8.00 mL、

10.00 mL铁标准使用溶液，分别加入1.00 mL盐酸羟胺，摇匀，再分别加入2.00 mL邻二氮菲溶液和5 mL NaAc溶液，用水稀释至刻度，摇匀放置10 min。以试剂空白为参比，在选择好的波长下测定吸光度。以含铁量为横坐标，吸光度A为纵坐标，绘制标准曲线。

5. 水样中铁含量的测定

①总铁的测定。用移液管吸取25.00 mL水样，放入50 mL比色管中，按标准曲线的制作步骤，加入各种试剂，测量吸光度，在标准曲线上查出水样中总铁的含量（单位为$mg \cdot L^{-1}$）。

②Fe^{2+}的测定。用移液管吸取25.00 mL水样，放入50 mL比色管中，不加盐酸羟胺，其他操作步骤与总铁相同，测出吸光度，在标准曲线上查出水样中Fe^{2+}的含量（单位为$mg \cdot L^{-1}$）。

③计算公式如式（6-3）所示。

$$\rho_{铁} = \frac{\rho_{标,铁} \times 50}{V} \tag{6-3}$$

式中：$\rho_{铁}$——水样中总铁或Fe^{2+}的含量，$mg \cdot L^{-1}$；

$\rho_{标,铁}$——标准曲线上所查总铁或Fe^{2+}的含量，$mg \cdot L^{-1}$；

V——水样的体积，mL；

50——水样稀释最终体积，mL。

五、数据处理

1. 测量波长的选择（表6-12）

表6-12　铁离子吸收曲线的绘制

波长/nm	440	450	460	470	480	490	495	500
吸光度								
波长/nm	505	510	515	520	530	540	550	560
吸光度								

以波长为横坐标，吸光度A为纵坐标，绘制A与λ的关系曲线。得出测定铁的最大吸收波长。

2. 显色剂用量的选择（表6-13）

表6-13　显色剂用量的选择

邻二氮菲溶液的用量/mL	0.00	0.10	0.30	0.50	1.00	2.00	3.00	4.00
吸光度								
适宜的显色剂用量								

以所取邻二氮菲溶液的体积V为横坐标，吸光度A为纵坐标，绘制A与V的关系曲线，得出测定铁时显色剂的最佳用量。

3. 标准曲线的制作（表 6-14）

表 6-14　标准曲线的绘制

铁标准溶液的加入量/mL	0.00	2.00	4.00	6.00	8.00	10.00
吸光度						
铁的浓度/（$mg \cdot L^{-1}$）						

以含铁量为横坐标，吸光度 A 为纵坐标，绘制标准曲线。终体积为 50 mL。

4. 水样中总铁含量的测定（表 6-15）

表 6-15　水样中总铁含量的测定

水样编号	Ⅰ	Ⅱ	Ⅲ
吸光度			
铁含量/（$mg \cdot L^{-1}$）			
铁含量平均值/（$mg \cdot L^{-1}$）			

5. 水样中 Fe^{2+} 的测定（表 6-16）

表 6-16　水样中 Fe^{2+} 的测定

水样编号	Ⅰ	Ⅱ	Ⅲ
吸光度			
c（Fe^{2+}）/（$mg \cdot L^{-1}$）			
$\bar{c}$（Fe^{2+}）/（$mg \cdot L^{-1}$）			

六、问题与讨论

①试对所做条件实验进行讨论并选择适宜的测量条件？

②制作标准曲线时能否任意改变加入各种试剂的顺序？为什么？

③本实验吸取各溶液时，哪些应用移液管？哪些可用量筒？为什么？

④邻二氮菲分光光度法测铁含量的原理是什么？用该法测出的铁含量是否为试样中亚铁的含量？

⑤试拟出以邻二氮菲分光光度法分别测定试样中微量 Fe^{2+} 和 Fe^{3+} 含量的分析方案。

七、注意事项

①不能颠倒各种试剂的加入顺序。

②最佳波长选择好之后不要再改变。

③注意分光光度计的正确操作。

④比色皿放入样品室前，要用滤纸条将表面的水分吸干。

⑤比色皿未放入分光光度计测定光路时，必须使用待测溶液润洗至少 3 次。

实验七　铵盐中含氮量的测定（甲醛法）

一、实验目的

①酸碱滴定法的应用，掌握甲醛法测定铵盐中氮含量的原理和方法。

②熟悉容量瓶、移液管的使用方法。

③了解弱酸强化的基本原理。

④熟练掌握酸碱指示剂的选择原理。

二、实验原理

氮在无机和有机化合物中的存在形式比较复杂。测定物质中氮含量时，常以总氮、铵态氮、硝酸态氮、酰胺态氮等含量表示。氮含量的测定方法主要有两种。

①蒸馏法，称为凯氏定氮法，适用于无机、有机物质中氮含量的测定，准确度较高。

②甲醛法，适用于铵盐中固态氮的测定，方法简便，生产中实际应用较广。

硫酸铵是常用的氮肥之一。由于铵盐中 NH_4^+ 的酸性太弱，$Ka=5.6\times10^{-10}$，故无法用 NaOH 标准溶液直接滴定。但可将硫酸铵与甲醛作用，定量生成六次甲基四胺盐和 H^+，反应式为：

$$4NH_4^++6HCHO=\!=\!=(CH_2)_6N_4H^++6H_2O+3H^+$$

所生成的六次甲基四胺盐（$Ka=7.1\times10^{-6}$）和 H^+，用 NaOH 标准溶液滴定，以酚酞为指示剂，滴定溶液呈现微红色即为终点。

由上述反应式可知，1 mol NH_4 相当于 1 mol H^+，故氮与 NaOH 的化学计量比为 1∶1，容易计算氮含量。

如试样中含有游离酸，加甲醛之前应事先以甲基红为指示剂，用 NaOH 标准溶液中和至甲基红变为黄色（pH≈6），再加入甲醛，以酚酞为指示剂，用 NaOH 标准溶液滴定强化后的产物。

三、实验试剂

NaOH 溶液、甲基红指示剂、酚酞指示剂、甲醛（1∶1）

四、实验步骤

1. NaOH 溶液的标定（见实验二）

2. 甲醛溶液的处理

甲醛中常含有微量酸，应事先中和。其方法如下：取原瓶装甲醛上层清液于烧杯中，加水稀释 1 倍，加入 2~3 滴 0.2%酚酞指示剂，用标准碱液滴定甲醛溶液呈现微红色。

3. $(NH_4)_2SO_4$ 试样中氮含量的测定

用差减法准确称取 $(NH_4)_2FeSO_4$ 试样 1.5~2 g 于小烧杯中，加入少量蒸馏水溶解，然后把溶液定量转移至 250 mL 容量瓶中，再用蒸馏水稀释至刻度，摇匀。

用 25 mL 移液管移取上述溶液于 250 mL 锥形瓶中，在试液中加入 1~2 滴甲基红指示剂，用 NaOH 标准溶液滴定溶液由红色变为黄色；加入 10 mL 甲醛溶液（1：1），再加 1~2 滴酚酞指示剂，充分摇匀，放置 1 min 后，用 0.1 $mol \cdot L^{-1}$ NaOH 标准溶液滴定至溶液呈微红色，并持续 30 s 不褪色即为终点。记录读数，平行做 3 份，计算试样中氮的含量。

五、数据处理（表 6-17）

表 6-17　含氮百分比

项目	Ⅰ	Ⅱ	Ⅲ
$m_{(NH_4)_2SO_4}/g$			
$V_{(NH_4)_2SO_4}/mL$			
$V_{(NaOH)_{初}}/mL$			
$V_{(NaOH)_{终}}/mL$			
$c_{NaOH}/(mol \cdot L^{-1})$			
$N\%$			
$N\%$（平均值）			
相对偏差/%			
相对平均偏差/%			

六、问题与讨论

①NH_4NO_3、NH_4Cl 或 NH_4HCO_3 中含氮量能否用甲醛法分别测定？

②尿素 $CO(NH_2)_2$ 中含氮量的测定，先加 H_2SO_4 加热消化，全部变为 $(NH_4)_2FeSO_4$ 后，按甲醛法同样测定，试写出含氮量的计算式。

③中和甲醛及 $(NH_4)_2FeSO_4$ 试样中的游离酸时，为什么要采用不同指示剂？

④NH_4^+ 为 NH_3 的共轭酸，为什么不能用溶液滴定？

七、注意事项

①铵盐中如果含有游离酸，应事先中和除去，先加入甲基红指示剂，用 NaOH 标准溶液滴定至橙色，然后再加入甲醛进行测定。

②甲醛中常含有微量甲酸，应预先以酚酞为指示剂，用 NaOH 标准溶液滴定至溶液呈淡红色以除去。

③铵根与甲醛的反应在室温下进行较慢，加入甲醛后须放置一段时间，再滴定。

④甲醛溶液对眼睛有很大的刺激，实验中要注意通风。

实验八　铝合金中铝含量的测定

一、实验目的

①熟悉返滴定和置换滴定的原理，并了解其应用。

②接触复杂试样，以提高分析和解决问题的能力。

③掌握铝合金中铝的测定原理和方法。

二、实验原理

由于 Al^{3+} 离子易水解，易形成多核羟基络合物，在较低酸度时，还可与 EDTA 形成羟基络合物，同时 Al^{3+} 与 EDTA 络合速度较慢，在较高酸度下煮沸则容易络合完全，故一般采用返滴定法或置换滴定法测定铝。

返滴定法是在铝合金溶液中加入定量且过量的 EDTA 标准溶液，在 pH 为 3~4 时煮沸几分钟，使 Al^{3+} 与 EDTA 配位滴定完全，继而在 pH 为 5~6 时，以二甲酚橙为指示剂，用 Zn^{2+} 标准溶液返滴定过量的 EDTA 而得到铝的含量。但是，返滴定法测定铝时缺乏选择性，Mg、Cu、Zn 等离子能与 EDTA 形成稳定配合物的离子都会干扰。对于像合金、硅酸盐、水泥和炉渣等复杂试样中的铝，往往采用置换滴定法以提高选择性。

采用置换滴定法时，先调节 pH 值为 3~4，加入过量的 EDTA 溶液，煮沸，使 Al^{3+} 与 EDTA 络合，冷却后，再调节溶液 pH 为 5~6，以二甲酚橙为指示剂，用 Zn^{2+} 盐溶液滴定过量的 EDTA（不计体积）。然后，加入过量的 NH_4F，加热至沸，使 AlY^-（Y 指 EDTA）与 F^- 之间发生置换反应，并释放出与 Al^{3+} 等物质的量的 EDTA。

$$AlY^- + 6F^- + 2H^+ = AlF_6^{3-} + H_2Y^{2-}$$

释放出来的 EDTA，再用 Zn^{2+} 盐标准溶液滴定至紫红色，即为终点。

试样中如含 Ti^{4+}、Zr^{4+}、Sn^{4+} 等离子时，也可同时被滴定，对 Al^{3+} 离子的测定有干扰。Mg、Cu、Zn 等离子不干扰。

三、实验试剂

NaOH（200 g/L）、HCl（1∶1）、EDTA 溶液（0.02 $mol \cdot L^{-1}$）、氨水（1∶1）、六次甲基四胺（200 g/L）、锌标准溶液（约 0.02 mol/L）、NH_4F 溶液（200 g/L，贮于塑料瓶中）、铝合金试样、二甲酚橙（2 g/L）

四、实验步骤

1. 200 g/L NaOH 溶液配制（每人 10 mL）

2. 铝合金的分解与处理

准确称取 0.20~0.25 g 合金于 50 mL 塑料烧杯中，加入 10 mL 200 g/L NaOH 溶液，并立即盖上表面皿，待试样溶解后（在沸水浴中加热），稍冷后滴加 HCl（1∶1）至有絮状沉淀产生，再多加 10 mL HCl（1∶1）。将溶液定量转移至 250 mL 容量瓶中，稀释至刻度，摇匀。

3. 锌标准溶液配制

准确称取 0. 15～0. 20 g 基准锌片于 100 mL 烧杯中，盖上表面皿，从烧杯嘴处加 5 mL HCl（1∶1），待完全溶解后，用少量水冲洗表面皿，定容于 250 mL 容量瓶中，备用。

4. 样品铝含量测定

吸取试液 25. 00 mL 于 250 mL 锥形瓶中，加入 30 mL 0. 02 mol · L^{-1}EDTA 溶液，二甲酚橙指示剂 2 滴，用氨水（1∶1）调至溶液恰呈紫红色（中和分解时的过量酸，pH 7～8，红色为二甲酚橙在此酸度的本色），然后滴加 HCl（1∶1）使溶液再变为黄色（二甲酚橙在酸性条件下的本色），将溶液煮沸 3 min 左右（Al 和 EDTA 充分反应），冷却，加入六次甲基四胺溶液 20 mL（酸度调整到 pH 5～6），此时溶液应呈黄色（pH 5～6，有过量 EDTA），如不呈黄色，可用 HCl 调节，再补加二甲酚橙指示剂 2 滴，用锌标准溶液滴定至溶液从黄色刚好变为紫红色（紫红色为 Zn－二甲酚橙配合物颜色，此时不计体积）。加入 NH_4F 溶液 10 mL，将溶液加热至微沸（置换反应发生），流水冷却，再补加二甲酚橙指示剂 2 滴，此时溶液应呈黄色，若溶液呈红色，应滴加 HCl（1∶1）使溶液呈黄色，再用锌标准溶液滴定至溶液由黄色变为紫红色时，即为终点。根据此次消耗的锌溶液的体积，计算 Al 的百分含量。

五、数据处理（表 6-18）

表 6-18　铝含量的测定

项目	Ⅰ	Ⅱ	Ⅲ
$V_{Zn^{2+}}$/mL			
$\bar{V}_{Zn^{2+}}$/mL			
ω_{Al}/%			

六、问题与讨论

①试述返滴定和置换滴定各适用于哪些含铝的试样？

②复杂的铝合金试样不用置换滴定而用返滴定，所得的结果是偏高还是偏低？

③返滴定与置换滴定所使用的 EDTA 有什么不同？

④置换滴定或返滴定，第一次终点，是否需要准确滴定？是否需要记录锌标液的体积？为什么？

七、注意事项

①本实验中采用置换滴定法测定 Al^{3+} 的含量，最后是用 Zn^{2+} 标准溶液的体积和浓度计算试样中 Al^{3+} 的含量，所以使用的 EDTA 溶液不需要标定。

②在用 EDTA 与 Al^{3+} 反应时，EDTA 应过量，否则反应不完全。

③第一次用Zn^{2+}标准溶液滴定时，应准确滴至紫红色，但不计体积；第2次用Zn^{2+}标准溶液滴定时，应准确滴至紫红色，并以此体积计算Al的含量。

实验九　直接碘量法测定水果中的抗坏血酸（Vc）含量

一、实验目的

①掌握碘标准溶液的配制与标定方法。

②了解直接碘量法测定Vc的原理及操作过程。

二、实验原理

维生素C（Vc）又称抗坏血酸，分子式为$C_6H_8O_6$。由于分子中的烯二醇具有还原性，可被I_2定量氧化为二酮基，因而可用I_2标准溶液直接滴定。其滴定反应式为：

$$C_6H_8O_6+I_2 = C_6H_6O_6+2HI$$

1 mol维生素C与1 mol I_2定量反应，维生素C的摩尔质量为176.12 g/mol。用直接碘量法可测定药片、注射液、饮料、蔬菜、水果等中的维生素C含量。

由于维生素C的还原性很强，较易被溶液和空气中的氧氧化，在碱性介质中这种氧化作用更强，因此滴定宜在酸性介质中进行，以减少副反应的发生。考虑到I^-在强酸性溶液中也易被氧化，故一般选在pH=3~4的弱酸性溶液中进行滴定。

维生素C在医药和化学上应用广泛。在分析化学中常用在光度法和络合滴定法中做还原剂，如使Fe^{3+}还原为Fe^{2+}、Cu^{2+}还原为Cu^+等。

三、实验试剂

①I_2溶液（约0.05 $mol \cdot L^{-1}$）：称取3.3 g I_2和5 g KI，置于研钵中，加少量水，在通风橱中研磨。待I_2全部溶解后，将溶液转入棕色试剂瓶中，加水稀释至250 mL，充分摇匀，放暗处保存。

②$Na_2S_2O_3$标准溶液（约0.01 $mol \cdot L^{-1}$）。

③淀粉溶液（5 g/L）。

④HAc（2 $mol \cdot L^{-1}$）。

⑤固体Vc样品（维生素C片剂）。

⑥果蔬样品（如番茄、橙子、橘子等）。

⑦KI溶液（约25%）。

⑧As_2O_3基准物质：于105℃干燥2 h。

⑨NaOH溶液（6 $mol \cdot L^{-1}$）。

⑩$NaHCO_3$固体。

⑪HAc（2 $mol \cdot L^{-1}$）。

四、实验步骤

1. I_2 溶液的标定

（1） As_2O_3 标定 I_2 溶液

准确称取 As_2O_3 1.1~1.4 g，置于 100 mL 烧杯中，加 10 mL 6 mol·L^{-1} NaOH 溶液，温热溶解，然后加 2 滴酚酞指示剂，用 6 mol·L^{-1} HCl 溶液中和至刚好无色。然后加入 2~3 g $NaHCO_3$，搅拌使之溶解。定量转移至 250 mL 容量瓶中，加水稀释至刻度，摇匀。移取 25.00 mL 溶液 3 份，分别置于 250 mL 锥形瓶中，加 50 mL 水、5 g $NaHCO_3$、2 mL 淀粉指示剂，用 I_2 溶液滴定至稳定的蓝色 30 s 不消失即为终点。计算 I_2 溶液的浓度。

（2） 用 $Na_2S_2O_3$ 标准溶液标定 I_2 溶液

吸取 25 mL $Na_2S_2O_3$ 标准溶液 3 份，分别置于 250 mL 锥瓶中，加 50 mL 水、2 mL 淀粉溶液，用 I_2 溶液滴定至稳定的蓝色，30 s 内不褪色即为终点。计算 I_2 溶液的浓度。

2. 水果中 Vc 含量的测定

用 100 mL 小烧杯准确称取新捣碎的果浆（番茄、橙子、橘子等）30~50 g，立即加入 10 mL 2 mol·L^{-1} HAc，定量转入 250 mL 锥形瓶中，加入 2 mL 淀粉溶液，立即用 I_2 标准溶液滴定至呈现稳定的蓝色。计算果浆中 Vc 的含量。

五、数据处理（表 6-19、表 6-20）

表 6-19　I_2 溶液的标定

项目	Ⅰ	Ⅱ	Ⅲ
$c_{Na_2S_2O_3}$/(mol·L^{-1})			
$V_{Na_2S_2O_3}$/mL			
V_{I_2}/mL			
c_{I_2}/(mol·L^{-1})			
平均浓度/(mol·L^{-1})			
相对偏差/%			
相对平均偏差/%			

表 6-20　水果试样中 Vc 含量的测定

项目	Ⅰ	Ⅱ	Ⅲ
$m_{水果试样}$/g			
V_{I_2}/mL			
Vc 的含量（mg/100 g）			
平均值（mg/100 g）			

续表

项目	Ⅰ	Ⅱ	Ⅲ
相对偏差/%			
相对平均偏差/%			

六、问题与讨论

①果浆中加入HAc的作用是什么？

②配制I_2溶液时加入KI的目的是什么？

③以As_2O_3标定I_2时，为什么加入$NaHCO_3$？

七、注意事项

①碘在水中几乎不溶，且有挥发性，所以配制时加入KI，生成KI_3络合物，以助其溶解，并可以降低碘的挥发性。

②碘液具有挥发性与腐蚀性，应贮存于具有玻璃塞的棕色玻璃瓶中，避免与软木塞或橡皮塞等有机物接触；并应配制后放置一周再进行标定，使其浓度保持稳定。

③因碘能与橡胶发生反应，因此不能装在碱式滴定管中。

实验十　白酒中甲醇含量的测定

一、实验目的

①掌握722型分光光度计的使用。

②熟悉有关溶液的配制方法。

③掌握分光光度法测定白酒中甲醇含量的测定方法。

二、实验原理

甲醇为白酒中的有害成分，甲醇经氧化可转化为甲醛和甲酸，皆为毒性较强的物质。甲醇在人体内有积累作用，即使是少量甲醇也能引起慢性中毒，视力模糊，严重时失明。

植物细胞壁及细胞间质的果胶中含有甲醇酯，在曲酶作用下，放出甲氧基，形成甲醇。以含果胶多的水果、薯类、糠麸、硬果类等做白酒原料时，酒中甲醇含量较高。

我国食品卫生标准规定：以谷类为原料的酒中，甲醇的含量不得超过0.04 g/100 mL，以薯类及代用品为原料者，甲醇的含量不得超过0.12 g/100 mL。

将甲醇氧化成甲醛后，与亚硫酸品红作用，生成蓝紫色化合物，与标准系列比较定量。有关反应如下。

甲醇在磷酸介质中被高锰酸钾氧化为甲醛：

$$5CH_3OH+2KMnO_4+4H_3PO_4 = 5HCHO+2KH_2PO_4+2MnHPO_4+8H_2O$$

过量的高锰酸钾用草酸还原：

$$2H_2C_2O_4+2KMnO_4+3H_2SO_4 = 2MnSO_4+K_2SO_4+10CO_2\uparrow+8H_2O$$

甲醛与亚硫酸品红作用生成蓝紫色化合物：

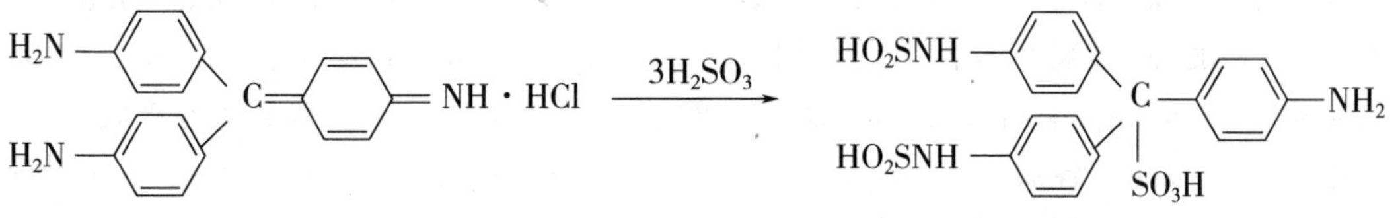

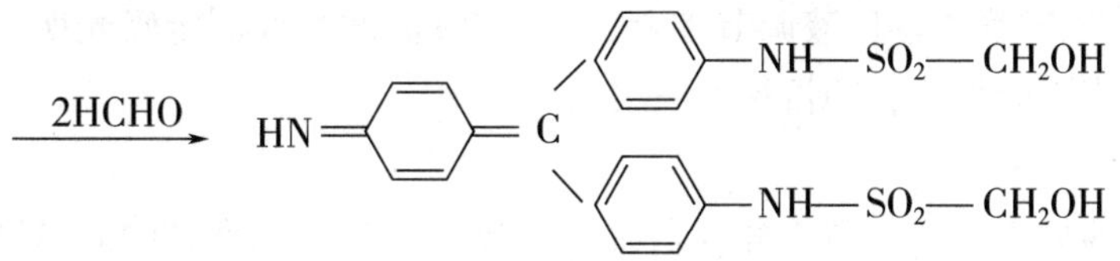

品红　　　　亚硫酸品红(无色)

蓝紫色

三、实验仪器和试剂

实验仪器：722 型分光光度计、恒温水浴锅、具塞比色管

实验试剂：

①高锰酸钾—磷酸溶液：称取 3 g 高锰酸钾，加入 15 mL 85%磷酸和 70 mL 水，溶解后加水至 100 mL。贮于棕色瓶内，防止氧化能力下降，保存时间不宜过长。

②草酸—硫酸溶液：称取 5 g 无水草酸（$H_2C_2O_4$）或 7 g 含 2 分子结晶水草酸（$H_2C_2O_4\cdot 2H_2O$），溶于 100 mL 硫酸（1∶1）中。

③亚硫酸品红溶液：称取 0.1 g 碱性品红，溶于 60 mL 约 80℃的热水中。冷却后加 10 mL 10%亚硫酸钠溶液（取 1 g 亚硫酸钠，溶于 10 mL 水中），加 1 mL 浓盐酸，充分搅拌，此时溶液呈微红色，加水至 100 mL，于棕色瓶中放置 2 h 以上，呈无色后即可使用。若溶液仍有颜色，可加少量活性炭搅拌后过滤，贮于棕色瓶中，置暗处保存，溶液呈红色时应弃去重新配制。

④甲醇标准溶液：称取 1.000 g 甲醇，置于 100 mL 容量瓶中，加水稀释到刻度，此溶液 1 mL 相当于 10 mg 甲醇。置于低温保存。

⑤甲醇标准使用液：吸取 10 mL 甲醇标准溶液，置于 100 mL 容量瓶中，加水稀释到刻度，此溶液 1 mL 相当于 1 mg 甲醇。

⑥无甲醇酒精：取 300 mL 无水乙醇，加高锰酸钾少许，于沸水浴中蒸馏，收集馏出液。于馏出液中加入硝酸银溶液（取 1 g 硝酸银，溶于少量水中）和氢氧化钠溶液（取 1.5 g 氢氧化钠，溶于温热酒精中），摇匀，放置过夜，取上清液蒸馏。弃去最初 50 mL 馏出液，收集中间馏出液约 200 mL。

质量检查：吸取 0.3 mL 无甲醇酒精，置于 10 mL 具塞比色管中，加水至 5 mL，加 2 mL

高锰酸钾—磷酸溶液，混匀，放置 10 min，加 2 mL 草酸—硫酸溶液，混匀，褪色后再加 5 mL 亚硫酸品红溶液，混匀，于 20℃以上静置 0.5h，与试剂空白比较应不呈色。

四、实验步骤

1. 绘制标准曲线

取 6 支 10 mL 具塞比色管，依次加入 0.00 mL、0.20 mL、0.40 mL、0.60 mL、0.80 mL、1.00 mL 甲醇标准使用液（相当于 0.0 mg、0.2 mg、0.4 mg、0.6 mg、0.8 mg、1.0 mg 甲醇），于各管中加入 0.3 mL 无甲醇酒精后，加水至 5 mL。将上述各管放入 35℃水浴中保温 10 min，各加 2 mL 高锰酸钾—磷酸溶液，混匀，在 35℃氧化 15 min；再各加 2 mL 草酸—硫酸溶液，混匀，褪色后各加 5 mL 亚硫酸品红溶液，混匀，置于 25℃水浴中静置 1 h。

用 2 cm 比色皿，以零管作参比液调节零点，于 590 nm 波长处测定吸光度。以吸光度为纵坐标，甲醇质量为横坐标作图，即得标准曲线。

2. 样品的测定

亚硫酸品红溶液的呈色灵敏度与乙醇含量有关，故样品管与标准管的酒精度应一致。标准管在补水至 5 mL 后的酒精度为 6%（V/V），因此样品管也应控制酒精度为 6%（V/V）。测定时取酒样体积可按式（6-4）计算：

$$V=\frac{5\times6}{D} \tag{6-4}$$

式中：V——测定时应取酒样体积，mL；

5——补水后试样管总体积，mL；

6——补水后 5 mL 试液中酒精度，%（V/V）；

D——样品的酒精度，%（V/V）。

吸取 V mL 酒样，置于 10 mL 具塞比色管中，加水至 5 mL，与标准曲线同样操作。于 590 nm 波长处测定吸光度后，从标准曲线上查得对应的甲醇质量（mg）。或与标准系列目测比较（目视比色法）定量。

计算公式如式（6-5）所示。

$$X=\frac{m}{V\times1000}\times100 \tag{6-5}$$

式中：X——样品中甲醇的含量，g/100 mL；

m——V mL 样品中含甲醇的质量，mg；

V——测定用样品体积，mL。

五、数据处理（表 6-21）

表 6-21 结果记录

标液含量/mg	0.0	0.2	0.4	0.6	0.8	1.0	试样 1	试样 2
吸光度								

六、问题与讨论

①在操作过程中，是否应该先进行标准曲线的绘制，再进行样品的测定？为什么？

②721、722 型分光光度计的主要区别在哪？

七、注意事项

①亚硫酸品红法测定甲醇，在一定酸度下，甲醛所形成的蓝紫色不褪色，而其他醛类色泽很容易消失。上述操作条件下，测定甲醇的浓度下限约为 0.04 g/100 mL。

②低浓度甲醇的标准曲线不呈直线，不符合比尔定律。

③亚硫酸品红法测定甲醇时影响因素很多，主要是温度和酒精浓度。

温度的影响：加入草酸—硫酸溶液时产生热量，使温度升高，宜适当冷却后再加入亚硫酸品红溶液。显色温度最好在 20℃ 以上的室温下进行，温度越低，显色时间越长；温度越高，显色时间越短，但颜色稳定性差。

酒精浓度的影响：显色灵敏度随酒精浓度不同而改变，酒精浓度为 5%~6%（V/V）时显色灵敏度较高，故在操作中试样管和标准系列管的酒精浓度需一致。

④为提高甲醇测定的灵敏度，可采用铬变酸（又称变色酸）比色法。

实验十一　硅酸盐水泥中 Fe_2O_3、Al_2O_3、CaO 和 MgO 含量的测定

一、实验目的

①了解硅酸盐分析有关知识；学习复杂物质分析的方法。

②掌握系统分析有关知识。

③掌握尿素均匀沉淀法的分离技术。

④掌握硅酸盐水泥中 Fe_2O_3、Al_2O_3、CaO、MgO 测定的方法、原理。

二、实验原理

水泥主要由硅酸盐组成。按我国规定，分成硅酸盐水泥（熟料水泥）、普通硅酸盐水泥（普通水泥）、矿渣硅酸盐水泥（矿渣水泥）、火山灰质硅酸盐水泥（火山灰水泥）、粉煤灰硅酸盐水泥（煤灰水泥）等。

水泥熟料是由水泥生料经 1400℃ 以上高温煅烧而成。硅酸盐水泥由水泥熟料加入适量石膏而成，其成分与水泥熟料相似，可按水泥熟料化学分析法进行测定。

水泥熟料、未掺混合材料的硅酸盐水泥、碱性矿渣水泥，可采用酸分解法。不溶物含量较高的水泥熟料、酸性矿渣水泥、火山灰质水泥等酸性氧化物较高的物质，可采用碱熔融法。本实验采用的硅酸盐水泥，一般较易为酸所分解。

如果不测定 SiO_2，则试样经 HCl 溶液分解、HNO_3 氧化后，用均匀沉淀法使 Fe（OH）$_3$、Al（OH）$_3$ 与 Ca^{2+}、Mg^{2+}分离。以磺基水杨酸为指示剂，用 EDTA 络合滴定 Fe；以 PAN 为指示剂，用 $CuSO_4$ 标准溶液返滴定法测定 Al。Fe、Al 含量高时，对 Ca^{2+}、Mg^{2+}测定有干扰。以 GBHA 或铬黑 T 为指示剂，用 EDTA 络合滴定法测定 Ca^{2+}或 Mg^{2+}。

三、实验试剂

EDTA 溶液（0.02 mol·L^{-1}）、铜标准溶液（0.02 mol·L^{-1}）、溴甲酚绿（1 g·L^{-1}，20%乙醇溶液）、磺基水杨酸钠（100 g·L^{-1}）、PAN（3 g·L^{-1}，乙醇溶液）、铬黑 T（1 g·L^{-1}）、GBHA（0.4 g·L^{-1}，乙醇溶液）、氯乙酸—醋酸铵缓冲液（pH=2）、氯乙酸—醋酸铵缓冲液（pH=3.5）、NaOH 强碱缓冲液（pH=12.6）、氨水—氯化铵缓冲液（pH=10）、NH_4Cl（固体）、NaOH 溶液（200 g·L^{-1}）、HCl 溶液（2 mol·L^{-1}、6 mol·L^{-1}）、尿素（200 g·L^{-1} 水溶液）、NH_4F（200 g·L^{-1}）、NH_4NO_3（10 g·L^{-1}）、浓 HNO_3、$AgNO_3$ 溶液（0.1 mol/L）

四、实验步骤

1. EDTA 溶液的标定

用移液管准确移取 10 mL 铜标准溶液，加入 pH=3.5 的缓冲溶液、35 mL 水，加热至 80℃后，加入 4 滴 PAN 指示剂，趁热用 EDTA 滴定至由红色变为绿色即为终点，记下消耗 EDTA 溶液的体积。平行测定 3 次。计算 EDTA 浓度。

2. Fe_2O_3、Al_2O_3、CaO 和 MgO 含量的测定

（1）溶样

准确称取约 1 g 水泥试样于 250 mL 烧杯中，加入 4 g NH_4Cl，用一端平头的玻璃棒压碎块状物，仔细搅拌 20 min，加入 6 mL 浓 HCl 溶液使试样全部润湿，再滴加 2~4 滴浓 HNO_3，搅匀，盖上表面皿，置于已预热的沙浴上加热 20~30 min，直至无黑色或灰色的小颗粒为止。取下烧杯，稍冷后加热水约 40 mL，搅拌以溶解可溶性盐类。冷却后，连同沉淀一起转移到 250 mL 容量瓶中定容。放置 1~2 h，使其澄清。然后用洁净干燥的虹吸管吸取溶液于洁净干燥的 400 mL 烧杯中保存，作为测定 Fe、Al、Ca、Mg 等元素之用。

（2）Fe_2O_3 和 Al_2O_3 含量的测定

准确移取 25 mL 试液于 250 mL 锥形瓶中，加入 10 滴磺基水杨酸、10 mL pH=2 的缓冲溶液，将溶液加热至 70℃，用 EDTA 标准溶液缓慢地滴定至由酒红色变为无色（终点时溶液温度应在 60℃左右），记下消耗的 EDTA 体积。平行滴定 3 次，计算 Fe_2O_3 含量。

在滴定铁后的溶液中，加入 1 滴溴甲酚绿，用氨水（1∶1）调至黄绿色，然后加入 15.00 mL 过量的 EDTA 标准溶液；加热煮沸 1 min，加入 10 mL pH=3.5 的缓冲溶液，4 滴 PAN 指示剂，用 $CuSO_4$ 标准溶液滴至茶红色即为终点。记下消耗的 $CuSO_4$ 标准溶液的体积。平行滴定 3 份，计算 Al_2O_3 含量。

（3）CaO 和 MgO 含量的测定

取试液 100.00 mL 于 200 mL 烧杯中，滴入氨水（1∶1）至红棕色沉淀生成时，再滴入 2 mol·L^{-1} HCl 溶液使沉淀刚好溶解。然后加入 25 mL 尿素溶液，加热约 20 min，不断搅

拌使 Fe^{3+}、Al^{3+}沉淀完全，趁热过滤，滤液用 250 mL 烧杯承接，用 1%NH_4NO_3 热水洗涤沉淀至无 Cl^-为止（用 $AgNO_3$ 溶液检查）。滤液冷却后转移至 250 mL 容量瓶中，稀释至刻度，摇匀。滤液用于测定 Ca^{2+}、Mg^{2+}。

用移液管移取 25 mL 试液于 250 mL 锥形瓶中，加入 2 滴 GBHA 指示剂，滴加 200 g · L^{-1} NaOH 使溶液变为微红色后，加入 10 mL pH = 12.6 的缓冲液和 20 mL 水，用 EDTA 标准溶液滴至由红色变为亮黄色，即为终点。记下消耗 EDTA 标准溶液的体积。平行测定 3 次，计算 CaO 的含量。

在测定 CaO 后的溶液中，滴加 2 mol · L^{-1} HCl 溶液至溶液黄色褪去，此时 pH 约为 10，加入 15 mL pH = 10 的氨缓冲液、2 滴铬黑 T 指示剂，用 EDTA 标准溶液滴至由红色变为纯蓝色，即为终点。记下消耗 EDTA 标准溶液体积。平行测定 3 次，计算 MgO 的含量。

五、数据处理（表 6-22）

表 6-22　硅酸盐水泥中 Fe_2O_3、Al_2O_3、CaO 和 MgO 含量的测定

成分	记录项目	测定数据
Fe_2O_3	V_{EDTA}/mL	
	$c_{Fe^{3+}}$/(mol · L^{-1})	
	$\omega_{Fe_2O_3}$/%	
Al_2O_3	V_{CuSO_4}/mL	
	$c_{Al^{3+}}$/(mol · L^{-1})	
	$\omega_{Al_2O_3}$/%	
CaO	V_{EDTA}/mL	
	$c_{Ca^{2+}}$/(mol · L^{-1})	
	ω_{CaO}/%	
MgO	V_{EDTA}/mL	
	$c_{Ca^{2+}、Mg^{2+}}$/(mol · L^{-1})	
	ω_{MgO}/%	

六、问题与讨论

①在 Fe^{3+}、Al^{3+}、Ca^{2+}、Mg^{2+}共存时，能否用 EDTA 标准溶液控制酸度法滴定 Fe^{3+}？滴定 Fe^{3+}的介质酸度范围为多大？

②EDTA 滴定 Al^{3+}时，为什么采用回滴法？

③EDTA 滴定 Ca、Mg 时，怎样消除 Fe^{3+}、Al^{3+}的干扰？

④EDTA 滴定 Ca、Mg 时，怎样利用 GBHA 指示剂的性质调节溶液 pH？

⑤在滴定 Fe、Al 时，各应控制什么样的温度范围？为什么？

七、注意事项

1. 测 Fe_2O_3 的注意事项

①滴定时应严格掌握 pH，测铁时，pH<1.5 时结果偏低，pH>3 时 Fe^{3+}开始出现棕红色水

合物，往往滴定无终点，因此，pH=1.8~2.5 较合适。

②滴定温度大于75℃时，由于 Al^{3+} 被滴定易偏高，滴定温度小于50℃时，则反应缓慢，在60~70℃滴定时，能得到良好的终点。

2. 测 Al_2O_3 的注意事项

①铜盐回滴定法测铝时，为防止生成 Al（OH)$_3$。必须先在 pH=2~3、60~70℃时，使大部分铝与 EDTA 络合，然后调至 pH=4.2。

②一般加 EDTA 过量（10 mL 左右为宜），过量多，由于 Cu-EDTA 络合物呈绿色，对滴定终点时生成的红色有一定的影响，使终点为蓝紫色甚至蓝色；过量少时，终点基本是红色，所以 EDTA 过量适当才能得到敏锐好看的紫红色终点。

3. 测 CaO 的注意事项

①滴定钙时溶液中应避免引入酒石酸，因酒石酸与镁微弱络合后抑制氢氧化镁的沉淀，少量未形成氢氧化镁沉淀的镁离子也同时被滴定。

②当 pH 调至大于12.5后，应迅速滴定，以免溶液表面的 Ca^{2+} 吸收空气中 CO_2 形成非水溶性的碳酸钙，引起结果偏低。

4. 测 MgO 的注意事项

①滴定时溶液的 pH 近似于10，pH 低则指示剂变色不太明显，pH 高（如 pH 大于11）则形成氢氧化镁沉淀，使镁的分析结果偏低。

②滴定接近终点时，要慢滴快搅拌，以免滴过量。

实验十二　明矾晶体的制备及组成分析

一、实验目的

①巩固对铝和氢氧化铝两性的认识，掌握复盐晶体的制备方法。

②掌握 $KAl(SO_4)_2 \cdot 12H_2O$ 大晶体的培养技能。

③掌握明矾产品中 Al 含量的测定方法。

二、实验原理

1. 明矾晶体的实验制备原理

铝屑溶于浓氢氧化钾溶液，可生成可溶性的四羟基合铝（Ⅲ）酸钾 $K[Al(OH)_4]$，用稀硫酸调节溶液的 pH 值，将其转化为氢氧化铝，使氢氧化铝溶于硫酸，溶液浓缩后经冷却有较小的同晶复盐，此复盐称为明矾［$KAl(SO_4)_2 \cdot 12H_2O$］。小晶体经过数天的培养，明矾则以大块晶体结晶出来。制备中的化学反应如下：

$$2Al+2KOH+6H_2O \xlongequal{} 2K[Al(OH)_4]+3H_2\uparrow$$

$$2K[Al(OH)_4]+H_2SO_4 \xlongequal{} 2Al(OH)_3\downarrow+K_2SO_4+2H_2O$$

$$2Al(OH)_3+3H_2SO_4 \xlongequal{} Al_2(SO_4)_3+6H_2O$$

$$Al_2(SO_4)_3+K_2SO_4+24H_2O \xlongequal{} 2KAl(SO_4)_2 \cdot 12H_2O$$

$$废铝 \rightarrow 溶解 \rightarrow 过滤 \rightarrow 酸化 \rightarrow 浓缩 \rightarrow 结晶 \rightarrow 分离 \xrightarrow{明矾} 单晶培养 \rightarrow 明矾单晶$$

2. 明矾产品中 Al 含量的测定原理

由于 Al^{3+}容易水解，与 EDTA 反应较慢，且对二甲酚橙指示剂有封闭作用，故一般采用返滴定法或置换滴定法测定。本实验采用置换滴定法。即先调节溶液的 pH = 3～4，加入精确计量且过量的 EDTA 标准溶液，煮沸使 Al^{3+}与 EDTA 络合完全，然后用标准 Zn^{2+}溶液返滴定过量的 EDTA。然后，加入过量的 NH_4F，加热至沸，使 AlY^-（Y 指 EDTA）与 F^-之间发生置换反应，并释放出与 Al^{3+}等物质的量的 EDTA。

$$AlY^- + 6F^- + 2H^+ \xlongequal{} AlF_6^{3-} + H_2Y^{2-}$$

释放出来的 EDTA，再用 Zn^{2+}盐标准溶液滴定至紫红色，即为终点。

三、实验仪器和试剂

实验仪器：烧杯（250 mL）、量筒（50 mL）、量筒（10 mL）、布氏漏斗、抽滤瓶、表面皿、蒸发皿、台秤、电炉、循环水真空泵、分析天平、容量瓶（250 mL）、移液管（25 mL）、锥形瓶（250 mL）、酸式滴定管

实验试剂：HCl（1∶1）、$NH_3 \cdot H_2O$（1∶1）、H_2SO_4（3 $mol \cdot L^{-1}$）、H_2SO_4（1∶1）、KOH、易拉罐或其他铝制品（实验前充分剪碎）、pH 试纸（1～14）、无水乙醇、EDTA（0.02 $mol \cdot L^{-1}$）、Zn^{2+}（0.02 $mol \cdot L^{-1}$）、二甲酚橙指示剂（0.2 $g \cdot L^{-1}$）、20%六次甲基四胺溶液

四、实验步骤

1. 明矾晶体的实验制备

取 50 mL 2 $mol \cdot L^{-1}$KOH 溶液，分多次加入 2 g 废铝制品（铝质牙膏壳、铝合金易拉罐等），反应完毕后用布氏漏斗抽滤，取清液稀释到 100 mL，在不断搅拌下，滴加 3 $mol \cdot L^{-1}$ H_2SO_4 溶液（按化学反应式计量）。加热至沉淀完全溶解，并适当浓缩溶液，然后用自来水冷却结晶，抽滤，所得晶体即为 $KAl(SO_4)_2 \cdot 12H_2O$。

2. 明矾透明单晶的培养

$KAl(SO_4)_2 \cdot 12H_2O$ 为正八面体晶形。为获得棱角完整、透明的单晶，应让籽晶（晶种）有足够的时间长大，而晶籽能够成长的前提是溶液的浓度处于适当过饱和状态。本实验通过将饱和溶液在室温下静置，靠溶剂的自然挥发来创造溶液的准稳定状态，人工投放晶种让其逐渐长成单晶。

①籽晶的生长和选择。根据 $KAl(SO_4)_2 \cdot 12H_2O$ 的溶解度，称取 10 g 自制明矾，加入适量的水，加热溶解，然后放在不易振动的地方，烧杯口上架一玻璃棒，然后在烧杯口上盖一块滤纸，以免灰尘落下，放置一天，杯底会有小晶体析出，从中挑选出晶型完整的籽晶待用，同时过滤溶液，留待后用。

②晶体的生长（可课下操作）。以缝纫用的涤纶细线把籽晶系好，剪去余头，缠在玻璃棒上悬吊在已过滤的饱和溶液中，观察晶体的缓慢生长。数天后，可得到棱角完整齐全、晶莹透明的大块晶体。

在晶体生长过程中，应经常观察，若发现籽晶上又长出小晶体，应及时去掉。若杯底有

晶体析出也应及时滤去，以免影响晶体生长。

3. 明矾产品中 Al 含量的测定

准确称取 1.2~1.3 g 明矾试样于 150 mL 烧杯中，加入 3 mL 2 mol · L^{-1}HCl 溶液，加水溶解，将溶液转移至 2500 mL 容量瓶中，加水稀释至刻度，摇匀。

移取上述稀释液 25.00 mL 三份，分别于锥形瓶中，加入 20 mL 0.02 mol · L^{-1}EDTA 溶液及 2 滴二甲酚橙指示剂，小心滴加 $NH_3 \cdot H_2O$（1∶1）调至溶液恰呈紫红色，然后滴加 3 滴 HCl（1∶3）。将溶液煮沸 3 min，冷却，加入 20 mL 20%六次甲基四胺溶液，此时溶液应呈黄色或橙黄色，否则可用 HCl 调节。再补加 2 滴二甲酚橙指示剂，用锌标准溶液滴定至溶液由黄色恰变为紫红色（此时不计滴定体积）。加入 10 mL 20%NH_4F 溶液，摇匀，将溶液加热至微沸，流水冷却，补加 2 滴二甲酚橙指示剂，此时溶液应呈黄色或橙黄色，否则应滴加 HCl（1∶3）调节。再用锌标准溶液滴定至溶液由黄色恰变为紫红色，即为终点。根据锌标准溶液所消耗的体积，计算明矾中 Al 的百分含量。

五、数据处理（表 6-23）

表 6-23 明矾中 Al 的百分含量

项目	Ⅰ	Ⅱ	Ⅲ
$m_{(明矾)}$ /g			
V_{EDTA}/mL			
c_{EDTA}/(mol · L^{-1})			
$c_{Zn标}$/(mol · L^{-1})			
V_{1Zn}/mL			
V_{2Zn}/mL			
$\bar{V}_{2Zn}$/mL			
铝的含量/%			

六、问题与讨论

①复盐和简单盐及配合物的性质有什么不同？

②若在饱和溶液中，籽晶长出一些小晶体或烧杯底部出现少量晶体时，对大晶体的培养有何影响？应如何处理？

③铝的测定一般采用返滴定法或置换滴定法，这两种方法各适用于哪些含铝的试样？

④络合滴定中对金属指示剂的使用条件有哪些？为什么测定铝含量时不能用 EBT 作为指示剂？

七、注意事项

①废铝原材料必须清洗干净表面杂质。

②测定铝含量时应仔细调节酸碱度。

③温度降低得越快，晶体最终的形状越好。

④所用容器必须洁净，要加盖以防灰尘落入。

实验十三　硫代硫酸钠溶液的配制、标定及铜合金中铜的测定（间接碘量法）

一、实验目的

①掌握 $Na_2S_2O_3$ 溶液的配制及标定要点。

②了解淀粉指示剂的作用原理。

③了解间接碘量法测定铜的原理，掌握间接碘量法测定铜含量的操作过程。

④学习铜合金试样的分解方法。

二、实验原理

1. 铜合金

主要有黄铜和各种青铜。

2. 铜合金中铜的测定

一般采用碘量法。

①溶样。

A. $HCl+H_2O_2$。

B. 不含 Sn，可用 HNO_3，但 HNO_3 最后应加 H_2SO_4 蒸发至冒白烟赶尽。

②在弱酸溶液中：

$$2Cu^{2+}+4KI（过量）=\!=\!=2CuI\downarrow+I_2$$

以淀粉为指示剂，用 $Na_2S_2O_3$ 标准溶液滴定：

$$I_2+2S_2O_3^{2-}=\!=\!=2I^-+S_4O_6^{2-}$$

注意：

A. Cu^{2+}与 I^-之间的反应是可逆的，任何引起 Cu^{2+}浓度减小（如形成络合物等）或引起 CuI 溶解度增加的因素均使反应不完全。

加入过量 KI，可使 Cu^{2+}的还原趋于完全，但是，CuI 沉淀强烈吸附 I_3^-，使结果偏低。

通常的办法是近终点时加入硫氰酸盐，将 CuI 转化为溶解度更小的 CuSCN 沉淀，把吸附的碘释放出来，使反应更为完全。

KSCN 应在接近终点时加入，否则 SCN^-会还原大量存在的 I_2，使测定结果偏低。

B. pH 为 3.0~4.0。

酸度过低：Cu^{2+}易水解，使反应不完全。反应速率慢，终点拖长。

酸度过高：I^-被空气中的氧氧化为 I_2。

C. Fe^{3+}对测定有干扰（Fe^{3+}能氧化 I^-），加入 NH_4HF_2（即 $NH_4F\cdot HF$）掩蔽。

D. NH_4HF_2 既是掩蔽剂，又可作为缓冲溶液。

3. $Na_2S_2O_3$ 的配制和标定

①本身含杂质，水溶液遇酸、空气中的氧及水中的细菌，会分解出单质的硫沉淀，不能直接配制成标准溶液。

②配制时最好用纯度较高并经煮沸 10 min 以上（驱除碳酸和杀菌）冷却的蒸馏水。

为防止酸性分解及细菌生长，在配制的水溶液中加入少量的碳酸钠，使溶液呈弱碱性。

③标定方法：$K_2Cr_2O_7$ 法、KIO_3 法、纯铜法。

三、实验试剂

KI（200 g·L^{-1}）、$Na_2S_2O_3·5H_2O$、淀粉溶液（5 g·L^{-1}）、NH_4SCN 溶液（100 g·L^{-1}）、H_2O_2（30%）、Na_2CO_3 固体、纯铜（w>99.9%）、HCl（1∶1）、HAc（1∶1）、H_2SO_4（1 mol·L^{-1}）、NH_4HF_2（200 g·L^{-1}）、氨水（1∶1）、铜合金试样

四、实验步骤

1. $Na_2S_2O_3$ 溶液的配制（0.1 mol·L^{-1}）

称取 12.5 g $Na_2S_2O_3·5H_2O$ 于烧杯中，加入 200~300 mL 新煮沸经冷却的蒸馏水，溶解后，加入约 0.05 g Na_2CO_3，用新煮沸经冷却的蒸馏水稀释至 1 L，贮存于试剂瓶中，在暗处放置 3~5 d 后标定。

2. $Na_2S_2O_3$ 溶液的标定

准确称取 0.2 g 左右纯铜，置于 250 mL 烧杯中，加入约 10 mL HCl（1∶1），在摇动下逐滴加入 2~3 mL 30%H_2O_2，至金属铜分解完全（H_2O_2 不应过量太多）。加热，将多余的 H_2O_2 分解赶尽，然后定量转入 250 mL 容量瓶中，加水稀释至刻度，摇匀。

准确移取 25.00 mL 纯铜溶液置于 250 mL 锥形瓶中，滴加氨水（1∶1）至沉淀刚刚生成，然后加入 8 mL HAc（1∶1）、10 mL NH_4HF_2 溶液、10 mL KI 溶液，用 $Na_2S_2O_3$ 溶液滴定至呈淡黄色，再加入 3 mL 淀粉溶液，继续滴定至浅蓝色。再加入 10 mL NH_4SCN 溶液，继续滴定至溶液的蓝色消失即为终点，记下所消耗的 $Na_2S_2O_3$ 溶液的体积，计算 $Na_2S_2O_3$ 溶液的浓度。

3. 铜合金中铜含量的测定

准确称取黄铜试样（质量分数为 80%~90%）0.10~0.15 g，置于 250 mL 锥形瓶中，加入 10 mL HCl（1∶1）溶液，滴加 2 mL 30%H_2O_2，加热使试样分解完全后，再加热将多余的 H_2O_2 分解赶尽，然后煮沸 1~2 min。冷却后，加 60 mL 水，滴加氨水（1∶1）至有稳定的沉淀，然后加入 8 mL HAc（1∶1）、10 mL NH_4HF_2 溶液、10 mL KI 溶液，用 $Na_2S_2O_3$ 溶液滴定至呈淡黄色，再加入 3 mL 淀粉溶液，继续滴定至浅蓝色。再加入 10 mL NH_4SCN 溶液，继续滴定至溶液的蓝色消失即为终点，记下所消耗的 $Na_2S_2O_3$ 溶液的体积，计算 Cu 的含量。

五、数据处理（表6-24、表6-25）

表6-24　$Na_2S_2O_3$ 溶液的标定

项目	Ⅰ	Ⅱ	Ⅲ
$m_{纯Cu}$/g			
$V_{纯Cu}$/mL	25	25	25
$V_{Na_2S_2O_3}$/mL			
$c_{Na_2S_2O_3}$/（mol·L^{-1}）			
$\bar{c}_{Na_2S_2O_3}$/（mol·L^{-1}）			
相对偏差/%			
相对平均偏差/%			

表6-25　铜合金中铜含量的测定

项目	Ⅰ	Ⅱ	Ⅲ
$m_{黄Cu}$/g			
$V_{Na_2S_2O_3}$/mL			
Cu/%			
平均值/%			
相对偏差/%			
相对平均偏差/%			

六、问题与讨论

①碘量法测定铜时，为什么常要加入 NH_4HF_2？为什么临近终点时加入 NH_4SCN？

②碘量法测定铜为什么要在弱酸性介质中进行？

③用纯铜标定 $Na_2S_2O_3$ 溶液时，如用 HCl 溶液加 H_2O_2 分解铜，最后 H_2O_2 未分解尽，对标定的 $Na_2S_2O_3$ 浓度会有什么影响？

④本实验加入 KI 的作用是什么？

七、注意事项

①所加的 H_2O_2 一定要除尽，否则会影响后面的测定结果。

②加淀粉不能太早，且加入后应剧烈摇动，否则会影响。

③加 NH_4SCN 不能太早，且加入后应剧烈摇动，有利于沉淀的转化和释放出吸附的 I_3^-。

④标定硫代硫酸钠溶液的基准试剂有重铬酸钾、碘酸钾和纯铜，当用碘量法测定铜时，最合适的基准试剂是纯铜，使标定与测定一致，可以抵消方法的系统误差。

实验十四　二草酸根合铜（Ⅱ）酸钾的制备与组成分析

一、实验目的

①利用草酸钾和硫酸铜为原料制备二草酸根合铜（Ⅱ）酸钾晶体。

②利用重量分析法测定产物的结晶水含量，用 EDTA 络合滴定法测定产物的铜含量，用高锰酸钾法测定产物的草酸根含量。

③利用分光光度法测定产物的吸收光谱，确定最大吸收波长。

二、实验原理

二草酸根合铜（Ⅱ）酸钾的制备方法很多，可以由硫酸铜与草酸钾直接混合来制备，也可以由氢氧化铜（或氧化铜）与草酸氢钾反应制备。本实验由硫酸铜与草酸钾直接混合制备二草酸根合铜（Ⅱ）酸钾。其反应式为：

$$CuSO_4+2K_2C_2O_4+2H_2O \xlongequal{} K_2[Cu(C_2O_4)_2]\cdot 2H_2O+K_2SO_4$$

该络合物在 150℃时失去结晶水，至恒重时，由产物和坩埚的总重量及空坩埚的质量差计算结晶水的含量。

称取一定量试样在氨水中溶解、定容。取一份试样用 H_2SO_4 中和，并在硫酸溶液中用 $KMnO_4$ 标准溶液滴定试样中 $C_2O_4^{2-}$。通过消耗 $KMnO_4$ 的体积及其浓度计算 $C_2O_4^{2-}$ 的含量。滴定反应与 $KMnO_4$ 标准溶液的标定反应相同。

$KMnO_4$ 标准溶液的标定是以 $Na_2C_2O_4$ 为基准物，在 0.5~1 mol·L^{-1} 酸度下，用 $KMnO_4$ 标准溶液滴定，指示剂是 $KMnO_4$ 本身，标定反应为：

$$2MnO_4^-+5C_2O_4^{2-}+16H^+ \xlongequal{} 2Mn^{2+}+10CO_2\uparrow+8H_2O$$

铜离子含量的测定采用络合滴定法，在氨性缓冲溶液，以紫脲酸铵为指示剂，用 EDTA 滴定，溶液颜色由黄绿色变至紫色时即为终点。

三、实验仪器和试剂

实验仪器：台秤、天平、水浴锅、电热板、烧杯、量筒（10 mL、25 mL、100 mL）、抽滤装置（真空泵、抽滤瓶、布氏漏斗）、容量瓶、移液管、称量瓶、瓷柄皿、酸式滴定管、锥形瓶、恒温烘箱、722 型分光光度计

实验试剂：NaOH（2 mol·L^{-1}）、$CuSO_4\cdot 5H_2O$ 固体、$K_2C_2O_4\cdot H_2O$ 固体、K_2CO_3 固体、氨水（1∶1）、$Na_2C_2O_4$ 固体、H_2SO_4（2 mol·L^{-1}）、$KMnO_4$（0.02 mol·L^{-1}）、氨性缓冲溶液、EDTA 标准溶液、紫脲酸胺指示剂

四、实验步骤

1. 制备二草酸根合铜（Ⅱ）酸钾

①称取 3.0 g $CuSO_4\cdot 5H_2O$ 溶于 6 mL 90℃水中，称取 9.0 g $K_2C_2O_4\cdot H_2O$ 溶于 25 mL

90℃水中，在剧烈搅拌下，（转速约 1100 r/min）趁热将 $K_2C_2O_4$ 溶液迅速加入 $CuSO_4$ 溶液中，自然冷却至室温，有晶体析出。

②用冷水浴冷却，母液呈浅蓝色或接近无色时减压抽滤，用 6~8 mL 冷水分 3 次洗涤沉淀，抽干。

③将产品转移至蒸发皿中，用蒸气浴加热干燥，转入称量瓶称重并记录。

2. 二草酸根合铜（Ⅱ）酸钾的组成分析

（1）结晶水的测定

称取 0.5~0.6 g $K_2[Cu(C_2O_4)_2] \cdot 2H_2O$ 晶体试样一份，分别放入 2 个已恒重的坩埚中，放入烘箱，在 150℃时干燥 1 h。然后放入干燥器中冷却 30 min，之后再干燥 30 min，冷却，称重。根据称量结果计算结晶水含量。

（2）$KMnO_4$ 标准溶液的标定

准确称量 $Na_2C_2O_4$ 固体三份（每份 0.18~0.23 g，准确到 0.0001 g），分别置于 250 mL 锥形瓶中。分别加入 25 mL 蒸馏水使其溶解，加入 10 mL 3 mol·L^{-1} H_2SO_4 溶液，在电热板上加热至 75~85℃（锥形瓶口冒热气），趁热用 $KMnO_4$ 溶液滴定至淡粉色，30 s 不褪色即为终点。记录消耗的 $KMnO_4$ 溶液体积，计算 $KMnO_4$ 标准溶液的浓度。

（3）产品中 $C_2O_4^{2-}$ 含量的测定

移取 0.21~0.23 g 产物，用 2 mL 浓氨水溶解后加入 30 mL 的 H_2SO_4 溶液，此时会有淡蓝色沉淀出现，加水稀释至 100 mL。在 75~85℃（锥形瓶口冒热气）的水浴中加热 10 min，趁热用 0.02 mol·L^{-1} 的 $KMnO_4$ 溶液滴定至淡粉色，30 s 不褪色即为终点。记录消耗的 $KMnO_4$ 溶液体积，计算 $C_2O_4^{2-}$ 的含量（以百分含量计）。平行滴定 3 次。

（4）产品中 Cu^{2+} 含量的测定

称取 0.70~0.75 g 产物，用 30 mL 氨性缓冲溶液溶解后，转入 100 mL 容量瓶，用蒸馏水定容，摇匀。用 25 mL 移液管移取 3 份分别置于 250 mL 锥形瓶中，加 15 mL 氨性缓冲溶液，再加水稀释至 100 mL。加入紫脲酸铵指示剂半勺，用 EDTA 标准溶液滴定，当溶液由黄绿色变至紫色时即为终点，记录读数，根据滴定结果计算 Cu^{2+} 含量。

根据以上的测定结果，求出产物的化学式。

（5）二草酸根合铜（Ⅱ）酸钾的吸收光谱和最大吸收波长的测定

称取 0.2 g $K_2C_2O_4 \cdot H_2O$ 溶于 20 mL 水中，分成两份，一份作参比，另一份再称取 0.1 g 产物溶于其中，用分光光度计在 600~900 nm 波长范围内测定溶液的吸收度，绘制吸收光谱，并确定其最大吸收波长。

五、数据记录与结果处理（表 6-26~表 6-31）

表 6-26 二草酸合铜（Ⅱ）酸钾的制备

项目	数据
$CuSO_4 \cdot 5H_2O$ 的质量/g	
$K_2C_2O_4 \cdot H_2O$ 的质量/g	
$K_2[Cu(C_2O_4)_2] \cdot 2H_2O$ 的理论产量/g	

续表

项目	数据
$K_2[Cu(C_2O_4)_2]\cdot 2H_2O$ 的实际质量/g	
产率/%	

表 6-27　二草酸合铜（Ⅱ）酸钾结晶水的测定

项目	Ⅰ	Ⅱ
干燥前的试样质量/g		
干燥后的试样质量/g		
结晶水的含量/g		
结晶水的平均含量/g		
结晶水含量的理论值/%		
相对误差/%		

表 6-28　$KMnO_4$ 标准溶液的标定

项目	Ⅰ	Ⅱ	Ⅲ
$m_{(Na_2C_2O_4)}$ /g			
$V_{(KMnO_4)}$ /mL			
$c_{(KMnO_4)}$ /(mol · L^{-1})			
$\bar{c}_{(KMnO_4)}$ /(mol · L^{-1})			
相对平均偏差/%			

表 6-29　草酸根含量的测定

项目	Ⅰ	Ⅱ	Ⅲ
$m_{(样)}$ /g			
$V_{(KMnO_4)}$ /mL			
$c_{C_2O_4^{2-}}$/%			
$\bar{c}_{C_2O_4^{2-}}$/%			
相对平均偏差/%			

表 6-30　草酸根含量的测定

项目	Ⅰ	Ⅱ	Ⅲ
$m_{(样)}$ /g			
$V_{(EDTA)}$ /mL			
$c_{(Cu^{2+})}$ /%			
$\bar{c}_{(Cu^{2+})}$ /%			
相对平均偏差/%			

表 6-31　二草酸合铜（Ⅱ）酸钾吸收曲线的绘制

波长 λ/nm	600	610	620	630	640	650	…	870	880	890	900
吸光度 A											
波长 λ_{max}/nm											

六、问题与讨论

①除了 EDTA 能测量 Cu^{2+} 含量外，还有哪些方法能测量 Cu^{2+} 含量？
②在测定 $C_2O_4^{2-}$ 含量时，对溶液的酸度和温度有何要求，为什么？
③为什么用氨水溶解草酸合铜酸钾？
④失重法测水为什么在 423 K 下？
⑤为什么 $K_2C_2O_4 \cdot H_2O$ 加到 $CuSO_4$ 里？

七、注意事项

①将 $CuSO_4 \cdot 5H_2O$ 和 $K_2C_2O_4 \cdot H_2O$ 分别溶于 90℃水中。
②将 $K_2C_2O_4 \cdot H_2O$ 溶液迅速加入 $CuSO_4 \cdot 5H_2O$ 溶液中，冷却至室温。
③用冷水洗涤沉淀 3 次。
④调氨性缓冲溶液的 pH 至 10。
⑤制备配合物时，草酸的加入量要恰当。
⑥测定 Cu^{2+} 含量时，注意 PAN 指示剂变色点颜色的把握。

第七章　物理化学实验

实验一　恒温槽的调配与黏度的测定

一、实验目的

恒温槽在物理化学实验中的重要性：物质的物理化学性质，如黏度、密度、蒸气压、表面张力、折光率、电导、电导率、透光率等都随温度而改变，要测定这些性质必须在恒温条件下进行。一些物理化学常数如平衡常数、化学反应速率常数等也与温度有关，这些常数的测定也需要恒温。因此，学会恒温槽的使用对物理化学实验是非常必要的。此外还需掌握测试液体的黏度与密度。

二、实验原理

黏度的测定：测定黏度的方法主要有毛细管法、转筒法和落球法。在测定高聚物分子的特性黏度时，以毛细管流出法的黏度计最为方便。若液体在毛细管黏度计中，因重力作用流出时，可通过泊肃叶公式计算黏度：

$$\frac{\eta}{\rho}=\frac{\pi hgr^4t}{8LV}-m\frac{V}{8\pi Lt}$$

其中，η 为液体的黏度，ρ 为液体的密度，L 为毛细管的长度，r 为毛细管的半径，t 为流出的时间，h 为流过毛细管液体的平均液柱高度，V 为流经毛细管的液体体积，m 为毛细管末端校正的参数（一般在 $r/L<<1$ 时，可以取 $m=1$）。

对于某一只指定的黏度计而言，上式可以写成：

$$\frac{\eta}{\rho}=At-\frac{B}{t}$$

其中，$B<1$，当流出的时间 t 在 2 min 左右（大于 100 s），该项（也称动能校正项）可以忽略。又因通常测定是在稀溶液中进行（$c<1\times10^{-2}$ g · cm^{-3}），所以溶液的密度和溶剂的密度近似相等，因此可将 η_r 写成：

$$\eta_r=\frac{\eta}{\eta_0}=\frac{t}{t_0}$$

密度的测定：单位体积内所含物质的质量，称为物质的密度，当用不同单位来表示密度时，可以有不同的数值，若用 g · cm^{-3} 为单位，密度在数值上等于4℃水相比所得的比重。密度与比重的概念虽不同，但在上述条件下，两者却建立数值上相等的关系利用比重瓶去进行液体密度的测定。由公式 $\rho=\rho_{水}^{t}(g_3-g_1)/(g_2-g_1)$ 计算，其中 ρ 为待测液体的密度，$\rho_{水}^{t}$ 为指定温度时水的密度，g_1 为比重瓶的重量，g_2 为比重瓶的重量与装入水的重量之和，g_3 为比重瓶的重量与装入乙醇的重量之和。

三、实验内容和要求

实验内容：装配控温装置并控温在指定温度，测定待测液体黏度、密度。

实验要求：

①使用黏度计时，严格执行指导教师的操作，轻拿轻放，防止破损。

②测定黏度时，黏度计应保持垂直。

③测定密度时，注意液体的挥发。

四、实验仪器和试剂

实验仪器：恒温水槽、乌式黏度计、比重瓶、秒表

实验试剂：无水乙醇、去离子水

超级恒温槽使用步骤：

工作室水箱应注入适量的洁净自来水，加热管至少应低于水面 1 cm，把磁力搅拌子放入水箱中央，将控温旋钮调到最低，接通电源，把“设定/测量”开关置于“设定”端观察显示屏，调节控温旋钮，调至所需的设定温度，然后回到“测量”。当设定值高于所测定温度时，加热开始工作。显示屏显示为探头所测的实际温度。当加热到所需的温度时，加热会自动停止，低于设定的温度时，新的一轮加热又会开始，为了保证水温均匀性，应打开搅拌开关，慢慢调节控温旋钮。

五、实验步骤

1. 黏度的测定

①调节恒温槽，使其温度为 25℃左右，波动范围不超过 0.5℃。

②将黏度计和比重瓶分别用水冲洗、烘干。

③用移液管吸取 10 mL 乙醇，放入黏度计内，将黏度计垂直放入水浴锅内，恒温 20 min，用橡皮管连接黏度计，用吸耳球吸起液体，使其超过上刻线，然后放开吸耳球，用秒表记录液面从上刻度到下刻度所用的时间。重复 3 次，取平均值。

④再把黏度计里的乙醇倒出，用水冲洗 2 次，用同样方法测量去离子水黏度。

2. 密度的测量

①将烘干的比重瓶放在分析天平上称重 g_1，用移液管将乙醇加入到比重瓶内，塞上瓶塞，小心地放入水浴锅内。

②20 min 后，用滤纸将超过刻度的液体吸去，将液面控制在刻度线上，再将比重瓶从水浴锅中取出，用滤纸将比重瓶擦干，注意这时不要因手的温度高而使瓶中液体溢出，再称重 g_2。

③倒出乙醇，用水冲洗 2 次，再用同样方法称出比重瓶与装入水的总重量 g_3。

六、实验报告要求

实验报告形式包括实验目的、实验原理、实验仪器和试剂、简单的试验装置图、实验步骤、实验数据、数据处理及注意事项、问题与讨论等部分。其中数据处理作图应使用坐标纸。

七、问题与讨论

①测定黏度和密度的方法都有哪些?

②在分析天平上称量比重瓶时，瓶内的液体有可能在刻线以下，是否需要加满?为什么?

③使用比重瓶应注意哪些问题?

④如何使用比重瓶测量粒状固体物的密度?

实验二　燃烧热的测定

一、实验目的

①了解智能型氧弹量热计的原理、构造并掌握其使用方法。

②测定蔗糖（或燃油、煤）的燃烧热，掌握燃烧热的测定技术和仪器的标定。

③了解恒容燃烧热和恒压燃烧热的区别和联系。

④学会应用计算机软件处理图解法校正温度的改变值。

二、实验原理

燃烧热是指物质完全燃烧时的热效应。在恒容条件下测得的燃烧热称为恒容燃烧热（Q_v），恒容燃烧热等于恒容时系统热力学能变。

$$\Delta U = Q_v$$

在恒压条件下测得的燃烧热称为恒压燃烧热（Q_p），恒压燃烧热等于系统的焓变。

$$Q_p = \Delta H = \Delta U + p\Delta V$$

若以摩尔为单位，把参加反应的气体和反应生成的气体作为理想气体处理，则有下列关系式:

$$Q_p = Q_v + \Delta n \mathrm{R} T$$

这样由反应前后气态物质的量的变化，恒压燃烧热就可以算出。

本实验采用智能型燃烧量热计测量蔗糖的燃烧热。测量的基本原理是将一定量的待测物质放在氧弹中充分燃烧，燃烧释放出的热量使氧弹本身及氧弹周围介质（包括水、桶、搅拌器等）的温度升高。所以测定燃烧前后量热计温度的变化值，就可以算出该样品的燃烧热，关系式如下:

$$(m/M) \times Q_v = \mathrm{W_c} \Delta T - Q_d \times m_d$$

其中，m 为待测物质的质量（g），M 为待测物质的摩尔质量（$\mathrm{g \cdot mol^{-1}}$），$Q_v$ 为待测物质的恒容摩尔燃烧热（$\mathrm{kJ \cdot mol^{-1}}$），$Q_d$ 为点火丝的燃烧热（$\mathrm{kJ \cdot g^{-1}}$），m_d 为点火丝已燃烧质

量（g），ΔT 为样品燃烧前后量热计温度的变化值，W_c 为量热计常数，它表示量热计（包括介质）每升高 1℃所需要吸收的热量，量热计常数可以通过已知燃烧热的标准物（如苯甲酸的恒容燃烧热为 26.460 kJ·g^{-1}）标定。

氧弹是一个特制的不锈钢容器。为了保证样品迅速完全燃烧，氧弹中应充入压力为 1.5~2.0 MPa 的高压氧气。充氧前原则上应把氧弹内的空气排除或者待测物燃烧后用 NaOH 标准溶液中和酸的方法扣除 N_2 氧化成硝酸时产生的热量，一般 N_2 氧化成硝酸时产生的热量值非常小，操作经常忽略。为防止充氧时将样品吹散，必须在实验前对样品压片。充氧后的氧弹放在装有一定量的水（约 3000 mL）的钢桶中，水桶外是空气隔热层，隔热层外边是温度恒定的水夹套以阻止热辐射。

本实验的氧弹式量热计虽然采取了一些绝热措施，但它仍不是严格的绝热系统，加上带进的搅拌热、放热传热速度的限制等，因此需用雷诺图法对温度进行校正，方法如下：

当适量燃烧物质燃烧后，量热计中的水温上升 1.5~2.0℃。将燃烧前后水温随时间的变化记录下来，并作图（图 7-1），联成 abcd 曲线。图中 b 点是开始燃烧点，c 点为观测到的温度转折点，由于不能完全避免系统与外界的热量交换，曲线 ab 和 cd 发生倾斜。在曲线上取一点 O，使 $T_o=(T_b+T_c)/2$，过 O 点作垂直于横轴的垂线，此线与 ab 和 cd 的延长线分别交于 E 和 F 点，则 F 和 E 对应的温度差即为校正好的温度升高值 ΔT。

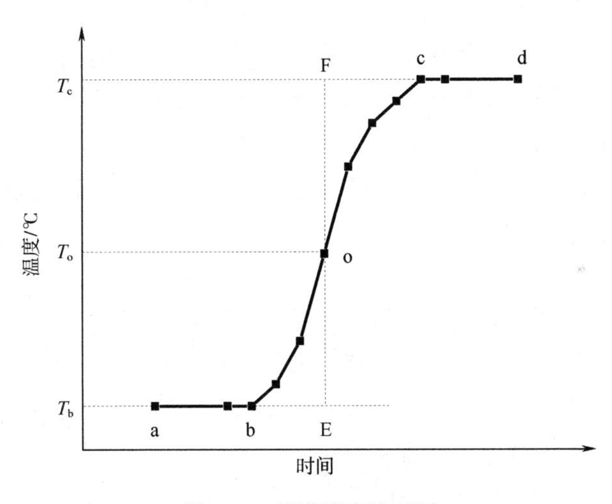

图 7-1　雷诺温度校正图

必须注意，运用作图法进行校正时，量热计和环境温差不宜过大，否则引起误差较大。

三、实验仪器和试剂

实验仪器：智能型燃烧热量热计、压片机、SWC-Ⅱ$_D$ 精密数字温度温差仪、煤、汽油、氧气钢瓶及氧气减压阀、点火丝（镍铬合金）、万用电表

实验试剂：苯甲酸、蔗糖

四、实验步骤

①将外套装满 25℃的水，实验前用外套搅拌器将外筒水温搅拌均匀。

②将量热计及全部附件加以整理并洗净。

③压片。苯甲酸应预先研细，在80~90℃烘干箱中烘干24 h，冷却至室温，放在盛有浓硫酸的干燥器中干燥3~4 d，用托盘天平称取苯甲酸0.6 g左右，压成片状，再用电子天平准确称至0.0001 g。

④装样。把氧弹的弹头放在弹头架上，将样品放入燃烧皿内，将点火丝的两端固定在两个电极柱上，在氧弹中加入10 mL蒸馏水，拧紧氧弹盖。

⑤充氧。使高压钢瓶的进气管与氧弹连接，缓慢充入氧气直至氧弹内压力为1.5~2.0 MPa为止，氧弹不应漏气。

⑥用万用电表检测氧弹两电极间是否导通（万用电表的电阻不大于10 Ω即可）。

⑦调节水温。打开精密温度温差仪的电源并将其传感器插入外桶水中测其温度，再把氧弹放入内桶氧弹座架上，向内桶加入约3000 mL温度低于外筒温度1℃左右的水，水面应至氧弹进气阀螺帽高度约2/3处，每次用水量应相同。接上点火导线，并连好控制箱上的所有电路导线，盖上桶盖，将测量传感器插入内桶。

⑧点火。打开电源和搅拌开关，仪器开始显示内桶水温。水温基本稳定后，将温差仪“采零”并“锁定”。在计算机绘图界面上点一下“开始绘图”即可。氧弹量热计内样品一经燃烧，水温很快上升，点火成功。当温差变化至每分钟上升小于0.002℃时，点一下“停止绘图”，结束实验。

⑨实验结束后，关闭电源，先把传感器拔出来，然后打开桶盖，取出氧弹，用放气阀放掉氧弹内的气体，打开氧弹，观察试样是否燃烧完全。取出未燃烧的点火丝称重（若试样燃烧不完全，实验失败）。

⑩与测苯甲酸相似，对0.8 g左右蔗糖（或燃油、煤）的燃烧热进行测定。

五、实验注意事项

①待测物需干燥，受潮样品不易燃烧且称量引进误差。

②注意压片的紧实程度，太紧不易燃烧，太松容易裂碎。

③点火后，温度急速上升，说明点火成功。若温度不变或有微小变化，说明点火没成功或样品没有充分燃烧，应检查原因并排除。

④温度温差仪“采零”后必须“锁定”。

⑤电极切勿与燃烧皿接触，铁丝与燃烧皿也不能接触，以免引起短路。

六、数据处理

①利用计算机绘制出的温度变化量校正值，再求量热计常数，与计算机计算值对比。

②利用计算机绘制出的温度变化量校正值，由计算出的蔗糖的燃烧热，再与计算机计算值和蔗糖理论等压燃烧热值（7866.386 kJ/mol）对比，计算相对误差。

七、问题与讨论

①在本实验中哪些是系统？哪些是环境？系统和环境通过哪些途径进行热交换？这些热交换对实验的结果影响怎样？

②为了使测量结果准确，减少系统与环境的热损失，本实验采取了哪些措施？
③你认为该实验还有哪些误差要克服？设想你的措施。
④说明恒压热和恒容热的区别与相互联系。
⑤在使用氧气钢瓶及氧气减压阀时，应注意哪些问题？
⑥用电解水制得的氧气进行实验可以吗？为什么？
⑦为什么要对温度进行校正？如何校正？

实验三 乙醇/环己烷饱和蒸气压的测定

一、实验目的

①明确饱和蒸气压的定义和气液两相平衡的概念，深入了解纯液体饱和蒸气压和温度的关系——克劳修斯—克拉贝龙方程式。
②学会求不同温度下乙醇或环己烷的饱和蒸气压，初步掌握真空实验技术。
③学会用图解法求被测液体在实验温度范围内的平均摩尔蒸发焓与正常沸点。

二、实验仪器和试剂

实验仪器：蒸汽压测定装置、抽气泵、数字压力计、电加热器、缓冲储气罐、磁力搅拌器、恒温槽、平衡管、温度计
实验试剂：乙醇（分析纯）或环己烷

三、实验原理

当纯物质流体蒸气速度与蒸气分子凝固速度到达相等的动态平衡时，蒸气的分子所产生的压力就是该流体在该温度下的饱和蒸气压。

温度是影响蒸气压的主要因素，液体的蒸气压随温度的升高而增大，当蒸气压与外界压力相等时，液体开始沸腾，其对应的温度称为沸点。

纯液体的蒸气压 p 与温度 T 的关系符合克劳修斯—克拉贝龙方程式：

$$\lg p = \frac{-\Delta_{vap}H_m}{2.303R} \cdot \frac{1}{T} + C$$

其中，$\Delta_{vap}H_m$ 为在一定的温度下，蒸发 1 mol 液体所需吸收的热，即为该纯液体在该温度下的汽化热（在一定温度范围内，摩尔蒸发焓可视为常数）；p 为液体蒸气压；C 为积分常数；R 为摩尔气体常数；T 为热力学温度。以 $\lg p$ 对 $1/T$ 作图，根据直线斜率，即可求出液体的摩尔蒸发焓。

四、实验步骤

1. 安装仪器

仪器装置如图 7-2 所示，所有的接口必须严密封闭。平衡管由三根相连通的玻璃管 a、b

和 c 组成，a 管中存储被测液体，b 和 c 中也有液体在底部相连。当 a、b 管上部是待测液体的蒸气，b 和 c 管中的液面在同一水平面时，则表示在 b 管液面上的蒸气压与加在 c 管液面上的外压相等，此时液体的温度即体系的气液平衡温度为沸点。

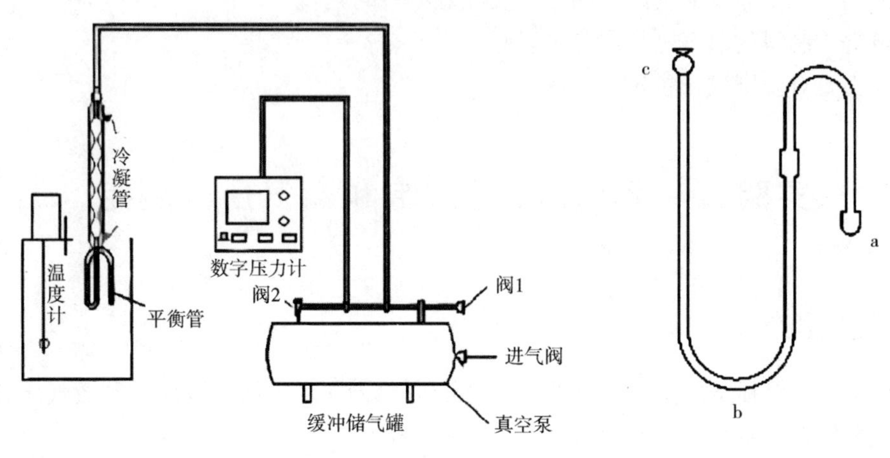

图 7-2　饱和蒸气压系统装置图

平衡管中的液体可用下法装入：先将平衡管取下洗净，烘干，然后烤烘（可用煤气灯）a 管，赶走管内空气，速将液体自 c 管的管口灌入，冷却 a 管，液体即被吸入。反复 2~3 次，使液体灌至 a 管高度的 2/3 为宜，接在装置上。

2. 检查系统气密性

①将进气阀、阀 2 打开，阀 1 关闭（三阀均为顺时针关闭，逆时针开启）。启动气泵加压（或抽气至-60~-70 kPa）至 100~200 kPa，数字压力表的显示值即为压力罐中的压力值。

②关闭进气阀，停止气泵工作，并检查阀 2 是否开启，阀 1 是否完全关闭。观察数字压力表，若显示数字下降值在标准范围内（小于 0.01 kPa/s），说明整体气密性良好。否则需查找并清除漏气原因，直至合格。

③再做微调部分的气密性检查：关闭各阀，用阀 1 调整微调部分的压力，使之低于储气罐中压力的 1/2，观察数字压力表，其变化值在标准范围内（小于 0.01 kPa/s），说明气密性良好。若压力值上升超过标准，说明阀 2 泄漏；若压力值下降超过标准，说明阀 1 泄漏。

3. 测定不同温度下液体的饱和蒸气压

①调节玻璃恒温水浴温度为 30℃，接通冷却水。

②打开压力计、采零。

③用止水夹夹住与平衡管相连的胶管。

④关闭平衡阀 1、平衡阀 2。

⑤接真空泵电源，打开进气阀。

⑥抽气约 1 min，开平衡阀 2，继续抽气至压力计的读数约-90 kPa。

⑦放开止水夹，让平衡管的液体沸腾约 2 min（以除去 a、b 管之间的空气）。

⑧关闭平衡阀 2、进气阀、真空泵电源。

⑨缓缓打开平衡阀 1，让少量的空气进入，使 c 管液面下降，直至 b、c 管的液面相平，读取压力计的读数。

⑩若 c 管的液面过低，可微微打开平衡阀 2，让系统抽气，使 c 管液面高于 b 管。再重复⑨的操作。

⑪再测定一次蒸气压，即重复⑨和⑩的操作。

⑫测定 30℃、35℃、40℃、45℃、50℃乙醇或环己烷的饱和蒸气压，每个温度平衡测 2 次蒸气压。

⑬实验结束后，将平衡阀 1 打开，让空气缓慢进入平衡管。

五、实验结果（表 7-1、表 7-2）

表 7-1　不同温度下乙醇的蒸气压

室温：　　　　　　　　　　　　大气压：

t/℃	数字压力计读数/kPa			乙醇蒸气压 p ($p_{乙醇}=p_{大气}+p_{压力计}$)/kPa
	第一次	第 2 次	平均值	
30				
35				
40				
45				
50				

表 7-2　乙醇蒸气压和温度之间的关系

t/℃	T［273+t/℃］/K	($1/T$) $\times10^3$/K^{-1}	$p_{乙醇}$/kPa	lg ($p_{乙醇}$/kPa)
30				
35				
40				
45				
50				

①以 lg$p$ 对 $1/T$ 作图，求直线斜率 m，由 $m=-\Delta_{vap}H_m/(2.303R)$ 求出 $\Delta_{vap}H_m$。

②找出 lg$p$ 与 $1/T$ 的关系式，求乙醇的正常沸点。

六、问题与讨论

①克劳修斯—克拉贝龙方程式在什么条件下适用？

②如果平衡管 a、c 内空气未被驱除干净，对实验结果有何影响？

③本实验的方法能否用于测定溶液的蒸气压？为什么？

④测定装置中安置缓冲储气罐起什么作用？

实验四 双液系的气—液平衡相图

一、实验目的

①测定并绘出 100 kPa 下乙醇—乙酸乙酯系统的气液平衡相图。

②学会使用数字阿贝折射仪测定气液平衡系统气液组成。

二、实验原理

从完全互溶双液系的 t-x 图中可清楚地看到系统在达到沸腾时的温度，以及达到气液平衡时气、液两相的组成。t-x 图对于了解系统的行为、系统的分馏过程很有实用价值。

理想的双液系在全部组成范围内符合拉乌尔定律，有少数系统能近似符合理想溶液的行为，但大多数系统在 p-x 图中有正或负的偏差。本实验采用的系统是对拉乌尔定律产生正偏差的乙醇—乙酸乙酯系统。

在一定压力下完全互溶双液系的沸点与组成的关系有以下几种情况：

①溶液沸点介于两纯组分的沸点之间，如理想溶液、一般正偏差和一般负偏差溶液（苯—甲苯、正丙醇—乙醇）。

②溶液具有最高恒沸点，如氯化氢—水、硝酸—水。

③溶液具有最低恒沸点，如苯—乙醇、乙醇—水、乙醇—乙酸乙酯。

上述情况的 t-x 示意图如图 7-3 所示。

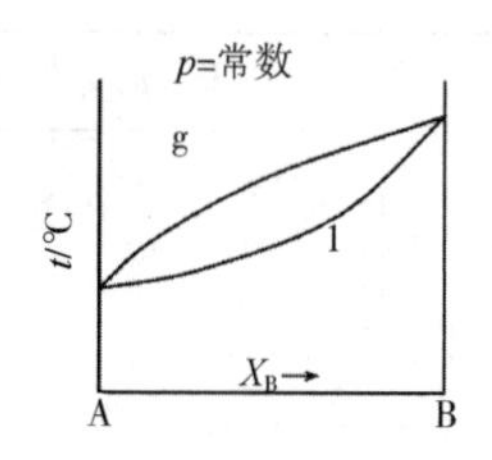

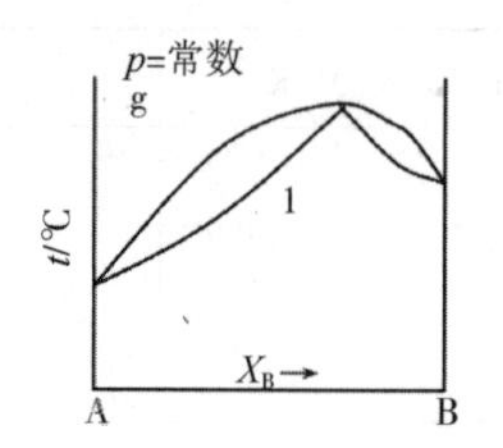

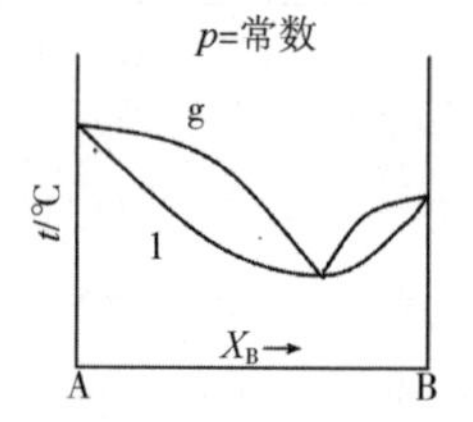

图 7-3 双液系 t-x 相图

从相律分析，对于双液系，当压力恒定时，在气液相平衡共存区域内，自由度等于 1（$F=C-P+1=2-2+1$）；当温度一定，气液两相的组成也一定。反之，溶液的组成一定，气液平衡时系统温度恒定。将某组成的双液系置于沸点仪中，加热至沸腾，在气液两相达平衡，测定其沸点为 t_1，同时测定达到平衡时的气相组成和液相组成分别为 y_1 和 x_1。若换一种 x_B 稍小的物系，加热蒸馏达到新的平衡，沸点 t_2 对应气相组成和液相组成为 y_1'、x_1'。

待两相平衡以后，取出两相样品，用物理方法或化学方法分析两相的组成，在 t-x 图中画出该温度下两相平衡时各相组成的坐标点（可用 · 表示气相点，用 X 表示液相点）。不断改变系统的组成，再按上法测出一对对坐标点。分别将气相点和液相点连成气相线和液相线，就得到完全互溶双液系的 $t-x$ 相图。

仪器装置如图 7-4 所示，整个装置分为加热部分与冷凝部分，加热部分由电热丝和电源组成（220 V 电压变至 0~15 V，视需要而定）。蒸汽在支管 B 中冷凝。冷凝液一部分回流入沸点仪，一部分存于小槽 D 室中，温度计由热电偶构成浸入液面。液体样品自 A 处吸出，气相冷凝液自 B 管底部小 D 室中吸出。达到平衡的两相，组成采用数字阿贝折射仪测定。

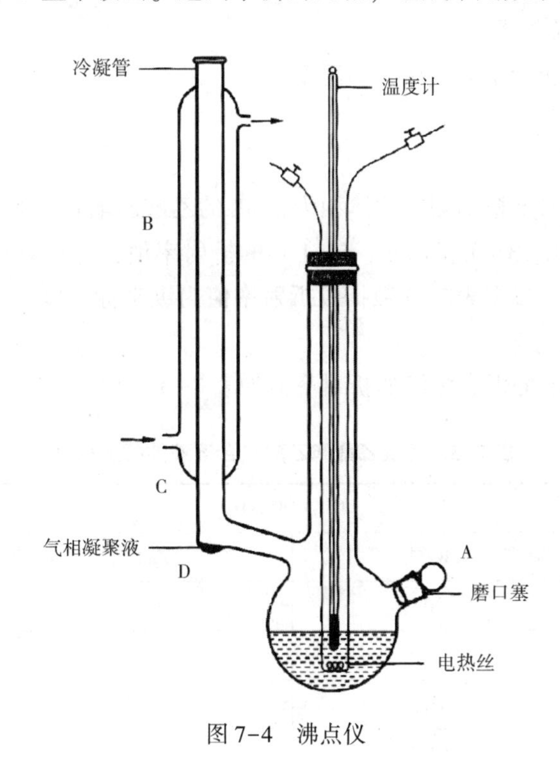

图 7-4　沸点仪

三、实验仪器和试剂

实验仪器：数字阿贝折射仪、501 超级恒温槽、沸点仪、滴管、洗耳球

实验试剂：乙酸乙酯—乙醇混合液

四、实验步骤

①开启恒温槽水浴，观察温度是否恒定在（25±0.2）℃，打开冷凝水。

②测定含乙酸乙酯 11%、22%、35%、42%、52%、62%、78%、85%、91%、95%（均为粗配体积百分数）的 10 个组成的乙醇溶液的沸点及 25℃下平衡气液相的折射率。

A. 在沸点仪内用量筒加入大约 25 mL 的待测液，使电热丝浸入液体中，热电偶温度计浸没于液面下约 1.5 cm，接通电源（电压 6~15 V）加热至沸腾，待温度稳定（5 min 不再上升）后，记录沸腾温度 t，先用吹干净的吸管从小 D 室取气相冷凝液直接在数字阿贝折射仪上测折射率，然后停止加热，用洗耳球吹干吸管和阿贝折射仪上下玻璃，再从 A 处取液相溶液直接滴进数字阿贝折射仪测液相折射率。

B. 进入数字阿贝折射仪的超级恒温水槽循环水为（25±0.2）℃，每次加样测量前用洗耳球吹干折射仪的上下玻璃棱镜和吸管是重要的步骤（由于使用的有机混合物样品挥发性大，洗耳球吹吸几次玻璃等物即可吹干），分别测定平衡时气相、液相样品折射率，加一次样品读数 3 次，取其平均值。测定完后拧松双顶丝螺丝，倾斜沸点仪，将混合液从沸点仪磨口 A 处倒回原试剂瓶中。

C. 依次测定不同组成混合液的沸点及达到平衡的气相、液相折射率。每次加样前不必吹干沸点仪，做完 10 个混合液。

③实验前后要记录实验室大气压力和温度。

五、数据处理

①作工作曲线。25℃下精确测定总体积为 5 mL 的乙酸乙酯和乙醇混合溶液（乙酸乙酯分别为 0 mL、1 mL、2 mL、3 mL、4 mL、5 mL）的折射率值，并计算出各混合溶液对应的乙酸乙酯质量百分比浓度。根据表 7-3 数据以折射率值为纵坐标，以乙酸乙酯质量百分比浓度为横坐标，作工作曲线。

25℃下乙酸乙酯和乙醇混合溶液的折射率值如表 7-3 所示。

表 7-3　乙酸乙酯和乙醇混合溶液的折射率值

$CH_3COOC_2H_5$			
V/%	W/%	V/mL	n_D^{25}
0	0	0	1.3592
20	22.2	1	1.3610
40	43.2	2	1.3631
60	63.1	3	1.3650
80	82.2	4	1.3674
100	100	5	1.3698

②根据工作曲线将气相、液相的折射率转换成质量百分比浓度并填入表 7-4。

表 7-4　乙酸乙酯和乙醇混合溶液折射率值转换成的质量百分比浓度

实验班级			组员姓名			阿贝折射仪编号			教师签字		
—	n_D^{25} (g)						n_D^{25} (l)				
$V_{乙酸乙酯}$/%	$t_{观}$/℃	1	2	3	$n_{平均}$	W/%	1	2	3	$n_{平均}$	W/%
11											
22											
35											
42											
52											

续表

—	n_D^{25}（g）						n_D^{25}（l）				
$V_{乙酸乙酯}$/%	$t_{观}$/℃	1	2	3	$n_{平均}$	W/%	1	2	3	$n_{平均}$	W/%
62											
78											
85											
91											
95											

③查出纯乙醇和纯乙酸乙酯的沸点（乙酸乙酯 77.0℃；乙醇 78.5℃），根据上表数据作沸点—质量百分比浓度组成相图，从图上求出最低恒沸点及相应的恒沸物组成。

④实验时压强与标准气压相差较大时要按附录二进行压强校正后，再作沸点—质量百分比浓度组成图。

六、问题与讨论

①在本实验中气液两相是否达到真正的平衡？为什么？冷凝管 D 处如果体积太大对测量有何影响？

②为什么测定纯乙醇及纯乙酸乙酯的沸点时一定要吹干沸点仪，而实验中测定混合液的气相、液相组成及沸点时则不必将沸点仪的残液吹干？

③本实验的误差来源何在？

实验五　最大泡压法测定溶液的表面张力

一、实验目的

①用最大气泡压力法测定正丁醇水溶液的表面张力。

②由表面张力与溶液浓度曲线求出吸附量及正丁醇分子的横截面。

二、实验原理

在液体内部，任何分子受周围分子的作用宏观上是平衡的，而表面层的分子受内层分子的作用与受表面层外介质的作用并不相同，所以表面层的分子处于受力不平衡状态，表面层分子比内部分子具有较大势能（如欲使液体产生新的表面就需要对其做功）。在温度、压力和组成恒定时，可逆地使表面积增加 dA 所需做的功为：$\delta W=\gamma dA$，式中 γ 等于在等温等压下形成单位面积所需的可逆功，其数值等于沿着液体界面、垂直作用于单位长度上的紧缩力，这种力称为表面张力。

在纯物质情况下，表面层的组成与内部相同，但加入溶质后，溶剂的表面张力会发生变化。当加入表面活性剂使表面张力降低时，表面层中溶质的浓度就比溶液内部的大，反之亦然。这种表面浓度与溶液内部浓度不同的现象叫作溶液的表面吸附。在指定的温度和压力下，溶质的吸附量与溶液的浓度、表面张力的关系服从 Gibbs 吸附等温式：

$$\Gamma = -\frac{c}{RT}\left(\frac{d\gamma}{dc}\right)_{T,\ p}$$

其中，Γ 为表面吸附量或表面超量（$mol \cdot m^{-2}$），γ 为表面张力（$N \cdot m^{-1}$），c 为溶质在溶液本体中的浓度（$mol \cdot m^{-3}$），T 为热力学温度，R 为摩尔气体常数。

本实验采用最大气泡压力法测定不同浓度的正丁醇水溶液的表面张力，实验装置如图 7-5 所示。

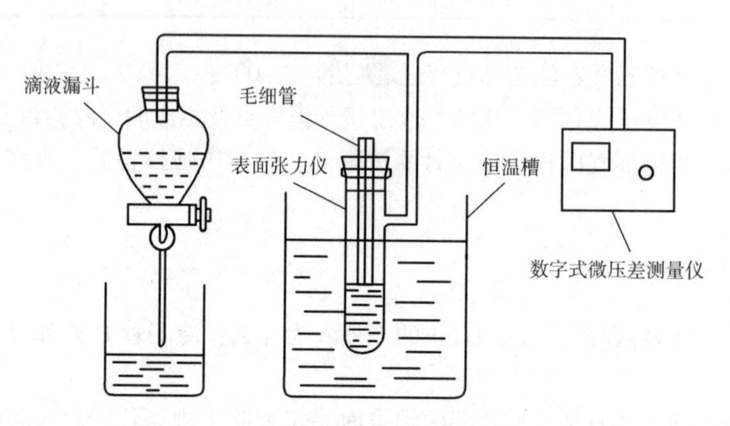

图 7-5　最大气泡压力法测定表面张力装置

在一定温度和大气压下，将半径为 r 的玻璃毛细管下端与待测溶液液面相切，毛细管上端通大气，设压力为 p，当毛细管外压力 p' 降到一定值时，在毛细管下端内壁可形成气泡，气泡将由小到大最后离开管端，原理如图 7-6 所示。根据弯曲液面附加压力的 Laplace 方程可得：

$$\Delta p = p - p' = \frac{2\gamma}{r}$$

其中，γ 为溶液的表面张力，r 为气泡的曲率半径。

图 7-6　毛细管口

气泡从形成到离开的过程中，曲率半径由大变小，再变大，附加压力相应地由小变大，再变小。当气泡半径等于毛细管半径时，曲率半径最小，附加压力最大，该压力可由连接在表面张力仪支口上的数字式微压差测量仪测出。

用已知表面张力的液体（本实验为水），测得附加压力 $\Delta p'$，则有：

$$\Delta p' = \frac{2\gamma'}{r}$$

再用同一根毛细管测定溶液的表面张力，设为 γ，测定附加压力 Δp，则有：

$$\Delta p = \frac{2\gamma}{r}$$

由上述两式可得：$\gamma = \dfrac{\Delta p}{\Delta p'}\gamma'$

于是可求得待测溶液在各种浓度的表面张力 γ。由 $\gamma - c$ 曲线求出曲线上各指定浓度的斜率 $d\gamma/dc$，按 Gibbs 吸附等温式计算出对应的 Γ 和 c/Γ。由朗格缪尔等温吸附方程式 $\Gamma = \Gamma_\infty kc/(1+kc)$，可得：

$$\frac{c}{\Gamma} = \frac{1}{\Gamma_\infty}c + \frac{1}{k\Gamma}$$

由 c/Γ 对 c 作图可以求出饱和吸附量 Γ_∞。

正丁醇的—OH 为亲水基，$CH_3(CH_2)_2CH_2$—为疏水基，当表面吸附达到饱和后，正丁醇分子的亲水基向下钻入水中，疏水基向上翘出水面，定向紧密地排列成一层。因此，可按以下公式计算出正丁醇分子的横截面积（L 为阿伏伽德罗常数）。

$$A_s = \frac{1}{\Gamma_\infty L}$$

三、实验仪器和试剂

实验仪器：76-1 型恒温槽、表面张力仪、DMP-2B 数字式微压差测量仪、洗耳球、容量瓶（100 mL）、烧杯（50 mL）、烧杯（250 mL）、蒸馏水洗瓶、移液管（50 mL）、吸液管、滤纸、滴管、毛细管

实验试剂：正丁醇溶液（0.3 $mol \cdot dm^{-3}$、0.4 $mol \cdot dm^{-3}$）

四、实验步骤

①开动恒温槽，恒温在设定温度（如 25℃），打开冷凝水。

②将毛细管、表面张力仪、吸管及容量瓶洗净。

③溶液的配制：取 0.3 $mol \cdot dm^{-3}$、0.4 $mol \cdot dm^{-3}$ 的正丁醇溶液依次配置成不同浓度的溶液（0.025 $mol \cdot dm^{-3}$、0.050 $mol \cdot dm^{-3}$、0.075 $mol \cdot dm^{-3}$、0.100 $mol \cdot dm^{-3}$、0.150 $mol \cdot dm^{-3}$、0.200 $mol \cdot dm^{-3}$、0.300 $mol \cdot dm^{-3}$、0.400 $mol \cdot dm^{-3}$），摇匀待用。

④测量表面张力。

A. 将蒸馏水加入表面张力仪中，插入毛细管，注意毛细管口与液面相切（若液体较多，可用干净吸管吸出），并使毛细管保持垂直。

B. 将加好液体的表面张力仪恒温 5 min 以上，同时将微压差测量仪开关打开恒定约 5 min。

C. 打开滴液漏斗上面活塞，使微压差测量仪数字回零，若不在零上按采零键。关闭活塞。

D. 打开滴液漏斗下面活塞使水流出，然后观察毛细管下端有气泡逸出。

E. 调节滴液漏斗下面的活塞，使微压差测量仪数字变化以个位数为单位增大。

F. 微压差测量仪数字变化增加到最大压力后会回落，记录绝对值最大的示数，反复读取 3 次，取平均值。

⑤将溶液由稀到浓逐步取代，重复步骤④，测量所有样品。每次取代前，先用待测溶液洗涤表面张力仪、毛细管及滴管至少 2 次。

五、注意事项

①溶液配制要干净、浓度要准确。

②表面张力仪及毛细管、滴管、吸液管一定要洗干净。

③毛细管要与液面相切，毛细管位于表面张力仪中央。

④出泡不可太快，要在出泡速度均匀时（平均每 4~5 秒出一个泡）读最大压差值。

⑤出泡时，毛细管中间不能有残存液柱。

六、数据记录与处理（表 7-5~表 7-7）

（1）数据记录

实验温度：________℃　大气压：________ kPa　室温：________℃

不同浓度正丁醇溶液的表面张力（表 7-5）：

表 7-5　不同浓度正丁醇溶液的表面张力

溶液编号	水	1	2	3	4	5	6	7	8
$c/(\mathrm{mol\cdot dm^{-3}})$	0	0.025	0.050	0.075	0.100	0.150	0.200	0.300	0.400
Δp/kPa									
$10^3\gamma/(\mathrm{N\cdot m^{-1}})$									

水在不同温度下的表面张力（表 7-6）：

表 7-6　水在不同温度下的表面张力

温度/℃	10	15	20	25	30	35	40
$10^3\gamma/(\mathrm{N\cdot m^{-1}})$	74.36	73.62	72.88	72.14	71.40	70.66	69.92

（2）数据处理

①以 γ 对 c 作图，求出曲线上各指定浓度 c 的斜率 $\mathrm{d}\gamma/\mathrm{d}c$。

$$\Gamma=-\frac{c}{\mathrm{R}T}\left(\frac{\mathrm{d}\gamma}{\mathrm{d}c}\right)_{T,\ p}$$

②由吉布斯吸附等温式计算各相应浓度 c 时的吸附量 Γ 及 c/Γ。

数据处理表如表 7-7 所示。

表 7-7　实验数据处理表

$c/(\mathrm{mol\cdot dm^{-3}})$	0.025	0.050	0.075	0.100	0.150	0.200	0.300	0.400
$\mathrm{d}\gamma/\mathrm{d}c$								
$\Gamma/(\mathrm{mol\cdot m^{-2}})$								
c/Γ								

③以 c/Γ 对 c 作图，求出 Γ_∞，也可以作 $\Gamma-c$ 线用最大值求 Γ_∞。

④按公式 $A_s=\frac{1}{\Gamma_\infty \mathrm{L}}$，计算正丁醇分子的截面积，并与文献值比较。

七、问题与讨论

①为什么毛细管的下端必须与液面相切？
②为什么必须测准水的 Δp？
③本实验中测定溶液的表面张力，浓度以由稀至浓为宜，为什么？
④用不同毛细管测定同一种溶液的 Δp 是否相同？γ 是否相同？为什么？

实验六　凝固点降低法测定蔗糖的摩尔质量

一、实验目的

①测定水的凝固点降低值，计算蔗糖的摩尔质量。
②掌握溶液凝固点的测定技术，并加深对稀溶液依数性的理解。
③掌握精密数字温度（温差）测量仪的使用方法。

二、实验仪器和试剂

实验仪器：自冷式凝固点测定仪、分析天平、移液管（25 mL）
实验试剂：蔗糖、蒸馏水

三、实验原理

当稀溶液凝固析出纯固体溶剂时，则溶液的凝固点低于纯溶剂的凝固点，其降低值与溶质的质量摩尔浓度成正比。即：

$$\Delta T_f=T_{*f}-T_f=K_f b_B$$

其中，ΔT_f 为凝固点降低值，T_{*f} 为纯溶剂的凝固点，T_f 为溶液的凝固点，b_B 为溶液中溶质 B 的质量摩尔浓度（$\mathrm{mol\cdot kg^{-1}}$）；$K_f$ 为溶剂的凝固点降低常数，它的数值仅与溶剂的性质有关。

若称取一定量的溶质 m_B（g）和溶剂 m_A（g），配成稀溶液，则此溶质的质量摩尔浓度为 $b_B=(m_B/M_B m_A)\times 10^3$，$M_B$ 为溶质的摩尔质量（$\mathrm{g\cdot mol^{-1}}$）。将两式整理可得：

$$M_B=(K_f m_B/m_A \Delta T_f)\times 10^3$$

若已知某溶剂的凝固点降低常数 K_f 值，通过实验测定此溶液的凝固点降低值 ΔT_f，即可计算溶质的摩尔质量 M_B。

显然，全部实验操作归结为凝固点的精准测量。其方法为：将溶液逐渐冷却成过冷溶液，然后通过搅拌或加入晶种促使溶剂结晶，放出的凝固热使体系温度回升，当放热与散热达到平衡时，温度不再改变，此时固液两相平衡共存的温度，即为溶液的凝固点。本实验测纯溶剂与溶液凝固点之差，由于差值较小，所以测温采用精密数字温度（温差）测量仪。

纯溶剂的凝固点是其液固共存的平衡温度。将纯溶液逐步冷却时，在未凝固之前温度将随时间均匀下降。开始凝固后由于放出凝固热而补偿了热损失，体系将保持液固两相共存的平衡温度不变，直到全部凝固，再继续均匀下降。但在实际过程中经常发生过冷现象，其曲线如图 7-7（A）所示。所谓过冷现象，是由于纯液体凝固时，开始结晶出的微小晶核的饱和蒸气压大于同温度下的液体饱和蒸气压，当温度达到或稍低于其凝固点时，由于新相形成需要一定的能量，故结晶并不析出，只有液体的温度降到凝固点以下才析出固体。

从相律看，溶剂与溶液的冷却曲线形状不同。对纯溶剂两相共存时，自由度 $f^*=1-2+1=0$，图 7-7（A）中冷却曲线的水平线段对应着纯溶液的凝固点。溶液的凝固点是溶液与溶剂的固相共存的平衡温度，其冷却曲线与纯溶剂不同。对溶液两相共存时，自由度 $f^*=2-2+1=1$，温度仍可下降，但由于溶剂凝固时放出凝固热而使温度回升，并且回升到最高点又开始下降，其冷却曲线如图 7-7（B）所示，所以不出现水平线段。由于溶剂析出后，剩余溶液浓度逐渐增大，溶液的凝固点也要逐渐下降，在冷却曲线上得不到温度不变的水平线段。如果溶液的过冷程度不大，可以将温度回升的最高值作为溶液的凝固点；若过冷程度太大，则回升的最高温度不是原浓度溶液的凝固点，严格的做法是作冷却曲线，并按图 7-7（B）中所示的方法加以校正。

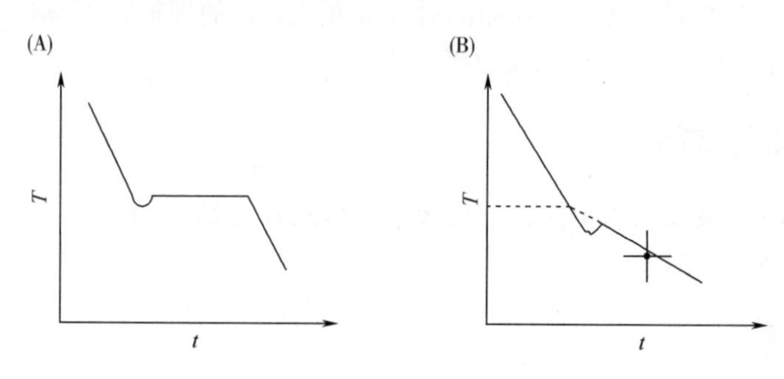

图 7-7　溶剂（A）与溶液（B）的冷却曲线

四、实验步骤

①检查各个仪器是否正常，凝固点测定管是否洁净干燥。

②打开 SWC-LGe 自冷式凝固点测定仪的测试系统和制冷系统（电源、制冷开关均打开，设置好合适的工作温度，考虑到散热效应，温度设置一般低于样品凝固点 4～5℃，开启循环开关）。

③用移液管准确移取 25.00 mL 蒸馏水放入洗净烘干的样品管中，将温度传感器插入样品管盖，然后将样品管盖塞入样品管中。注意：温度传感器应插入与样品管管壁平行的中央位置，插入深度至样品管底部。

④将搅拌棒、传感器放入样品管中，传感器应置于搅拌棒底部圆形环内。将横连杆套在搅拌器导杆上，再将搅拌棒挂在横连杆上，适当拧紧螺钉使横连杆能水平转动而不滑落。将样品管放入空气套管中，上下运动搅拌杆，应运动自如。将搅拌杆挂钩钩上横连杆，置开关于“慢”档，调节样品管盖，使搅拌自如，停止搅拌，然后将搅拌杆上的止紧橡胶圈上推，

防止搅拌时搅拌杆脱落，拧紧横连杆紧固螺钉。注意：横连杆紧固螺钉应安放在导杆的凹槽内，以免搅拌时，横连杆松动脱落。

⑤样品凝固点的粗测和精测。当制冷系统达到设定温度并稳定一段落时间（一般 10 min）后，将样品管从空气套管中取出（如有结冰请用手心将其焐化），放入制冷系统中的冷却液中，用手动方式不停地快速搅拌样品。待样品温度降到 0~8℃之间时，按下“锁定”键，使基温选择由“自动”变为“锁定”。观察温差显示值，其值应是先下降至过冷温度随后急剧升高，最后温差显示值稳定不变时，记下温差值，此时即为蒸馏水样品的初测凝固点。拿出样品管，用手动搅拌让样品自然升温并融化（不要用手焐），此时样品管中样品缓慢升温，当样品管温度升至样品中还留有少量冰花时，将样品管放入空气套管中并连接好搅拌系统，将搅拌速度置于慢档，此时应每隔 15 s 记录温差值 ΔT（如与计算机连接此时点击开始绘图）。当温度低于粗测凝固点 0.1℃左右时，应调节搅拌速度为快速（注：此时无须再调节搅拌速度，直到实验结束），加快搅拌，促使固体析出，温度开始上升，注意观察温差显示值，直至稳定，持续 60 s，此时即为蒸馏水的凝固点。

注：若过冷太深，则按⑤重新让样品结晶，再精测凝固点。或在精确测定时，在样品管中加入促结晶的粉粒（如石英粉末）。

⑥按步骤⑤重复实验 2 次。

⑦溶液凝固点的测定。取出样品管，用手心焐热，使管内冰晶完全融化，向其中投入已称重 1 g 左右的蔗糖片（也可采用尿素等其他溶质），待其完全溶解后，按步骤⑤重复实验，测得该溶液的初测凝固点，再按步骤⑤重复实验 3 次，测得该溶液的凝固点。

⑧整理相关实验数据，填写实验表格，关闭搅拌系统（将“搅拌速率调节”开关拨至“断”档即可）。关闭电源开关，拔下电源插头。

⑨断开后面板与制冷系统外循环的橡胶管，并及时擦干漏液。

五、实验结果（表 7-8）

室温：__________　大气压：__________

①由水的密度，计算所取水的质量。

②根据蒸馏水的凝固点 T_{*f} 和外推法确定溶液凝固点 T_f，算出凝固点下降值。由公式算得蔗糖的摩尔质量，并与理论值比较，也可采用软件计算蔗糖的摩尔质量。

表 7-8　实验记录表

物质	质量/g	凝固点 1/℃	凝固点 2/℃	凝固点 3/℃
溶剂（蒸馏水）				
溶质（蔗糖）				

六、问题与讨论

①什么叫凝固点？凝固点降低的公式在什么条件下才适用？能否用于电解质溶液？

②为什么会产生过冷现象？如何控制过冷程度？

③为什么测定溶剂的凝固点时，过冷程度大一些对测定结果影响不大，而测定溶液凝固点时却要尽量减小过冷现象？

④为什么要使用空气夹套？过冷过甚有何弊病？

⑤为什么要测近似凝固点？

⑥根据什么原则考虑加入溶质的量，太多或太少影响如何？

实验七　旋光法测定蔗糖转化反应的速率常数

一、目的要求

①测定蔗糖转化反应的速率常数 k、半衰期 $t_{1/2}$ 和活化能 Ea。

②了解反应的反应物浓度与旋光度之间的关系。

③了解旋光仪的基本原理，掌握旋光仪的正确使用方法。

二、基本原理

蔗糖在水中转化成葡萄糖与果糖，其反应为：

$$\underset{\text{蔗糖}}{C_{12}H_{22}O_{11}} + H_2O \longrightarrow \underset{\text{葡萄糖}}{C_6H_{12}O_6} + \underset{\text{果糖}}{C_6H_{12}O_6}$$

它是一个二级反应，在纯水中此反应的速率极慢，通常需要在 H^+离子催化作用下进行。由于反应时水是大量存在的，尽管有部分水分子参加了反应，仍可近似地认为整个反应过程中水的浓度是恒定的，而且 H^+作为催化剂，其浓度也保持不变。因此蔗糖转化反应可近似为一级反应。一级反应的速率方程可由下式表示：

$$-\frac{dc}{dt} = kc$$

c 为时间 t 时的反应物浓度，k 为反应速率常数。积分可得：

$$\ln c = -kt + \ln c_0$$

c_0 为反应开始时反应物浓度。当 $c=0.5c_0$ 时，可用 $t_{1/2}$ 表示反应时间，即为反应的半衰期：

$$t_{1/2} = \frac{\ln 2}{k}$$

由以上不难看出，在不同时间测定反应物的相应浓度，并以 $\ln c$ 对 t 作图，可得一直线，由直线斜率即可求得反应速率常数 k。然而反应是在不断进行的，要快速分析出反应物的浓度是困难的，但蔗糖及其转化物，都具有旋光性，而且他们的旋光能力不同，故可以利用体系在反应进程中旋光度的变化来度量反应的进程。

测量物质旋光度的仪器称为旋光仪。溶液的旋光度与溶液中所含物质的旋光能力、溶液性质、溶液浓度、样品管长度及温度等均有关系。当其他条件固定时，旋光度 α 与反应物浓度 c 呈线性关系，即：

$$\alpha = \beta c$$

其中，比例常数β与物质旋光能力、溶液性质、溶液浓度、样品管长度、温度等有关。物质的旋光能力用比旋光度来度量，比旋光度用下式表示：

$$[\alpha]_{D}^{20}=\frac{\alpha}{L\times c_{A}}$$

其中，$[\alpha]_{D}^{20}$ 右上角的“20”表示实验时温度为20℃，D是指用钠灯光源D线的波长（即589 nm），α为测得的旋光度（°），L为样品管长度（dm），c_A为试样浓度（$g\cdot mL^{-1}$）。

反应物中蔗糖是右旋性物质，其比旋光度 $[\alpha]_{D}^{20}=66.6°$，生成物中葡萄糖也是右旋性物质，其比旋光度 $[\alpha]_{D}^{20}=52.5°$，但果糖是左旋性物质，其比旋光度 $[\alpha]_{D}^{20}=-91.9°$。由于生成物中果糖的左旋性比葡萄糖右旋性大，所以生成物呈现左旋性质。因此随着反应进行，体系的右旋角不断减小，反应至某一瞬间，体系的旋光度可恰好等于零，而后就变成左旋，直至蔗糖完全转化，这时左旋角达到最大值α_{∞}。

设体系最初的旋光度为：$\alpha_0=\beta_{反}c_0$（$t=0$，蔗糖尚未转化）

体系最终的旋光度为：$\alpha_{\infty}=\beta_{生}c_0$（$t=\infty$，蔗糖已完全转化）

$\beta_{反}$和$\beta_{生}$分别是体系旋光度与反应物和生成物浓度的比例常数。当时间为t时，蔗糖浓度为c，此时旋光度为α_t，即：

$$\alpha_t=\beta_{反}c+\beta_{生}(c_0-c)$$

由以上公式联立可解得：

$$c_0=(\alpha_0-\alpha_{\infty})/(\beta_{反}-\beta_{生})=\beta'(\alpha_0-\alpha_{\infty})$$
$$c=(\alpha_t-\alpha_{\infty})/(\beta_{反}-\beta_{生})=\beta'(\alpha_t-\alpha_{\infty})$$

将结果代入$\ln c=-kt+\ln c_0$式即得：

$$\ln(\alpha_t-\alpha_{\infty})=-kt+\ln(\alpha_t-\alpha_{\infty})$$

显然，以（$\alpha_t-\alpha_{\infty}$）对t作图可得一直线，从直线斜率即可求得反应速率常数k。

三、实验仪器和试剂

实验仪器：WZZ-2B型自动旋光仪、超级恒温水浴、秒表、带恒温夹套的旋光管、容量瓶（100 mL）、移液管（25 mL）

实验试剂：蔗糖溶液（分析纯）（20.0 g/100 mL）、HCl溶液（分析纯）（4.00 $mol\cdot dm^{-3}$）

四、实验步骤

①调恒温水浴至所需的反应温度25℃。将HCl溶液和蔗糖溶液各约80 mL分别置于100 mL容量瓶，于恒温水浴中恒温备用。

②开启旋光仪，将光源开关拨至交流（AC），钠灯亮，经15 min预热后使之发光稳定。

③拔光源开关至直流（DC）。此时若钠灯熄灭，则将光源开关重复拨动1~2次，使钠灯在直流（DC）下点亮为正常。

④按测量开关，仪器进入待测状态。将装有蒸馏水或空白溶液的旋光管放入样品室，盖好箱盖，待显示读数稳定后，按清零钮完成校零。旋光管中若有气泡，应使气泡浮于凸颈处，通光面两端若有雾状水滴，可用滤纸轻轻揩干。旋光管端盖不宜旋得过紧，以免产生应力，影响读数。旋光管安放时应注意标记的位置和方向，以保证每次测量时一致。

注意："测量"钮实为复位钮或启动钮，按奇数次启动测量程序，按偶数次则会终止测量，且液晶屏无显示。因此，在开机后只能按动测量钮 1 次，否则需要再按动测量钮 2 次并重新校零！

⑤待试样恒温 15~20 min 后用移液管吸取已恒温的蔗糖溶液 25 mL 注入预先清洁干燥的 100 mL 容量瓶内；用另一支移液管吸取 25 mL 已恒温的 HCl 溶液于前述已放有 25 mL 蔗糖溶液的容量瓶中，同时启动秒表以记录反应时间，迅速摇匀后，立即用少量反应液荡洗旋光管两次，然后将反应液装满旋光管，旋上端盖，外部用滤纸擦干后放进旋光仪内，盖好箱盖，等待约 5 s 后读取旋光度值，同时按动秒表左侧按钮计时。第一个数据要求在反应开始 2 min 左右进行测定。在反应开始的 30 min 内，每分钟测量 1 次；以后由于反应物浓度降低，使反应速率变慢，可以将测量间隔改为 2 min，直至测量到旋光度为 $-3°$ 为止。所测各数据即为 α_t。

注意：当旋光度在 $\pm5°$ 以内时，自动测定值可能变化，应按复测钮测定！

⑥反应完毕后，将旋光管内反应液与容量瓶内剩余的反应混合液合并，置于 50~60℃ 的水浴内恒温 40 min，使其加速反应至完全。取出后置于前述实验温度（如 25℃）下恒温 5 min，用少量该反应液荡洗旋光管 2 次后将反应液装入旋光管，恒温 5 min 后测定旋光度，此后每 3 min 测定 1 次，共测 4~6 次，其平均值即为 α_∞ 值。

⑦调恒温水浴温度至 35℃，重复上列步骤④~⑥，测量另一温度下的反应数据。

⑧依次关闭测量、光源、电源开关。

五、数据处理

①分别将两个不同反应温度下，反应过程所测得的旋光度 α_t 与对应时间 t（min）列表，作出光滑的 α_t-t 曲线图。

②在 α_t-t 曲线上等间隔取 12 组 α_t-t 数据（注意不是实验记录的数据），并列出相应 $\ln(\alpha_t-\alpha_\infty)$ 值，作 $\ln(\alpha_t-\alpha_\infty)-t$ 图，由直线斜率求反应速率常数 k（min^{-1}）（写出取点计算过程），并计算反应半衰期。

③根据实验所得的 k_1（T_1）和 k_2（T_2），利用阿仑尼乌斯公式计算反应的平均活化能 Ea。阿仑尼乌斯公式如下：

$$\ln\frac{k_2}{k_1}=\frac{Ea}{R}\left(\frac{1}{T_1}-\frac{1}{T_2}\right)$$

其中，Ea 为活化能（J/mol），R 为气体常数，T 为热力学温度（K）。

文献参考值：k（$\times10^{-3}\ min^{-1}$）分别为 17.455（298.2 K）、75.97（308.2 K）；$E\mathrm{a}=108$ kJ/mol。

六、注意事项

①蔗糖在纯水中水解速率很慢，但在催化剂作用下会迅速加快，其反应速率大小不仅与催化剂种类有关，还与催化剂的浓度有关。本实验除了用 H^+ 离子作催化剂外，也可用蔗糖酶催化。后者的催化效率更高，并且用量大大减少。如用蔗糖酶液（3~5 U/mL），其用量仅为 2 $mol\cdot dm^{-3}$ HCl 用量的 1/50。

蔗糖酶的制备可采用以下方法：在 50 mL 清洁的锥形瓶中，加入鲜酵母 10 g，同时加入 0.8 g 醋酸钠，搅拌 15~20 min，使团块溶化，再加入 1.5 mL 甲苯，用软木塞将瓶口塞住，摇荡 10 min，置 37℃恒温水浴中保温 60h，取出后加 1.6 mL 醋酸溶液（4 mol · dm^{-3}）和 5 mL 蒸馏水，使其中 pH 为 4.5 左右，摇匀。然后用离心机，以 3000 r/min 的转速离心 30 min，取出后用滴管将中层澄清液移出，放置于冰柜中备用。

本实验用 HCl 溶液作催化剂（浓度保持不变）。如果改变 HCl 浓度，其蔗糖转化速率也随着变化。

②温度对测定反应速率常数影响很大，严格控制反应温度是做好本实验的关键。

反应进行到后阶段，为了加快反应进程，采用 50~60℃恒温，使反应进行到底。但温度不能高于 60℃，否则会产生副反应，使反应液变黄。因为蔗糖是由葡萄糖的苷羟基与果糖的苷羟基之间缩合而形成的二糖。在 H^+离子催化下，除了苷键断裂进行转化反应外，由于高温还有脱水反应。这就会影响测量结果。

③本实验采用测定两个温度下的反应速率常数来计算反应活化能。如果时间许可，最好测定 5~7 个温度下的速率常数，用作图法求算反应活化能 Ea，更合理可靠些。根据阿仑尼乌斯方程的积分形式，测定不同温度下的 k 值，作 ln$k$ 对 1/T 图，可得一条直线，由直线斜率求算反应活化能 Ea。

七、问题与讨论

①实验中，我们用蒸馏水来校正旋光仪的零点，试问在蔗糖转化反应过程中所测的旋光度 α_t 是否必须要进行零点校正？

②配置蔗糖溶液时称量不够准确，对测量结果是否有影响？

实验八　溶胶的制备及电泳实验

一、实验目的

①学会溶胶制备的方法：用水解法制备 $Fe(OH)_3$ 溶胶。

②学会纯化 $Fe(OH)_3$ 溶胶。

③通过实验现象，熟悉胶体电泳现象。

④掌握电泳法测定 $Fe(OH)_3$ 溶胶电动电势的原理和方法。

二、实验原理

溶胶的制备方法可分为分散法和凝聚法。分散法是用适当方法把较大的物质颗粒变为胶体大小的质点；凝聚法是先制成难溶物的分子（或离子）的过饱和溶液，再使之相互结合成胶体粒子而得到溶胶。$Fe(OH)_3$ 溶胶的制备就是采用的化学法，即通过化学反应使生成物呈过饱和状态，然后粒子再结合成溶胶。制成的胶体体系中常有其他杂质存在，而影响其稳定性，因此必须纯化。常用的纯化方法是半透膜渗析法。在胶体分散体系中，由于胶体本身的电离或胶粒对某些离子的选择性吸附，使胶粒的表面带有一定的电荷。在外电场作用下，胶粒向异性电极定向泳动，这种胶粒向正极或负极移动的现象称为电泳。荷电的胶粒与分散介质间的电势差称为电动电势，用符号 ζ 表示，电动电势的大小直接影响胶粒在电场中的移动速度。原则上，任何一种胶体的电动现象都可以用来测定电动电势，其中最方便的是用电泳现象中的宏观法来测定，也就是通过观察溶胶与另一种不含胶粒的导电液体的界面在电场中移动速度来测定电动电势。电动电势 ζ 与胶粒的性质、介质成分及胶体的浓度有关。在指定条件下，ζ 的数值可根据亥姆霍兹方程式计算，即：

$$\zeta = \frac{K\pi\eta u}{DH}(\text{静电单位})\ \text{或}\ \zeta\frac{K\pi\eta u}{DH} \times 300(V)$$

其中，K 为与胶粒形状有关的常数（对于球形胶粒 $K=6$，棒形胶粒 $K=4$，在实验中均按棒形粒子看待），η 为介质的黏度（泊），D 为介质的介电常数，u 为电泳速度（$cm \cdot s^{-1}$），H 为电位梯度（即单位长度上的电位差）。

$$H = \frac{E}{300L}(\text{静电单位} \cdot cm^{-1})$$

其中，E 为外电场在两极间的电位差（V），L 为两极间的距离（cm），300 为将伏特表示的电位改成静电单位的转换系数。

上述两式整合可得：

$$\zeta = \frac{4\pi\eta Lu}{DE} \times 300^2(V)$$

由此可知，对于一定溶胶而言，若固定 E 和 L，测得胶粒的电泳速度（$u=d/t$，d 为胶粒移动的距离，t 为通电时间），就可以求算出 ζ 电位。

三、实验仪器和试剂

实验仪器：DYY-C 直流稳压电泳仪、万用电炉、电泳管、秒表、铂电极、滴管、锥形瓶（250 mL）、烧杯（800 mL、250 mL、100 mL）

实验试剂：火棉胶、溶液 $FeCl_3$（10%）、KCNS 溶液（1%）、$AgNO_3$ 溶液（1%）、KCl 溶液（0.02 $mol \cdot dm^{-3}$）

四、实验步骤

1. Fe（$OH)_3$ 溶胶的制备及纯化

（1）半透膜的制备

在一个内壁洁净、干燥的 250 mL 锥形瓶中，加入约 10 mL 火棉胶液，小心转动锥形瓶，使火棉胶液粘附在锥形瓶内壁上形成均匀薄层，倾出多余的火棉胶于回收瓶中。此时锥形瓶仍需倒置，并不断旋转，待剩余的火棉胶流尽，使瓶中的乙醚蒸发至已闻不出气味为止（此时用手轻触火棉胶膜，已不黏手）。然后再往瓶中注满水，（若乙醚未蒸发完全，加水过早，则半透膜发白）浸泡 10 min。倒出瓶中的水，小心用手分开膜与瓶壁之间的间隙。慢慢注水于夹层中，使膜脱离瓶壁，轻轻取出，在膜袋中注入水，观察是否漏洞，如有小漏洞，可将此洞周围擦干，用玻璃棒蘸沾火棉胶补好。制好的半透膜不用时，要浸放在蒸馏水中。

（2）用水解法制备 $Fe(OH)_3$ 溶胶

在 250 mL 锥形瓶中，加入 95 mL 蒸馏水，加热至沸，慢慢滴入 5 mL（10%）$FeCl_3$ 溶液，并不断搅拌，加毕继续保持沸腾 1～2 min，即可得到红棕色的 $Fe(OH)_3$ 溶胶，其结构式可表示为 $\{m[Fe(OH)_3]\ nFeO^+\ (n-x)\ Cl^-\}^{x+}xCl^-$。在胶体体系中存在过量的 H^+、Cl^- 等离子需要除去。

（3）用热渗析法纯化 $Fe(OH)_3$ 溶胶

将制得的 40 mL $Fe(OH)_3$ 溶胶，注入半透膜内用线拴住袋口，置于 800 mL 的清洁烧杯中，杯中加蒸馏水约 300 mL，维持温度在 60℃左右，进行渗析。每 30 min 换一次蒸馏水，2 h 后取出 1 mL 渗析水，分别用 1%$AgNO_3$ 及 1%KCNS 溶液检查是否存在 Cl^- 及 Fe^{3+}，如果仍存在，应继续换水渗析，直到检查不出为止，将纯化过的 $Fe(OH)_3$ 溶胶移入一清洁干燥的 100 mL 小烧杯中待用。

2. 装置仪器、连接线路和测定溶胶电泳速度

用蒸馏水洗净电泳管后，再用少量溶胶洗一次，将渗析好的 $Fe(OH)_3$ 溶胶倒入电泳管中，使液面距离电极 1 cm，然后用滴管将 0.02 mol·dm^{-3} KCl 溶液沿电泳管壁缓慢流入 U 形管内，直至将电极片完全淹住，并与胶体溶液之间形成一清晰界面。将电极接于稳压电源，打开电源及定时钟，工作电压为 40 V 左右，并记下界面所在的刻度。待电泳进行 30 min 后，记下界面移动的距离，同时记下电压的读数，量取两电极之间的距离 L。距离的数值需测量 3～4 次，取其平均值。实验结束后，拆除线路。用自来水洗电泳管多次，最后用蒸馏水洗一次。

五、数据处理

①将实验数据记录如下：电泳时间 t/s、电压 E/V、两电极间距离 L/cm、溶胶液面移动距离 d/cm、室温、水的黏度。

②将数据代入公式计算 ζ 电位。

③从实验中定性判断溶胶粒子所带电荷符号和对结构作出推断。

六、注意事项

①利用公式求算 ζ 时，各物理量的单位都需用 CGS 制，有关数值从附录中有关表中查得。如果改用 SI 制，相应的数值也应改换。对于水的介电常数，应考虑温度校正，由以下公式求得：$\ln D_t = 4.474226 - 4.54426 \times 10^{-3} t$，其中，$t$ 为温度（℃）。

②在制备半透膜时，一定要使整个锥形瓶的内壁上均匀地附着一层火棉胶液，在取出半透膜时，一定要借助水的浮力将膜托出。

③制备 $Fe(OH)_3$ 溶胶时，$FeCl_3$ 一定要逐滴加入，并不断搅拌。

④纯化 $Fe(OH)_3$ 溶胶时，换水后要渗析一段时间再检查 Fe^{3+} 及 Cl^- 的存在。

⑤注意电路的各个裸露部分，切勿触摸，防止触电！

⑥灌装 KCl 溶液时要小心，勿搅动溶胶与 KCl 溶液的界面，不要引起界面模糊。

七、文献值

Fe（OH）$_3$ 溶胶电泳速度 $U\times10^5/$（cm·s^{-1}）= 30，Fe（OH）$_3$ 溶胶电位 $\zeta/mV=-44$。

八、问题与讨论

①决定电泳速度快慢的因素是什么？
②电泳中电解质液的选择是根据哪些条件？
③连续通电溶液发热的后果是什么？

实验九　用电位差计测定电动势、热力学函数和 pH 值

一、实验目的

①加深理解原电池电动势和电极电势的概念，学会测定 Cu-Zn 电池的电动势和 Cu、Zn 电极的电极电势的实验方法；学会运用电动势的测定方法测定溶液的 pH 值；测定化学电池在不同温度下的电动势，计算电池反应的热力学函数 ΔG、ΔH、ΔS。
②学会一些电极和盐桥的制备和处理方法。
③掌握电位差计的测量原理和正确使用方法。

二、实验原理

电池由正、负两极组成。电池在放电过程中，正极起还原反应，负极起氧化反应，电池内部还可能发生其他反应。电池反应是电池中所有反应的总和。电池除可用来作为电源外，还可用它来研究构成此电池的化学反应的热力学性质。依据化学热力学，在恒温、恒压、可逆条件下，电池反应有以下关系：

$$\Delta G=-nEF$$

其中，ΔG 是电池反应的吉布斯自由能增量，n 为电极反应中得失电子的数目，F 为法拉第常数，E 为电池的电动势。所以测出该电池的电动势 E 后，便可求得 ΔG，进而又可求出其他热力学函数。但必须注意，首先要求电池反应本身是可逆的，即要求电池电极反应是可逆的，并且不存在任何不可逆的液接界。同时要求电池必须在可逆情况下工作，即放电和充电过程都必须在准平衡状态下进行，此时只允许有无限小的电流通过电池。因此，在用电化学方法研究化学反应的热力学性质时，所设计的电池应尽量避免出现液接界，在精确度要求不高的测量中，出现液接界电势时，常用“盐桥”来消除或减小。

1. 原电池电动势

在进行电池电动势测量时，为了使电池反应在接近热力学可逆条件下进行，采用电位差计测量。原电池电动势主要是两个电极的电极电势的代数和，如能测定两个电极的电势，就可以计算得到由它们组成的电池的电动势。铜—锌电池的电池表示式为：Zn | $ZnSO_4$（m_1）‖（m_2）$CuSO_4$ | Cu。

符号“｜”代表固相（Zn 或 Cu）和液相（$ZnSO_4$ 或 $CuSO_4$）两相界面；“‖”代表连通两个液相的“盐桥”；m_1 和 m_2 分别为 $ZnSO_4$ 和 $CuSO_4$ 的质量摩尔浓度。当电池放电时，负极发生氧化反应：$Zn \longrightarrow Zn^{2+}+2e^-$；正极发生还原反应：$Cu^{2+}+2e^- \longrightarrow Cu$；电池总反应为：$Zn+Cu^{2+} \longrightarrow Zn^{2+}+Cu$。

电池反应的吉布斯自由能变化值为：

$$\Delta_r G = \Delta_r G^\theta + \mathrm{R}T\ln \frac{\alpha_{Zn^{2+}}}{\alpha_{Cu^{2+}}}$$

其中，$\Delta_r G^\theta$ 为标准态时自由能的变化值，α 为物质的活度，纯固体物质的活度等于 1。由上述公式可解得：

$$E = E^0 + RT\ln \frac{\alpha_{Zn^{2+}}}{\alpha_{Cu^{2+}}}$$

对于任一电池，其电动势等于两个电极电动势之差值，其计算式为：$E=\varphi_+-\varphi_-$。而两电极的电极电势分别为：

$$\varphi_+ = \varphi_+^0 - \frac{RT}{2F}\ln \frac{1}{\alpha_{Cu^{2+}}}$$

$$\varphi_- = \varphi_-^0 - \frac{RT}{2F}\ln \frac{1}{\alpha_{Zn^{2+}}}$$

2. 氢离子指示电极和利用电动势测定溶液的 pH 值

在电化学中，电极电势的绝对值至今无法测定，在实际测量中是以某一电极电势作为零标准，然后将其他的电极（被研究电极）与它组成电池，测量其间的电动势，则该电动势即为该被测电极的电极电势。被测电极作电池中的正、负极，可由它与零标准电极两者的还原电势比较而确定。通常将标准氢电极作为标准电极，然后与其他被测电极进行比较。由于使用标准氢电极不方便，在实际测定时往往采用第二级的标准电极，甘汞电极是其中最常用的一种。一般作为氢离子指示电极的有氢电极、氢醌电极、锑电极及玻璃电极，电动势法利用各种不同的氢离子指示电极与掺比电极组成电池测量其电动势，由此确定待测溶液的 pH 值。本实验选用氢醌电极，其制作简单，将待测 pH 值的溶液以醌氢醌饱和，插入光滑铂电极而成。电极反应和电极电势分别为：

$$Q+2H^++2e^- \Longrightarrow H_2Q$$

$$\varphi_{H_2Q} = \varphi^0_{H_2Q} + \frac{RT}{F}\ln\alpha_{H^+} \quad (\varphi^0_{H_2Q} = 0.7176 - 0.0007281t)$$

3. 电池电动势的测量

测量必须在电池可逆条件下进行，人们根据对消法原理（在外电路上加一个方向相反的而电动势几乎相等的电池）设计了一种电位差计，以满足测量工作的要求。电位差计是根据补偿法（或称对消法）测量原理设计的一种平衡式电压测量仪器。其基本工作原理如附图 6 所示(附录八)。E_n 为标准电池，它的电动势准确测定。E_x 是被测电池的电动势。G 为灵敏检流计，用来做示零仪表。R_n 为标准电池的补偿电阻，其电阻值大小是根据工作电流来选择的。R 是被测电池的补偿电阻，通过它可以调节不同的电阻值使其电位降与 E_x 相对消。R 是调节工作电流的变阻器，E 为工作电源，K 为换向开关。开关 K 接向位置 1 时，调节 R 使电流在 R_N 上产生的电压降与标准电池的电动势 E_N 对消。开关接向 2 时，调节 R，使其上的 E_x 与 E_N 对消，被测电动势为：$E_x=(R_x/R_n)E_N$。电位差计型号有多种，原理都相同，本实验选用数字式电位差计。

三、实验仪器和试剂

实验仪器：SDC-Ⅱ数字电位差计、饱和甘汞电极、铜电极、锌电极

实验试剂：硫酸锌（分析纯）、硫酸铜（分析纯）、醌氢醌（分析纯）、氯化钾（分析纯）

四、实验步骤

1. 处理和清洗电极

将铜、锌电极用金相细砂纸抛光，用蒸馏水和电极池用的溶液清洗干净。把处理好的铜、锌电极分别插入已注入相应电解质溶液（0.0500 $mol \cdot dm^{-3}$ $ZnSO_4$ 溶液和 0.0500 $mol \cdot dm^{-3}$ $CuSO_4$ 溶液）的电极管内并塞紧。电极的虹吸管（包括管口）不可有气泡，也不能有漏液的现象。

2. 电池组合

将饱和 KCl 溶液注入 50 mL 的小烧杯中，制盐桥，再将上面制备的锌电极和铜电极的虹吸管管口分别插入小烧杯内，即成 Cu-Zn 电池：

$$Zn | ZnSO_4 (0.050\ mol \cdot dm^{-3}) \| CuSO_4 (0.0500\ mol \cdot dm^{-3}) | Cu$$

同法组成下列电池：

$$Zn | ZnSO_4 (0.050\ mol \cdot dm^{-3}) \| KCl（饱和）\| Hg_2Cl_2 | Hg$$

$$Hg | Hg_2Cl_2 | KCl（饱和）\| CuSO_4 (0.0500\ mol \cdot dm^{-3}) | Cu$$

$$Hg | Hg_2Cl_2 | KCl（饱和）\| H^+ | Q, H_2Q（饱和）| Pt$$

3. 电动势的测量

连接仪器，预热数字电位差计 3 min。将测量选择调向“内标”，设定电势为 1.0000 V，调节采零指示，使检零指示显示为“0”。再把测量选择调向“测量”位置进行测量调节，使检零指示为零，所显示的电势即为被测电动势。分别测定 4 个电池的电动势。

五、注意事项

①防止学生把正负电极的位置插错。

②小心使用数字式电位差计。

③氢醌电极的制作时，不要浪费醌氢醌试样。

④甘汞电极里有气泡必须排除。

六、数据处理

①分别将实验测得铜电极、锌电极和饱和甘汞电极组成的电池的电动势 E 代入公式 $E=\varphi_+-\varphi_-$ 进行计算，分别求出温度 T 时铜和锌的电极电势。再运用公式进行计算温度 T 时铜和锌的理论电极电势，与实验值比较，求出误差。

②计算醌氢醌电极电势和溶液 pH。

七、文献值

汞电极组成电池的电动势 E 带入以下公式计算 H_2SO_4 溶液的 Cu、Zn 电极的温度系数及标准电极电位。文献值如表 7-9 所示。

表 7-9 文献值

电极	电极反应式	$\alpha\times10^3/(V\cdot K^{-1})$	$\beta\times10^6/(V\cdot K^{-2})$	φ^{θ}_{298}/V
Cu^{2+}、Cu	$Cu^{2+}+2e^-$ ══ Cu	-0.016	—	0.3419
Zn^{2+}、Zn	$Zn^{2+}+2e^-$ ══ Zn	0.100	0.62	-0.7627

$$\varphi^{\theta}_{298}=\varphi^{\theta}_{T}-\alpha\ (T-298)\ -0.5\beta\ (T-298)^2$$

八、问题与讨论

①对消法测定原电池电动势的原理是什么？

②测量电动势时为什么要用盐桥？任何选用盐桥？

③测量过程中，检流指示总往一个方向偏转，可能是哪些原因引起的？

实验十 热分析法测绘二组分金属相图

一、实验目的

①学会用热分析法测绘 Sn-Bi 二组分金属相图。

②了解纯物质的步冷曲线和混合物的步冷曲线的形状有何不同，其相变点的温度应如何确定。

③了解热电偶测量温度和进行热电偶校正的方法。

二、实验原理

用几何图形来表示多相平衡体系中有哪些相、各相的组成如何，不同相的相对量是多少，以及它们之间随浓度、温度、压力等变量变化的关系图叫作相图。测绘金属相图常用的实验方法是热分析法，其原理是将一种金属或两种金属混合物熔融后，使之均匀冷却，每隔一定时间记录一次温度，表示温度与时间关系的曲线称为步冷曲线。当熔融体系在均匀冷却过程中无相变化时，其温度将连续均匀下降得到一平滑的步冷曲线；当体系内发生相变时，则因体系产生的相变热与自然冷却时体系放出的热量相抵消，步冷曲线就会出现转折或水平线段，转折点所对应的温度，即为该组成体系的相变温度。利用步冷曲线所得到的一系列组成和所对应的相变温度数据，以横轴表示混合物的组成，纵轴上标出开始出现相变的温度，把这些点连接起来，就可绘出相图。二元简单低共熔体系的冷却曲线具有如图 7-8 所示的形状。

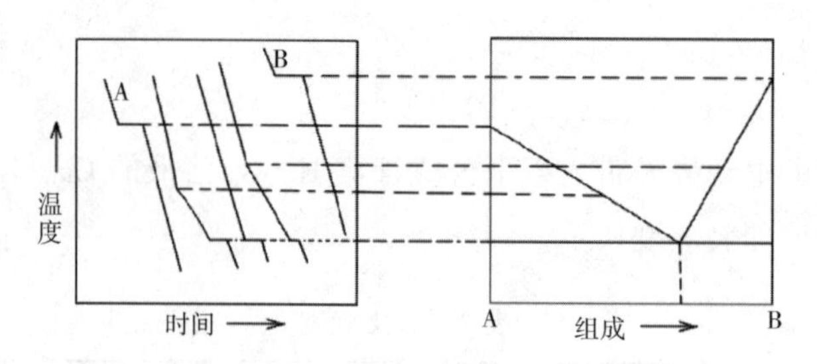

图 7-8　根据步冷曲线绘制相图

用热分析法测绘相图时，被测体系必须时时处于或接近相平衡状态，因此必须保证冷却速度足够慢才能得到较好的效果。此外，在冷却过程中，一个新的固相出现以前，常常发生过冷现象，轻微过冷则有利于测量相变温度；但严重过冷现象会使折点发生起伏，使相变温度的确定产生困难，如图 7-9 所示。遇此情况，可延长 de 线与 ab 线相交，交点 e 即为转折点。

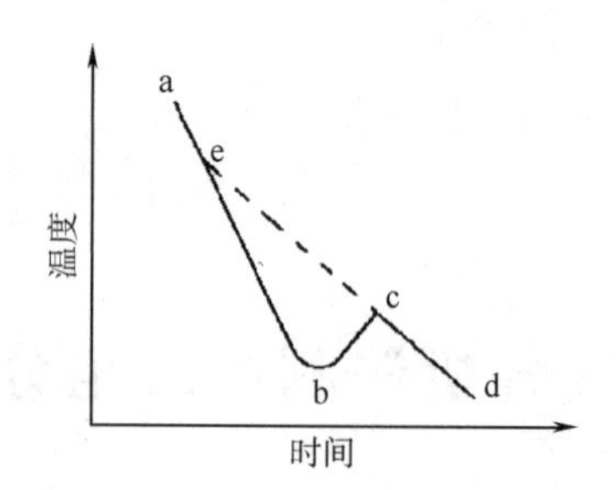

图 7-9　有过冷现象时的步冷曲线

三、实验仪器和试剂

实验仪器：KWL-08 可控升降温电炉、SWKY 数字控温仪

实验试剂：纯镉、纯铋、石蜡油、石墨粉

四、实验步骤

①配制样品：用天平配制含铋量分别为 25%、50%、75%的铋镉混合物各 100 g，另称纯铋、纯镉各 100 g，分别放入 5 支样品管中。

②调试 SWKY 数字控温仪：插好温度传感器（Pt100），接通电源，打开开关，按“工作/置数”钮，“置数”灯亮，依次按“×100”“×10”“×1”“×0. 1”设置设定温度的百、十、个及小数位的数字，调节设定温度为 340℃；将 SWKY 数字控温仪与 KWL-08 可控升降温电炉对接。

③调试 KWL-08 可控升降温电炉：将电炉面板“内控/外控”开关置于“外控”，此时加热由 SWKY 数字控温仪控制。打开电源开关，将冷风量调节、加热量调节左旋到底（最小）。

④测量：将样品管放入炉膛内，温度传感器置于炉膛中尽量靠近样品管的位置；按 SWKY 数字控温仪“工作/置数”钮，转换至“工作状态”，“工作”灯亮。电炉开始加热，达到设定温度时，系统自动停止加热。转换至“置数”状态，“置数”灯亮，按定时“△”

“▽”设置间隔时间为 30 s。调节“冷风量调节”旋钮，将冷风机电压调至 6~12 V，使降温速率为 6~8℃/min，定时器计数至“0”时，仪器蜂鸣，记录温度（即每隔 30 s 读取一个温度数据），待系统温度降至 100℃时停止实验。

⑤实验结束后，关闭电源开关，拔下电源插座。

五、数据处理

1. 实验记录（表 7-10）

表 7-10　实验记录表

时间/min	温度/℃	时间/min	温度/℃	时间/min	温度/℃
0.5					
1					
1.5					
2					

2. 数据处理

①对每个组成的样品，以记录的温度为纵坐标，以时间为横坐标，作各样品的步冷曲线，找出开始出现相变（即步冷曲线上的转折点或拐点）的温度。

②以组成为横坐标，以步冷曲线上转折点的读数为纵坐标，在温度组成图上标出各点，连接相应的点并作出其延长线，相交于 O 点（O 点即为铋镉的最低共熔点），作铋—镉二元合金相图。

六、问题与讨论

①为什么冷却曲线上会出现转折点？纯金属、低共熔金属及合金的转折点各有几个？曲线形状为何不同？

②热电偶测量温度的原理是什么？为什么要保持冷端温度恒定？

实验十一　阳极极化曲线的测定

一、实验目的

①了解极化过程，掌握极化曲线的测定方法。

②测定碳钢在碳铵溶液中的阳极极化曲线。

二、实验原理

在以金属作阳极的电解池中，通过电流时通常将发生阳极极化的电化学反应称为溶解过程。如阳极极化不大，阳极溶解的速度随电势变正而逐渐增大，这是金属的正常阳极溶解。在某些化学介质中，当电极电势正移到某一数值时，阳极溶解速度随电势变正反而大幅降低，这种现象称作金属的钝化。处在钝化状态下金属的溶解速度是很小的，可应用于金属防腐及作为电镀的不溶性阳极。而在另外情况（如化学电源、电冶金和电镀）的可溶性阳极，金属的钝化就非常有害。利用阳极钝化，使金属表面生成一层耐腐蚀的钝化膜来防止金属腐蚀的方法，叫作阳极保护。用恒电势法测定的阳极极化曲线如图 7-10（A）所示。曲线表明，电势从 a 点开始上升（即电势向正方向移动），电流也随之增大，电势超过 b 点以后，电流迅速减至很小，这是因为在碳钢表面上生成了一层电阻高、耐腐蚀的钝化膜。到达 c 点以后，电势再继续上升，电流仍保持在一个基本不变的、很小的数值。电势升至 d 点时，电流又随电势的上升而增大。从 a 点到 b 点的范围称为活性溶解区，b 点到 c 点称为钝化过渡区，c 点到 d 点称为钝化稳定区，d 点以后称为过钝化区。对应于 b 点的电流密度称为致钝电流密度，对应于 c~d 段的电流密度称为维钝电流密度。如果对金属通以致钝电流（致钝电流密度与表面积的乘积）使表面生成一层钝化膜（电势进入钝化区），再用维钝电流保持其表面的钝化膜不消失，金属的腐蚀速度将大大降低，这就是阳极保护的基本原理。若用恒电流法，则极化曲线的 abc 段就作不出来，所以需要用恒电势法测定阳极钝化曲线。测定阳极极化曲线的装置图如图 7-10（B）所示。

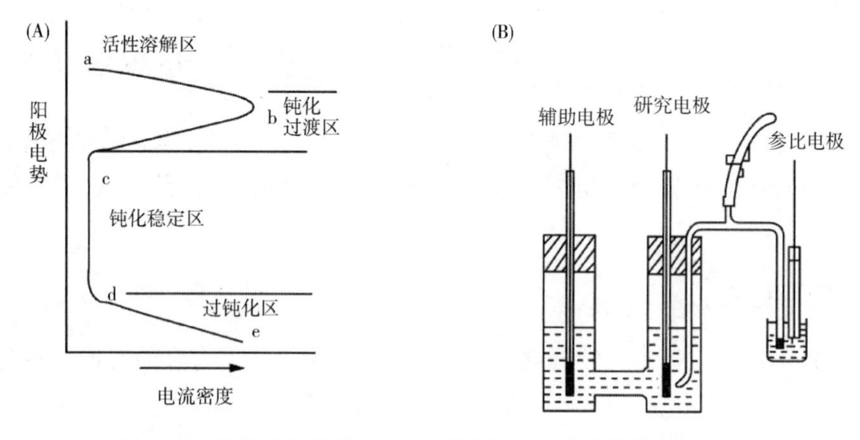

图 7-10　阳极极化曲线（A）和测定阳极极化曲线装置图（B）

三、实验仪器和试剂

实验仪器：CT-2A 型恒电位仪、H 型电解池、饱和甘汞电极（参比电极）、碳钢电极、铂电极（辅助电极）

实验试剂：25%氨水/碳酸氢铵饱和溶液

四、实验步骤

①先将碳钢电极在金相砂纸上磨光，再用绒布磨成镜面，每次测量前都需重复上述步骤。电极除一工作面外，其余五面用环氧树脂或石蜡封住。

②研究电极和辅助电极浸入饱和碳酸氢铵溶液中，参比电极浸入饱和硝酸钾溶液中，两

溶液通过饱和硝酸钾琼脂盐桥连通，毛细管小嘴距研究电极约 2 mm。

③开机前将电流量程旋钮拨到“10 mA”档，电位选择旋钮拨到“调零”，工作选择旋钮拨到“恒电位”，电位量程按下“-3～+3V”。再把电源开关拨到“自然”，此时指示灯亮。预热约 10 min，调节“调零”电位器使伏特计指零。

④将甘汞电极接“参比柱”，用导线将“研究”和“⊥”短接。碳钢电极接“研究”柱，铂电极接“辅助”柱。为方便读数和提高读数精度，可将数字电压表的“+”端接“研究”柱，“-”端接“参比柱”，直接从数字电压表读数。

⑤将电位测量选择旋钮拨到“参比”档，这时电表指示出碳钢电极在研究介质中的开路电位，记下读数。

⑥将电位测量选择旋钮拨到“给定”档，调节恒电位粗调和细调旋钮，使给定电位等于碳钢的开路电位。

⑦电源开关拨到“极化”，电流量程拨 100 μA 档，这时电流表指示应为零，如不为零，调节恒电位细调旋钮使之为零，记下电位值。

⑧将电流量程拨到“10 mA”档，慢慢调节恒电位粗调、细调旋钮，按顺时针方向转动。每改变 50 mV，记录一次相应的电流值。为避免电流表超载，在调电位时应把电流量程调到“10 mA”档，读电流时再选择适当的低档量程。过程中注意观察析出 H_2 和析出 O_2 的电势。

五、数据处理

①以 E（相对于饱和甘汞电极）为纵坐标，$\lg i$（i 为电流密度）为横坐标作图。

②从阳极极化曲线上找出维钝电势范围和维钝电流密度。

六、问题与讨论

①阳极保护的基本原理是什么？什么样的介质才适于阳极保护？

②什么是致钝电流和维钝电流？它们有什么不同？

③在测量电路中，参比电极和辅助电极各起什么作用？

④测定阳极钝化曲线为什么要用恒电位仪？

⑤开路电位、析出 H_2 和析出 O_2 电势各有什么意义？

实验十二　阴极极化曲线的测定

一、实验目的

①掌握阴极极化曲线的测定方法。

②研究络合剂和表面活性剂对无氰镀锌液阴极极化作用的影响。

二、实验原理

电镀的实质是电结晶过程。为了获得细致、紧密的镀层，就必须创造条件，使晶核生成的速度大于晶核成长的速度。小晶体比大晶体具有更高的表面能，因而从阴极析出小晶体就需较高的超电压（相当于溶液中结晶时的过饱和）。因此，凡能增大阴极极化作用从而提高金属析出电势的措施，大多能改善镀层质量。但如单纯通过增大电流密度来造成较大的浓差极化，则常会形成疏松的镀层，因而宜采用阻延电极反应、增大电化学极化的办法。在镀液中添加络合剂和表面活性剂，就能有效地增大阴极的电化学极化作用。当金属离子与络合剂络合后，金属离子的还原就变得困难，这是因为它还要附加破坏络合键所需的能量。而加入表面活性剂后，由于金属离子吸附在阴极表面，迫使放电离子在吸附镀件表面上进行放电反应时，附加克服吸附能的电势。上述两种作用，都使阴极获得较大的极化度。如图 7-11 所示，在单盐镀液中加入少量络合剂（氨三乙酸）和表面活性剂（硫脲和聚乙二醇），极化就显著增加。

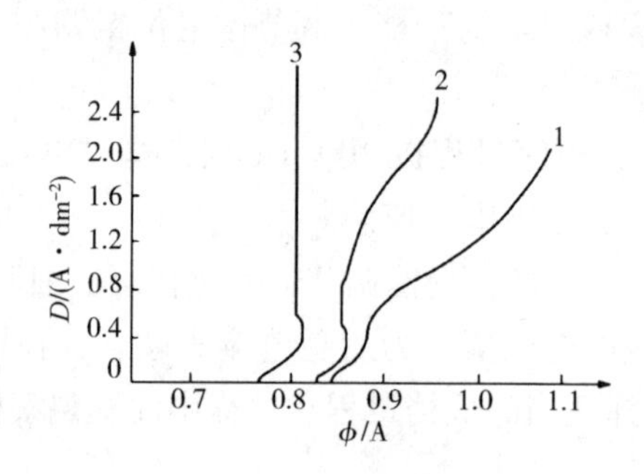

图 7-11　无氰镀锌阴极极化曲线

1—添加 $ZnCl_2$、NH_4Cl、氨三乙酸、硫脲和聚乙二醇　2—添加 $ZnCl_2$、NH_4Cl 和氨三乙酸　3—添加 $ZnCl_2$ 和 NH_4Cl

本实验用恒电流法测定在不同电流密度下，研究电极与参考电极所组成的电池的电动势，从而得到研究电极的电极电势与电流密度的关系。实验装置如图 7-12 所示。

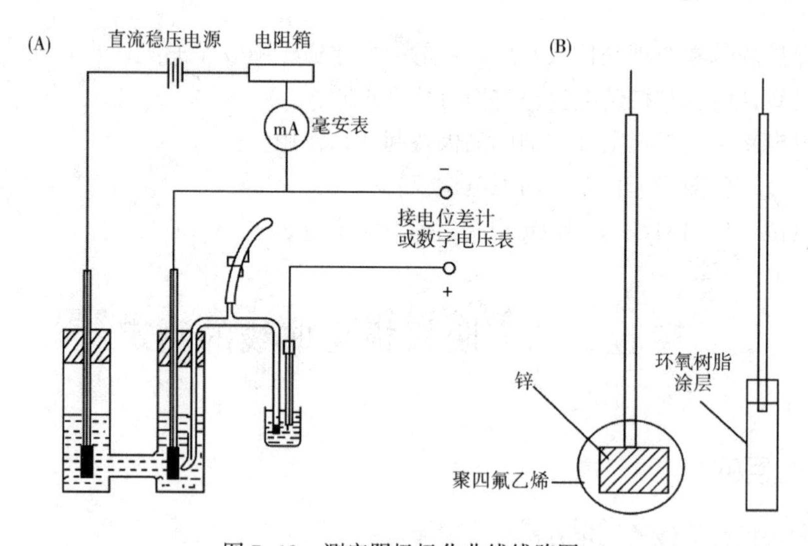

图 7-12　测定阴极极化曲线线路图

三、实验仪器和试剂

实验仪器：电位差计或数字电压表、H 型电解池、稳压电源、0~20 mA 电流表、0~100

kΩ 电阻箱、甘汞电极、锌电极

实验试剂：氯化锌、氯化铵、聚乙二醇、硫脲、氨三乙酸（NTA）（pH 5~6 溶解）

四、实验步骤

①取锌电极一支，露出一面的面积为 1 cm^2×1 cm^2，其余各面均用环氧树脂封闭。将露出的一面，在金相砂纸上磨光，最后在绒布上磨成镜面，洗净，去油，吹干。

②研究电极与参考电极用带有鲁金毛细管的盐桥导通。毛细管尖端靠近被测电极表面约 2 mm，以尽可能消除溶液欧姆电压降对测量带来的影响。如毛细管口离局部太近，测得微区电位并不代表整个表面的混合电位。盐桥右支充满饱和氯化钾琼胶。电解池中装好电极并加入电镀液后，由盐桥支管接出的橡皮管用洗耳球从毛细管吸入电解液，随即用弹簧夹夹紧橡皮管。这部分电解液应与右支饱和氯化钾琼胶接通。

③按图 7-12（A）接好线路，暂不接通电源，测定平衡电势。

④接通电源，在 0~40 mA 范围内逐步增大电流。初期改变电流的幅度应小些，每次改变电流后等待一定时间（例如 3 min）再测电动势。

⑤测完一种电镀液后，关掉电源。松开弹簧夹，使盐桥中镀液放回电解池。取出研究电极冲洗干净，按前述方法磨成镜面，再测其他电镀液的极化曲线。

五、数据处理

①根据测得的电动势数据，计算出研究电极的电极电势 φ_k。

②以电流密度为纵坐标，以研究电极的电极电势 φ_k 为横坐标作图，即得阴极极化曲线。

③讨论络合剂和表面活性剂对阴极极化的影响。

六、问题与讨论

①什么叫阴极极化作用？如何增大阴极极化作用？

②本实验中，除电位差计外，还可用些什么仪器测电动势？

③在电解池中，阴极应首先析出 H_2 还是 Zn？为什么？

实验十三 微波法制备乙酸正丁酯及其皂化反应动力学的测定

一、实验目的

①巩固所学的有机合成和物理化学实验的知识，将所学的内容串联起来，使之更加系统。

②学习制备乙酸正丁酯的原理和方法；了解微波法在有机合成中的应用，掌握微波仪的使用方法；掌握分水器的使用原理及使用方法。

③了解反应物浓度与电导率之间的关系。

④测定乙酸正丁酯皂化反应的速率常数和活化能。

二、实验原理

1. 乙酸正丁酯的制备

乙酸正丁酯可以通过乙酸与丁醇在酸性催化剂作用下直接合成：

$$CH_3COOH+CH_3CH_2CH_2CH_2OH \xrightarrow{H_2SO_4} CH_3COOCH_2CH_2CH_2CH_3+H_2O$$

由于酯化反应是一个可逆反应，要制备得到回收率高的产物，通常要采用相应的方法和手段来打破这个平衡反应：改变反应物的投料配比，使某一种反应物过量；把产物从反应体系中分离出去，如脱水实验技术，就是把反应体系中的其中一种产物——水分离出去。用分水器除水的原理：在反应体系中加入一种低沸点非水溶性的溶剂，通过加热回流，溶剂与反应生成的水形成共沸物被蒸馏出来，通过冷凝器冷凝后一起收集到分水器中，然后利用水与溶剂的不溶性及密度不同自然分层。分离出水，而溶剂重复回到反应体系中。如此重复，可不断地把反应生成的水带出，使正反应进行完全，根据分出的水量可以粗略判断反应终点。脱水溶剂：根据反应物的性质及脱水的原理，脱水溶剂应选择低沸点、非水溶性的物质。在本反应中过量丁醇可作脱水溶剂，芳香类的苯、甲苯和低沸点的烃类化合物都可作为脱水溶剂。

正丁醇和水可以形成三元共沸混合物，沸点为93℃，含醇量为56%。共沸物冷凝积聚后分为油水两层，上层主要是正丁醇（合20.1%的水），可以流回到反应瓶中继续反应，下层为水（约合7.7%的正丁醇）。

微波辐射是近年来人们开发的新有机合成方法之一，传统加热方式是依靠热传导、对流辐射逐步由表及里穿入物质内部。而微波加热是一种内源性加热，是对物质的深层加热。相比传统的加热方式，微波加热对各种极性物质具有选择性，很容易加热。

2. 乙酸正丁酯皂化反应动力学测定

由乙酸和丁醇合成乙酸正丁酯的反应是可逆反应。在碱性介质中，乙酸正丁酯的皂化反应是二级反应，反应式为：

$$CH_3COOC_2H_5+OH^- = CH_3COO^-+C_2H_5OH$$

当乙酸正丁酯和NaOH的初始浓度相等时，该反应的动力学方程式为：

$$-\frac{dc}{dt}=kc^2$$

积分可得：

$$\frac{1}{c}-\frac{1}{c_0}=kt$$

其中：c_0为反应物的初始浓度，c为t时刻反应物的浓度，k为反应速率常数。由实验测得不同t时的c值，则可计算出不同的k值。若做$1/c$对t图，那么通过直线的斜率可求出k值。

不同反应时间生成物的浓度可用化学分析法测定（如分析反应液中的OH^-浓度），也可以用物理化学分析法测定（如测量电导率）。本实验用电导法测定c值，测定的根据是：

①溶液中OH^-离子的电导率比CH_3COO^-离子的电导率大很多（反应物与生成物的电导

率差别大）。因此，随着反应的进行，OH^-的离子浓度不断降低，溶液的电导率也就随着下降。

②在稀溶液中，每种强电解质的电导率 k 与其浓度成正比，而且溶液的总电导率等于组成溶液的电解质的电导率之和。

依据上述两点，对乙酸正丁酯皂化反应来说，反应物与生成物只有 NaOH 和 CH_3COONa 是强电解质。如果是在稀溶液下反应，则：

$$\kappa_0 = A_1 c_0$$

$$\kappa_\infty = A_2 c_0$$

$$\kappa_t = A_1 c + A_2(c_0 - c)$$

其中，A_1、A_2 是与温度、溶剂、电解质的性质有关的比例常数，κ_0、κ_∞ 是反应开始和结束时溶液的总电导率（这时只有一种电解质），k 是时间 t 时溶液的总电导率。

由上诉公式推导可得：

$$\kappa_t = \frac{1}{c_0 k}\frac{\kappa_0 - \kappa_t}{t} + \kappa_\infty$$

以 κ_t 对$\frac{\kappa_0-\kappa_t}{t}$作图，从直线的斜率可以求出 k 值。反应速率常数 k 与温度 T 的关系一般符合阿伦尼乌斯公式，即：

$$\ln\frac{k_2}{k_1} = \frac{Ea}{R}\left(\frac{1}{T_1} - \frac{1}{T_2}\right)$$

可以测定两个温度下的反应速率常数 k_1 和 k_2，由阿伦尼乌斯定积分公式计算反应的活化能 Ea。

三、实验仪器和试剂

实验仪器：微波反应器、回流装置、蒸馏装置、分液漏斗、DDS-11A 型数字电导率仪、CS5013C 恒温槽、电导管、DJS-1 型铂黑电极、容量瓶（50 mL）、量筒（50 mL）、移液管（25 mL）、干燥锥形瓶（150 mL）

实验试剂：冰醋酸、正丁醇、浓 H_2SO_4、饱和碳酸钠溶液、饱和氯化钠溶液、饱和氯化钙溶液、无水硫酸钠、NaOH 溶液（0.01 $mol \cdot L^{-1}$、0.02 $mol \cdot L^{-1}$）

四、实验步骤

1. 乙酸正丁酯的制备

本实验采用微波法和传统加热两种方法合成，比较产率，进行讨论。

（1）加料

在干燥的 100 mL 圆底烧瓶中加入 11.5 mL（9.30 g，0.125 mol）正丁醇和 9.0 mL（9.40 g，0.15 mol）冰醋酸，再滴加 3~4 滴浓硫酸，摇匀后，投入磁力搅拌子。

（2）微波法制备乙酸正丁酯

在微波反应器上安装冷凝管。打开电源，调节微波辐射功率为 400 W，辐射时间为 5 min，反应温度为 110℃。反应完全后，稍冷，将反应瓶从微波反应器中取出，放入电热套中，改成蒸馏装置，加入沸石，蒸出反应生成物乙酸正丁酯。

（3）传统加热法制备乙酸正丁酯

安装分水器和冷凝管，加热回流，反应过程中不断有水蒸出，并进入分水器中的水层。当水层增加，液凹升高接近支管口时，打开分水器下部的活塞开关，分出一部分水，要注意水层与有机层的界面，不要将有机层放掉。反应约 40 min 后，分水器的水层不再增加时，反应基本完成，停止加热。将分水器中水层分出，合并水层，量取体积，减去预先加的水量，即为反应生成的水量。把分水器中分出的酯层与反应液一起倒入分液漏斗中，用 10 mL 水洗涤，分去水层。

（4）分离提纯

酯层转入烧杯中，慢慢加入饱和碳酸钠溶液中和，搅拌直至不再有二氧化碳气体产生（酯层呈中性）。然后将混合液转入分液漏斗，分去水层。酯层再用 10 mL 水洗涤一次，分去水层。将酯层倒入干燥的锥形瓶中，加入无水硫酸钠干燥，将干燥后的酯层倒入干燥的烧瓶中进行蒸馏。收集 124~127℃的馏分，称量并计算产率，测折光率。

纯乙酸正丁酯是无色液体，有水果香味，沸点 126.5℃，折射率 1.39411。

2. 乙酸正丁酯皂化反应动力学的测定

（1）25℃时电导率 κ_0 测定

将恒温槽调节到所需的反应温度 25℃。用 50 mL 容量瓶将 0.02 mol · L^{-1}NaOH 溶液准确稀释 1 倍。将此 0.01 mol · L^{-1} NaOH 溶液倒入干净电导管中，液面高于铂黑电极约 2 cm。将电导管放入恒温槽中，恒温 10 min 后测定其电导率，直至电导率值稳定不变为止，此值即为 κ_0。更换溶液平行测定 1 次。

（2）25℃时电导率 κ_t 的测定

用移液管分别移取 10 mL 配制好的 0.02 mol/L 乙酸正丁酯和 0.02 mol/L NaOH 溶液置于电导池的 A 管与 B 管中，同时将电导电极用蒸馏水冲洗后，用干滤纸小心吸干电极上粘附着的水分（要特别小心，严防碰到电极，造成电极上的铂黑脱落，只能用纸片轻轻接触电极）后，把电极放入电导池的 A 管中，并将电导池置于恒温箱中恒温。约经 10 min 达恒温后，操动 B 支管口上的洗耳球，把 B 管的液体压出一半时，开始计时。再将已压到 A 管的液体吸回 B 管，再压入 A 管，如此往复两三次，以便充分混合。在恒温槽中测定其电导率 κ_t。开始 30 min 内反应迅速，每隔 5 min 测定 1 次，以后每隔 10 min 测定 1 次，直至反应进行到 60 min 为止。

（3）40℃时电导率 κ_0 和 κ_t 的测定

将恒温槽调节到反应温度 40℃。按操作步骤（1）测定 40℃时的电导率 κ_0。按操作步骤（2）测定 40℃时的电导率 κ_t，测定到反应时间为 35 min 为止（在反应开始后 15 min 内，每隔 3 min 测量 1 次，然后间隔 5 min 进行测量）。

五、数据处理（表 7-11~表 7-13）

①计算乙酸正丁酯的产率，测定折光率，比较两种方法对反应的影响。

表 7-11　合成乙酸正丁酯数据记录表

合成方法	理论产量/g	实际产量/g	产率/%	n_D（文献值）	n_D（实际值）
微波法					
传统加热法					

②乙酸正丁酯皂化反应实验记录与数据处理。

日期：________　同组人：________　室温：________

乙酸正丁酯浓度：________　NaOH 浓度：________

表 7-12　25℃时乙酸正丁酯皂化反应数据记录表

恒温槽温度：________　κ_0 ________

t/min	5	10	15	20	25	30	35	40	45
电导率 $\kappa_t/(S \cdot m^{-1})$									
$(\kappa_0-\kappa_t)/t$									

表 7-13　40℃时乙酸正丁酯皂化反应数据记录表

恒温槽温度：________　κ_t ________

t/min	5	10	15	20	25	30	35	40	45
电导率 $\kappa_t/(S \cdot m^{-1})$									
$(\kappa_0-\kappa_t)/t$									

③作 25℃时 $\kappa_t-(\kappa_0-\kappa_t)/t$ 图，从直线斜率求出 25℃时反应速率常数 k_0。

④作 40℃时 $\kappa_t-(\kappa_0-\kappa_t)/t$ 图，从直线斜率求出 25℃时反应速率常数 k_0。

⑤根据实验测得的 $k(T_1)$、$k(T_2)$ 值，计算反应的活化能 Ea。

六、注意事项

①冰醋酸在低温凝结成冰状固体，取用时可温水浴使其融化后量取。不要碰到皮肤，防止烫伤。

②在分水器中预加水量应低于支管口的下沿。

③边震荡边滴加浓硫酸，防止局部炭化。

④本实验中不能将无水氯化钙作为干燥剂，因为它能与产品形成络合物影响产率。

⑤乙酸正丁酯压出一半时，马上计时。

七、问题与讨论

①酯化反应终点如何判断？如反应终点控制不当对实验结果会有什么影响？

②为什么可用稀释所配 NaOH 溶液 1 倍的电导代替反应开始时的电导？

③在本实验中参加反应物质的起始浓度是多少？是否就是所配乙酸正丁酯的浓度？

④被测溶液的电导是由哪些离子贡献的？反应进程中溶液的电导为何发生变化？

⑤为什么要使两种反应物的浓度相等？

⑥为什么要使两溶液尽快混合完毕？开始一段时间的测定间隔为什么要短？

实验十四　镁铝水滑石的合成与应用

一、实验目的

①掌握水热法制备镁铝水滑石的方法。

②比较水滑石与其焙烧产物对甲基橙吸附的不同。

③掌握用水滑石做催化剂合成生物柴油的原理与方法。

④掌握用气相色谱检测生物柴油含量的原理与方法。

二、实验原理

典型的水滑石，其理想结构式为 $Mg_6Al_2(OH)_{16}CO_3 \cdot 4H_2O$ 与水镁石 $Mg(OH)_2$ 的结构类似。MgO_6 八面体相互共边形成层状结构，层与层之间对顶叠在一起，层间通过氢键缔合。

天然存在的水滑石品种少、结晶度低、杂质含量高，难以满足科学研究与应用的要求。因此人工合成性能优良的水滑石材料是很有必要的，其制备方法有许多种，例如共沉淀法、焙烧—复原法、阴离子交换法、水热法、溶胶—凝胶法等。

三、实验仪器和试剂

实验仪器：带磁力搅拌恒温水浴、三口烧瓶、烧杯、水热反应釜（50 mL）、真空抽滤泵、烘箱、马弗炉、721 分光光度计

实验试剂：硝酸铝、硝酸镁、甲基橙、尿素、精密 pH 试纸（pH 7~9）、十一酸甲酯、菜籽油、甲醇

四、实验步骤

1. 水滑石的合成

（1）镁铝水滑石的合成

将 $Mg(NO_3)_2 \cdot 6H_2O$ 和 $Al(NO_3)_3 \cdot 9H_2O$ 溶解在一定体积蒸馏水中得到一定浓度金属离子溶液，加入尿素的物质的量与溶液中金属离子的物质的量之比为 3（固液比 1∶5），将三者搅拌成均相溶液，将此溶液转移到高压釜（釜体为不锈钢内衬聚四氟乙烯）中，高压釜放入烘箱中，调节烘箱温度 120℃，使体系在一定温度下（120~130℃）反应晶化约 6 h（或更长），反应完成后自动冷至室温，将体系抽滤，用水洗涤数次直至滤液 pH 为 8~9，放入 80℃烘箱中 8 h（或更长），得水滑石样品。注意：制备水滑石时总体积不超过 50 mL。

（2）固体碱的制备

将所得水滑石化合物的一半在 500℃下焙烧 2 h，得镁铝复合氧化物。

2. 水滑石的应用——甲基橙的吸附

（1）标准曲线的绘制

以甲基橙初始溶液（100 mg/L）为基础，配置 2 mg/L、4 mg/L、6 mg/L、8 mg/L、10 mg/L 的标准甲基橙溶液，以煮沸去离子水作为空白实验，用分光光度计于 520 nm 处测定各溶液的吸光度。

（2）甲基橙污染物吸附量的测定

准确称取一定量的水滑石与水滑石焙烧产物各 0. 1 g 吸附剂粉末分别放于 250 mL 锥形瓶中，加入一定体积（100 mL）已知浓度的甲基橙溶液（100 mg/L），将锥形瓶放在磁力搅拌器上搅拌，一定时间后取样，离心分离，取上层清液，用分光光度计于 520 nm 处测定试样的吸光度，后根据标准曲线和所测的吸光度确定甲基橙的浓度。通过公式：去除率＝（c_0-c）/ $c_0\times100\%$（c_0 是甲基橙初始溶液浓度。c 是被吸附后甲基橙溶液浓度）计算去除率。

3. 水滑石的应用——生物柴油的制备

称取固体碱催化剂（占油质量分数的 2%），加入装有回流搅拌装置的 100 mL 三口烧瓶，水浴加热至 65℃恒温，开启冷凝水，加甲醇，搅拌 40 min 后再加入精制菜籽油（分子量取 320 计算），甲醇：油摩尔比为 10∶1 或更高。反应时间 5 h（或更长），结束后趁热抽滤除去催化剂，将粗产品倒入分液漏斗中分层，静置过夜，分出下层液体，减压蒸馏去甲醇，即为甘油。上层为透明亮黄色生物柴油粗品。

五、数据处理

①分别计算水滑石和固体碱的产率。

②对比分析水滑石、固体碱对甲基橙的吸附效果。

③计算生物柴油的产率。

六、问题与讨论

①原料尿素的作用是什么？

②水滑石还是水滑石焙烧产物的去除率更高？为什么？

③生物柴油粗品中的主要杂质是什么？

第八章　仪器分析实验

实验一　电导法测定弱电解质的解离常数及难溶盐的溶解度

一、目的要求

①学习电导法测定弱电解质解离常数及难溶盐溶解度的原理和方法。

②了解溶液电导、电导率的基本概念，掌握电导（率）仪的使用方法。

③掌握弱电解质的解离常数和难溶盐溶解度的计算。

二、实验原理

AB 型弱电解质在溶液中电离达到平衡时，电离平衡常数 K_c 与原始浓度 c 和电离度 α 有着以下关系：

$$K_c = \frac{c\alpha^2}{1 - \alpha}$$

在一定温度下 K_c 是一个常数，因此可以通过测定 AB 型弱电解质在不同浓度时的解离度 α，求出 K_c。电导池如图 8-1 所示。

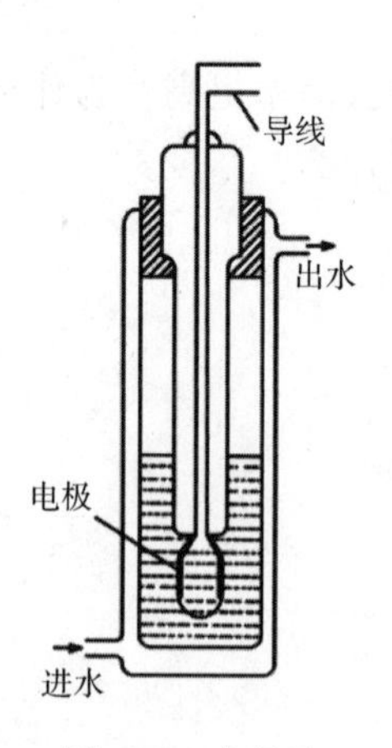

图 8-1　电导池

将电解质溶液注入电导池内，在外加电场作用下，电解质溶液中的阴、阳离子会在两电极间定向移动，形成电流。其电流、电压和电阻间的关系同样符合欧姆定律。导体的导电能力可用电阻表示，也可用电导表示，电导为电阻的倒数。当温度一定时，电解质溶液的电阻 R 与两电极间的距离（L）成正比，与电极的面积（A）成反比。即：

$$R = \rho \frac{L}{A}$$

其中，ρ 为常数，称为电阻率。而其电导（G）为：

$$G = \kappa \frac{A}{L}$$

其中，κ 为常数，是电阻率的倒数，称为电导率。对于确定的电导池，其电极的面积和电极间的距离是固定的，所以 A/L 也是一个常数，称为电导池常数。

电解质溶液的电导与溶液中溶解的电解质总量及其解离度有关。如果将含 1 mol 电解质溶液放在相距 1 m 的两个平行电极间，此时测得的电导称为该电解质的摩尔电导率，用 Λ_m 表示，则：

$$\Lambda_m = \frac{\kappa}{1000c}$$

其中，κ 为电导率（$S \cdot m^{-1}$），c 为溶液的浓度（$mol \cdot L^{-1}$），Λ_m 常见单位是 $S \cdot m^2 \cdot mol^{-1}$。当电解质溶液的浓度极稀，即溶液无限稀释时，电解质的摩尔电导率称为极限摩尔电导率或无限稀释摩尔电导率，以 Λ_m^∞ 表示。溶液无限稀释时，离子间的相互作用可忽略，此时可认为极限摩尔电导率是溶液中正、负离子单独的摩尔电导率总和，在一定的温度下是一个固定值。对于弱电解质，某浓度时的解离度 α 等于该浓度时的摩尔电导率与极限摩尔电导率之比，即：

$$\alpha = \frac{\Lambda_m}{\Lambda_m^\infty}$$

以醋酸溶液为例：

$$HAc \rightleftharpoons H^+ + Ac^-$$

起始浓度/($mol \cdot L^{-1}$)　　c　　0　　0

平衡浓度/($mol \cdot L^{-1}$)　　$c-c_\alpha$　　c_α　　c_α

解离常数为：

$$K_c = \frac{c\alpha^2}{1-\alpha}$$

与解离度 α 的公式整理得：

$$K_c = \frac{c\Lambda_m^2}{\Lambda_m^\infty(\Lambda_m^\infty - \Lambda_m)}$$

因此，可在一定温度下测出不同浓度的醋酸溶液的电导率 K，进而求出 Λ_m，由文献查出 Λ_m^∞，最后求出醋酸的解离常数。对于难溶电解质，因浓度极稀，其摩尔电导率（Λ_m）可视为极限摩尔电导率（Λ_m^∞），但此时水的电导不能忽略。以一定温度下硫酸铅的饱和溶液为例，其溶液的电导率可用下式表示：

$$\kappa_{溶液} = \kappa_{PbSO_4} + \kappa_{水}$$

即：

$$\kappa_{PbSO_4}=\kappa_{溶液}-\kappa_{水}$$

故有：

$$\Lambda_{m,PbSO_4}=\frac{\kappa_{PbSO_4}}{1000c}$$

c 为硫酸铅的浓度，由于溶液极稀，Λ_m 可视为无限稀释的摩尔电导率，故：

$$c=\frac{\kappa_{PbSO_4}}{1000\Lambda_{m,\ PbSO_4}^{\infty}}$$

$\Lambda_{m,\ PbSO_4}^{\infty}$ 可根据离子独立移动定律，由查表得出的 $\Lambda_{m,\ \frac{1}{2}Pb^{2+}}^{\infty}$ 和 $\Lambda_{m,\ \frac{1}{2}SO_4^{2-}}^{\infty}$ 相加求得。也可求出一定温度下硫酸铅的浓度和溶解度。

三、实验仪器和试剂

实验仪器：恒温槽、DDS-11 电导率仪、电导电极（铂黑）、电炉、超纯水机、锥形瓶、容量瓶、吸量管

实验试剂：冰醋酸、硫酸铅、超纯水（电导率宜小于 1 μS · cm^{-1}）

四、实验步骤

①恒温槽恒温至（25±0.1）℃。

②0.1 mol · L^{-1} 醋酸标准溶液的配制、标定及电导率的测定。

移取 1.4 mL 冰醋酸于 250 mL 超纯水中装入试剂瓶搅匀并用氢氧化钠标准溶液标定其准确浓度。在 3 个 50 mL 烧杯中加入不同体积的醋酸标准溶液和超纯水，将烧杯放入恒温槽中恒温 5 min，测定其电导率，结果如表 8-1 所示。

表 8-1　醋酸溶液电导率的测定及解离常数的计算

烧杯号	加入醋酸标准溶液体积/mL	加入纯水体积/mL	醋酸溶液浓度/(mol · L^{-1})	电导率 k/(S · m^{-1})	摩尔电导率 Λ_m/(S · m^2 · mol^{-1})	醋酸解离常数 K_c			
						测量值			平均值
1									
2									
3									

注：25℃时醋酸溶液的极限摩尔电导率为 3.907×10^{-2} S · m^2 · mol^{-1}。

③饱和硫酸铅溶液的配制及电导率的测定。

称取固体硫酸铅 1 g 于 200 mL 锥形瓶中，加入 100 mL 超纯水，加热至沸。稍冷后倒掉上清液，以除去可溶性杂质，重复两次。再加入 100 mL 超纯水，加热至沸使硫酸铅充分溶解。稍冷后置于恒温槽中，恒温 20 min。将上层溶液倒入一个干燥的小烧杯中恒温后测其电导率，然后换溶液再测定 2 次，求平均值，同时测定超纯水的电导率，测定结果列入表 8-2。

表 8-2　超纯水及饱和硫酸铅溶液的电导率

名称	1	2	3	平均值
超纯水的电导率/($S \cdot m^{-1}$)				
硫酸铅溶液的电导率/($S \cdot m^{-1}$)				
硫酸铅的电导率/($S \cdot m^{-1}$)				

五、实验结果

1. 醋酸溶液解离常数的计算

根据表 8-1 中的数据，由公式求出醋酸溶液的摩尔电导率，以及 25℃时醋酸溶液的解离常数并与文献值进行比较。

2. 硫酸铅溶解度的计算

由文献查得，$\Lambda_{m,PbSO_4}^{\infty}=2\times1.51\times10^{-2}\ S \cdot m^2 \cdot mol^{-1}$，根据表 8-2 的数据，由公式求出 25℃时硫酸铅饱和溶液的浓度和溶解度，并与文献值比较。

六、注意事项

①电导池不用时，应将两铂黑电极浸在蒸馏水中，以免干燥致使表面发生改变。

②实验中温度要恒定，测量必须在同一温度下进行。

③测定前，必须将电导电极及电导池洗涤干净，以免影响测定结果。

七、问题与讨论

①如何校正电导电极的电导池常数？

②能否用万用表来测电解质溶液的电导？

③测电导时为什么要恒温？实验中测电导池常数和溶液电导，温度是否要一致？

实验二　离子选择电极法测定自来水中微量氟离子的含量

一、实验目的

①掌握用氟离子选择电极测定水中微量氟离子的原理。

②了解总离子强度调节缓冲溶液的构成和作用。

③掌握用标准曲线法测定水中微量氟离子的方法。

二、实验原理

自来水中氟含量对人体健康有一定影响，氟含量太低易牙龋齿，氟含量太高会发生氟中毒现象。离子选择电极可以将溶液中特定离子的活度转换成相应的电势。氟离子选择电极对溶液中的氟离子具有高度选择性，氟离子选择电极由 LaF_3 单晶敏感电极薄膜、Ag/AgCl 内参比电极和0.1 mol·L^{-1}NaCl-0.1 mol·L^{-1}NaF内参比溶液组成。氟离子选择性电极测定F^-浓度的方法与电位法测定溶液pH的方法相似。当氟离子选择性电极（指示电极）与饱和甘汞电极（参比电极）插入被测溶液中组成原电池时，其电池的电动势E与F^-离子活度的对数值呈直线关系：

$$E = K - \frac{2.303RT}{F}\lg c_{F^-}$$

其中，K值为包括内外参比电极的电势、液接电势等的常数。通过测量电池电动势可以测定F^-离子的活度，当溶液的总离子强度不变时，离子的活度系数为一定值，则：

$$E = K' - \frac{2.303RT}{F}\lg c_{F^-}$$

其中，E与F^-离子浓度的对数值呈直线关系。

由于水样中常含有干扰物质氢氧根离子，可发生以下反应：

$$LaF_3+3OH^- = La(OH)_3+3F^-$$

对测定产生正干扰，在较高酸度时形成HF而降低F^-离子活度，故需用乙酸缓冲溶液控制溶液的pH；常见阳离子（如Fe^{3+}、Al^{3+}）可与F^-形成配合物，Ca^{2+}、Mg^{2+}可与F^-生成难溶沉淀而产生干扰，故采用柠檬酸钠进行掩蔽。在测定F^-离子浓度时，常在标准溶液与样品溶液中同时加入相等的足量的惰性电解质作总离子强度调节缓冲溶液（TISAB），使它们的总离子强度相同，并起到控制酸度和掩蔽干扰离子等作用。F^-离子浓度在10^{-6}~10^{-1}mol·L^{-1}（F^-）范围内时，电动势E与pF（氟离子浓度的负对数）呈线性关系，可用标准曲线法进行测定。

三、实验仪器和试剂

实验仪器：数字酸度计、氟离子选择电极（使用前离子水中充分浸泡）、汞电极、电磁搅拌器、塑料烧杯（50 mL）、容量瓶（50 mL）、吸量管（5.00 mL、10.00 mL）

实验试剂：

①NaF标准溶液（0.1 mol·L^{-1}）：准确称取4.1988 g分析纯的NaF于小烧杯中，用蒸馏水溶解后定量转移到1000 mL容量瓶中，定容，摇匀，储存于聚乙烯瓶中，备用。

②总离子强度缓冲调节剂（TISAB）：称取29 g KNO_3、0.2 g二水合柠檬酸钠溶于50 mL（体积比1∶1）的醋酸与50 mL的5 mol·L^{-1}NaOH的混合溶液中，然后用5 mol·L^{-1}NaOH溶液或5 mol·L^{-1}HCl溶液调节该溶液的pH为5.0~5.5。

四、实验步骤

1. 氟离子选择电极的准备

氟离子选择电极使用前应在蒸馏水中浸泡数小时或过夜，或在10^{-3}mol·L^{-1}NaF溶液中浸泡1~2 h。将仪器连接好，氟离子选择电极接仪器负极接线柱，甘汞电极接仪器正极接线柱，取蒸馏水50~60 mL至100 mL的烧杯中，放入磁力搅拌子，插入氟离子选择电极和饱和甘汞电极。开启搅拌器2~3 min后，若读数大于220 mV，则更换蒸馏水，继续清洗，直至读数小于220 mV。电极晶片勿与坚硬物碰擦，晶片上如沾有油污，用脱脂棉依次以酒精、丙酮轻拭，再用蒸馏水洗净。连续使用期间的间隙内，可浸泡在水中；长期不用，应清洗至空白电势值后，风干，按要求保存。

2. 标准曲线的绘制

取 5 个 50 mL 容量瓶并编号，用吸量管移取 5. 00 mL 0. 1 mol · L^{-1}NaF 标准溶液和 10mL TISAB 溶液于 1 号容量瓶中，用蒸馏水稀释至刻度，摇匀，得到 10^{-2}mol · L^{-1} NaF 标准溶液。然后取 5. 00 mL 10^{-2} mol · L^{-1} NaF 标准溶液于 2 号容量瓶中，加入 9 mL TISAB 溶液，用蒸馏水稀释至刻度，摇匀，得到 10^{-3} mol · L^{-1} NaF 标准溶液。类似地，逐级稀释得到一组浓度为 10^{-2} mol · L^{-1}、10^{-3} mol · L^{-1}、10^{-4} mol · L^{-1}、10^{-5} mol · L^{-1}、10^{-6} mol · L^{-1} 的 NaF 的标准溶液。

用滤纸吸去悬挂在电极上的水滴，将标准系列溶液由低浓度到高浓度依次转移至 50 mL 的塑料烧杯中，放入搅拌棒，插入氟离子选择电极和饱和甘汞电极，在电磁搅拌器搅拌 3 min 后，停止搅拌，读取并记录电池电动势，每隔 30 s 读取 1 次，直到 3 min 内不变为止，每次更换溶液时，都必须用滤纸吸干电极上吸附着的溶液，再进行下一种溶液的测定。

3. 水样中氟含量的测定

取水样 25. 00 mL 于 50 mL 容量瓶中，加入 10 mL TISAB 溶液，用蒸馏水稀释至刻度，摇匀。将氟离子选择电极用蒸馏水清洗到与起始空白电势值相近后，用滤纸吸去电极上的水珠，并把电极插入待测水样中，在与标准曲线相同的条件下测定其电动势 E 值。

五、数据处理

①绘制氟离子标准溶液的电势 E-lgF 标准曲线。

②根据样品测得的电势值，从标准曲线上查出所测水样中所含 F 的浓度，再换算成自来水中的含氟量，以 mg/mL 表示。

六、问题与讨论

①测定自来水中氟离子含量时，加入 TISAB 的组成和作用是什么？

②测量 F 标准系列溶液的电势值时，为什么测定顺序要从低含量到高含量？

实验三　紫外分光光度法测定水中苯酚的含量

一、实验目的

①学习紫外分光光度法的基本原理及定量分析方法。

②掌握紫外—可见分光光谱仪的基本结构和操作。

二、实验原理

在紫外分光光度分析中，常用波长为 200~400 mm 的近紫外光。当有机物分子受到紫外光辐射时，分子中的价电子或外层电子能吸收紫外光而发生能级间的跃迁，其吸收峰的位置与有机物分子的结构有关，其吸收强度遵循比尔定律，与有机物的浓度有关。

苯酚是一种重要的化工原料，也是一种可致癌的有机物。苯酚主要用于合成酚醛树脂，在某些药品、添加剂和增塑剂中也有应用。其水溶液在紫外光区 197 mm、210 mm 和 270 mm

附近有吸收峰，其中在 270 mm 处的吸收峰较强。在测定样品对紫外光的吸收时，要用不吸收紫外光的石英比色皿，而不能用紫外区有吸收的玻璃比色皿。

三、实验仪器和试剂

实验仪器：紫外—可见分光光谱仪、石英比色皿、分析天平、容量瓶、吸量管

实验试剂：苯酚（AR）、蒸馏水、含苯酚的水样

四、实验步骤

1. 苯酚标准溶液的配制

准确称取 0.1000 g 苯酚，用蒸馏水溶解后转移至 100 mL 容量瓶中，定容，摇匀后移取 5.00 mL 于另一个 100 mL 容量瓶中，定容，置于冰箱中保存，此溶液含苯酚 50 $mg \cdot L^{-1}$。

2. 仪器的准备

按紫外—可见分光光谱仪的说明书操作，开启仪器和计算机电源，进入操作界面，选定工作参数（狭缝宽度、扫描范围、扫描速度等）。关闭钨灯或卤钨灯（可见光源），打开氢灯或氘灯（紫外光源），做好测样准备。

3. 最大吸收波长的测定

移取苯酚标准溶液 2.00 mL 于 25 mL 容量瓶中，用蒸馏水定容，摇匀，取适量倒入石英比色皿中，以蒸馏水为参比溶液，在波长 200~400 m 范围内进行扫描，得到吸收曲线。由吸收曲线确定最大吸收波长（λ_{max}）。

4. 标准曲线及样品的测定

在 6 个 25 mL 容量瓶中，分别加入 0.50 mL、1.00 mL、2.00 mL、3.00 mL、4.00 mL、5.00 mL 苯酚标准溶液，定容，以蒸馏水作参比，在 λ_{max} 处测定各溶液的吸光度值，同时测定含苯酚的水样（应作预处理，使其澄清且浓度在标准曲线范围内）的吸光度值。

五、实验结果

由仪器打印出标准曲线和样品的测定结果。

六、问题与讨论

①简述紫外分光光度法的特点及适用范围。

②紫外分光光度法用于定量分析的依据是什么？

实验四　紫外吸收光谱检查物质的纯度

一、目的要求

①掌握紫外吸收光谱检查物质纯度的原理和方法。

②熟练紫外可见分光光度计的操作。

二、基本原理

具有 π 电子的共轭双键化合物，如芳香烃等，在紫外光谱区（200~360 nm）一般都有强烈的特征吸收，其摩尔吸收系数可达到 10^4~10^5 数量级，而饱和烃化合物分子中只有 σ 电子，在近紫外区几乎没有吸收。利用这一差别可以很方便地鉴定饱和烃化合物中是否含有共轭烯烃和芳香烃等杂质。例如，正己烷是由铂重整装置的抽余油（含正己烷 11%~13%）经催化加氢除去苯和不饱和烃而制成的，所以产品中会残留微量的不饱和烃。如分析纯正己烷的质量指标中规定芳香烃（以苯计）应低于 0.2%。如用作高效液相色谱的流动相，需使用不含芳香烃的正己烷，就必须进行脱芳处理。脱芳效果可直接用紫外吸收光谱检查。图 8-2 为分析纯正己烷在脱芳烃前后的紫外吸收光谱图。

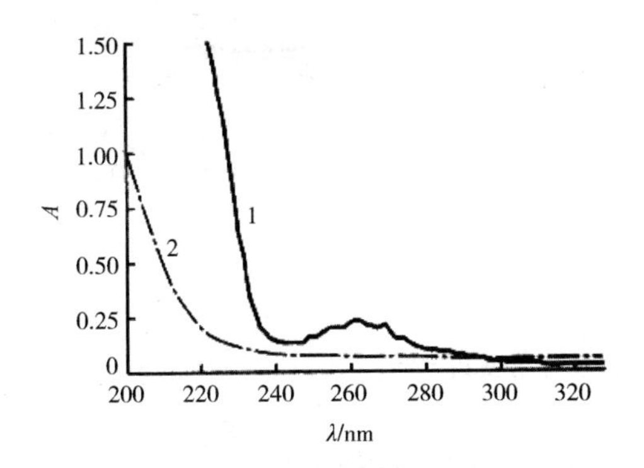

图 8-2 正己烷的紫外吸收光谱

1—分析纯正己烷（含芳香烃） 2—脱芳后的正己烷

上述例子是目标化合物没有紫外吸收而杂质有紫外吸收。如果被检测物有杂质吸收而杂质没有紫外吸收，或者目标化合物与杂质的紫外吸收光谱有明显差别，同样也可以用紫外吸收光谱法来检查纯度。这种方法广泛应用于药物的分析检验，例如肾上腺素合成的中间体——肾上腺酮是肾上腺素中的杂质，两者的紫外吸收曲线有显著差别（图 8-3）。肾上腺酮在 310 nm 处有最大吸收，而肾上腺素几乎没有吸收。因此，测定肾上腺素溶液在 310 nm 处的吸光度值就可以检测肾上腺素的混入量。

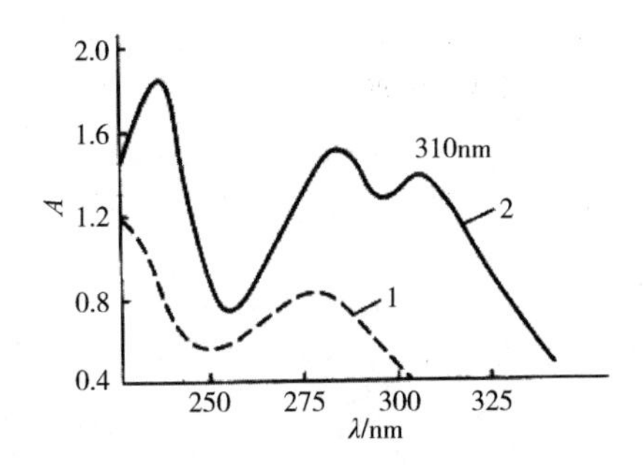

图 8-3 肾上腺素（1）和肾上腺酮（2）的紫外吸收光谱

本实验对两种物质的纯度进行检验，一是用硅胶柱层析对分析纯正己烷试剂进行脱芳处理的效果检查。从硅胶柱流出的正己烷按流出的顺序分成一定体积的若干份，分别进行紫外光谱分析。开始流出的那部分正己烷中不含芳烃，当硅胶吸附的芳烃达到一定数量之后，流出的正己烷在 260 nm 左右出现芳烃的吸收。二是维生素 C（Vc）产品中的 Vc 纯度的测定。Vc 在紫外区域具有特征吸收，其水溶液的 $\lambda_{max}=265$ nm；0.01 mol L^{-1} HCl 溶液的 $\lambda_{max}=244$ nm（图 8-4）。而杂质（口服片中的赋形剂）在该区域没有吸收。通过比较相同浓度试样和标样在最大吸收波长处的吸光度，从而确定试样中 Vc 的含量。

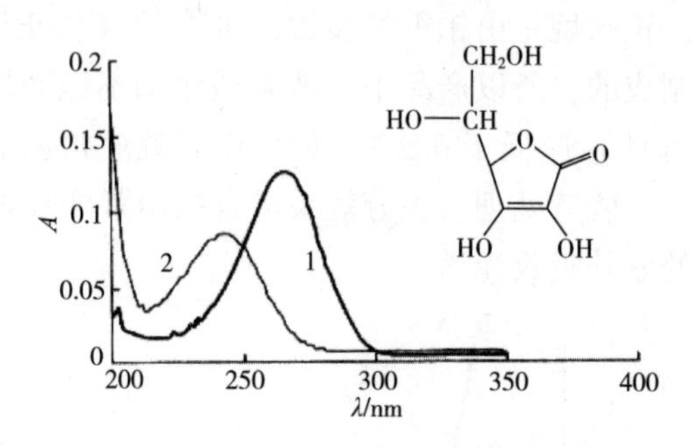

图 8-4　维生素 C 的紫外吸收光谱

三、实验仪器和试剂

实验仪器：紫外—可见分光光度计、玻璃层析柱 φ（参考尺寸：10 mm×250 mm）

实验试剂：

①色谱用硅胶，100~140 目，130℃活化 1 h 以上。

②正己烷（分析纯）。

③0.01 mol · L^{-1} HCl 溶液。

④Vc 标样。称取 0.0800 g Vc 标样，用 0.01 mol · L^{-1}HCl 溶解并定容于 100 mL 容量瓶中，得到质量浓度为 0.80 g · L^{-1} 的 Vc 标样储备液。

⑤Vc 试样。将 5 片口服 Vc 片置于研钵中研成粉末，并混合均匀。然后称取 0.0800 g，用 0.01 mol · L^{-1}HCl 溶解并定容于 100 mL 容量瓶中，必要时过滤除去不溶物，得到质量浓度为 0.80 g · L^{-1} 试样储备液。

四、实验条件

1. 正己烷脱芳效果的检验

①波长范围：200~350 nm。

②参比：空气。

2. Vc 的纯度检验

①波长范围：200~350 nm。

②参比：去离子水。

五、实验步骤

1. 分析纯正己烷的纯度检验

将 6 g 左右活化后的硅胶干法装柱，然后在柱上方小心加入正己烷，在柱下方收集流出物，每 5 mL 为一份，共收集六份，依次编号为 1~6 号。以空气为参比，在 200~350 nm 范围内，分别测定分析纯正己烷和经过脱芳处理的六个馏分的紫外吸收光谱。

2. Vc 的纯度检查

①分别取 Vc 标样储备液和试样储备液 1 mL 于两只 100 mL 容量瓶中，用 0.01 $mol \cdot L^{-1}$ HCl 稀释至刻度。

②以 0.01 $mol \cdot L^{-1}$ HCl 空白试剂作为参比，在 200~350 nm 范围内，测定 Vc 标样的紫外吸收光谱，并在图中确定其最大吸收波长。

③在②中选择的最大吸收波长处，以 0.01 $mol \cdot L^{-1}$ HCl 空白试剂作参比，分别测定 Vc 标样和试样的吸光度。

六、数据处理

①记录实验条件。

②对比分析纯正己烷和经脱芳处理后的各个馏分的紫外吸收光谱，讨论用该法检查纯度的可行性。

③将 Vc 标样和试样的浓度（ρ）和吸光度（A）填入表 8-3，并计算 Vc 口服片中 Vc 纯度（即含量）。

表 8-3　实验记录表

名称	$\rho/(g \cdot L^{-1})$	A
Vc 标样		
Vc 试样		

口服片中 Vc 的含量（质量分数）可按下列公式计算：

$$\omega_{V_c} = \frac{A_{试样}}{A_{标样}} \times \frac{\rho_{标样}}{\rho_{试样}} \times 100\%$$

七、问题与讨论

①哪些情况下可以用紫外吸收光谱进行物质的纯度检查？

②在紫外光谱区饱和烷烃为什么没有吸收峰？

实验五　原子吸收分光光度法测定饮用水中钙、镁的含量

一、实验目的

①学习和掌握原子吸收分光光度法的基本原理。

②了解原子吸收分光光度计的基本结构和使用方法。

③熟悉原子吸收分光光度法的应用。

二、实验原理

原子吸收分光光度法是基于物质所产生的原子蒸气对特征谱线（即待测元素的特征谱线）的吸收作用来进行定量分析的一种方法。当具有一定强度的某波长光辐射通过原子蒸气时，由于原子蒸气对光源辐射的吸收，使光源强度减弱。减弱的强度与原子蒸气中待测元素原子浓度成正比，即遵循朗伯—比尔定律。

$$A = \lg \frac{I_0}{I} = KcL$$

其中，A 为吸光度，I_0 为入射光强度，I 为经原子蒸气吸收后的透射光强度，K 为吸收系数，c 为待测元素浓度，L 为辐射光穿过原子蒸气的光程长度。如果控制实验条件恒定，则 L 为定值，上式变为：$A = K \cdot c$。

利用吸光度与浓度的关系，用不同浓度的钙、镁标准溶液分别测定其吸光度绘制钙、镁的标准曲线，在同样条件下将试液喷入火焰中，使钙、镁原子化，在火焰中形成的基态原子对特征谱线产生选择性吸收。由测得的试液样品的吸光度和标准溶液吸光度进行比较，从标准曲线上即可查得试液样品中钙、镁的浓度，进而计算出饮用水中钙和镁的含量。原子吸收分光光度法测定钙、镁的主要干扰有铝、硫酸盐、磷酸盐、硅酸盐等，它们能抑制钙、镁的原子化，可加入镧、锶或其他释放剂来消除干扰。

三、实验仪器和试剂

实验仪器：原子吸收分光光度计、空气压缩机、乙炔钢瓶、钙元素空心阴极灯、镁元素空心阴极灯、烧杯、容量瓶、移液管

实验试剂：钙标准贮备液（1000 mg · L^{-1}），镁标准贮备液（1000 mg · L^{-1}），钙、镁混合标准溶液（钙 50.00 mg · L^{-1}、镁 5.00 mg · L^{-1}）

四、实验步骤

1. 标准系列工作溶液的配制

在 6 个干净的 50 mL 容量瓶中，依次加入适量的钙、镁混合标准溶液（配制标准系列工作液浓度参照表 8-4），并加入 1.00 mL 镧溶液，用去离子水稀释至刻度（标线），摇匀。

表 8-4　钙、镁标准系列工作溶液的配制和浓度

编号	1	2	3	4	5	6
混合标准溶液加入的体积/mL	0.00	1.00	2.00	3.00	5.00	6.00
钙、镁标准系列 Ca^{2+} 含量/(mg · L^{-1})	0.00	1.00	2.00	3.00	5.00	6.00
钙、镁标准系列 Mg^{2+} 含量/(mg · L^{-1})	0.00	0.10	0.20	0.30	0.50	0.60

2. 实验条件准备

打开计算机电源和原子吸收分光光度计主机电源。双击计算机屏幕上的 AAS 标志，进入

原子吸收分光光度计测量软件系统，待自检通过后，按照仪器的操作程序选择仪器测量条件、选择波长（钙：422.7 mm，镁：285.2 nm）。选择分析条件、检查和输入相关的测量分析条件参数。开启待测元素空心阴极灯，预热。开动空气压缩机，打开冷却水开关，通冷却水。

3. 配制自来水水样溶液

准确移取5.00 mL（可根据当地自来水中钙、镁浓度而定）自来水于25 mL容量瓶中，加入0.50 mL镧溶液，用去离子水稀释至刻度（标线），摇匀。

4. 测定

打开空气压缩机和乙炔气瓶，点火，待仪器稳定后，进行测定。

①标准曲线的绘制：在选定的仪器操作条件下，以去离子水为参比调零，测定钙、镁标准系列工作溶液的吸光度。分别以钙含量、镁含量为横坐标，吸光度为纵坐标，绘制标准曲线（由计算机自动打印出来）。

②测定自来水水样溶液钙、镁的吸光度，在标准曲线上查出自来水水样溶液中钙、镁浓度。

五、实验数据记录与处理

①记录测定自来水水样溶液钙、镁的吸光度，自来水水样溶液中钙、镁浓度。

②根据公式：$X=f\rho$ 计算自来水中钙、镁含量，其中，X为钙或镁含量（$mg \cdot L^{-1}$），f 为自来水样溶液定容体积与自来水样体积之比，ρ 为由标准曲线上查得的钙、镁浓度（$mg \cdot L^{-1}$）。

六、问题与讨论

①原子吸收分光光度分析的基本原理是什么？

②在本实验中如果不采用加入镧的方法清除干扰，还可以采用何种方法清除干扰？

实验六　原子吸收光谱法测定菜叶中铜、镉的含量

一、目的要求

①学习使用标准加入法进行定量分析。

②掌握菜叶中有机物的消化方法。

③熟悉原子吸收光度计的基本操作。

二、基本原理

铜是原子吸收分析经常测定的元素，在空气—乙炔火焰中测定干扰很少。测定时，以铜标准系列溶液为横坐标，以对应吸光度为纵坐标，绘制工作曲线，为一通过原点的直线，根据在相同条件下测定的试样溶液的吸光度在工作曲线上即可求出试液铜的浓度，进而可计算出原样中的铜含量。

在原子吸收中，为了减小因试液与标准之间差异而引起的误差，或为了消除某些化学和

电离干扰均可以采用标准加入法。例如，用原子吸收法测定镀镍溶液中微量铜时，溶液中盐的浓度很高，若用标准曲线法，由于试液与标液之间的差异将使测定结果偏低，这主要是因为喷雾高浓盐时，雾化效率较低，进而吸收值降低。为了消除这种影响，可采用标准加入法，也称“直接外推法”。其测定过程和原理如下：

取等体积的试液两份，分别置于相同容积的两只容量瓶中，其中一只加入一定量待测元素的标准溶液，分别用水稀释至刻度，摇匀，分别测定其吸光度，设试样中待测元素的浓度为 c_x，测得其吸光度为 A_x，试样溶液中加入的标准溶液浓度 c_0，在此溶液中待测元素的总浓度 c_x+c_0，测得其吸光度为 A_0，根据比尔定律，则：

$$A_x = kc_x$$

$$A_0 = k(c_0+c_x)$$

将以上两式整理得：

$$c_x = c_0A_x/(A_x-A_0)$$

在实际测定中，采取作图法所得结果更为准确。将待测试样分成等量的五份溶液，依次加入浓度为 0、c_0、$2c_0$、$3c_0$、$4c_0$ 的标准溶液及 c_x、c_0+c_x、$2c_0+c_x$、$3c_0+c_x$、$4c_0+c_x$（$c_0 \approx c_x$）稀释到一定体积，在固定条件下测定吸光度，以加入待测元素浓度为横坐标，对应吸光度为纵坐标，绘制吸光度—浓度曲线，延长曲线与横坐标延长线交于 c_x，此点与横坐标原点的距离，即为试样中待测元素的浓度（图 8-5）。

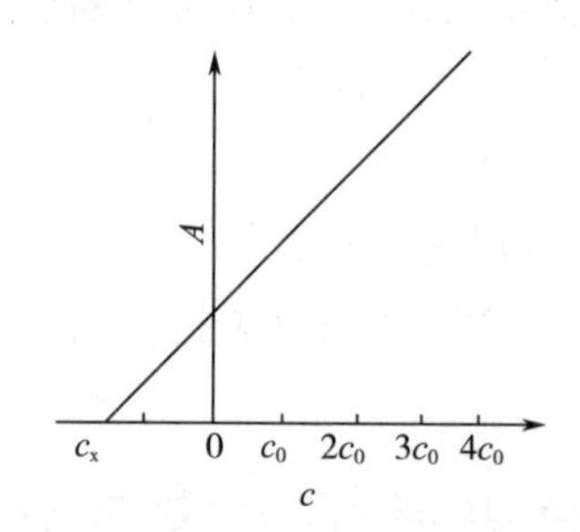

图 8-5　标准加入法检测元素的浓度

根据试液吸光度在工作曲线上求试液的铜含量 c_x，然后按下式求出铜的百分含量：

$$c_{Cu}(\%) = (c_x \times 100 \times f) / (w \times 10^6)$$

其中，f 为稀释倍数，w 为所称取蔬菜的质量。

在使用标准加入法时应注意：

①为了得到较为准确的外推结果，至少要配制四种不同比例加入量的待测元素溶液，以提高测量准确度。

②绘制的工作曲线斜率不能太小，否则外延后将引入较大误差，为此应使一次加入量 c_0 与未知量 c_x 尽量接近。

③本法能消除基本效应带来的干扰，但不能消除背景吸收带来的干扰。

④待测元素浓度与对应的吸光度应呈线性关系，即绘制工作曲线应呈直线，而且当待测元素不存在时，工作曲线应该通过零点。

采用原子吸收光谱分析法测定有机金属化合物、生物材料或含有大量有机溶剂试样中的金属元素时，由于有机化合物在火焰中燃烧，将改变火焰性质、温度、组成等，并且还经常在火焰中生成未燃尽的碳的微细颗粒，影响光的吸收，因此一般预先以湿法消化或干法灰化的方法除去有机物。湿法消化是使用具有强氧化性酸，例如 HNO_3、H_2SO_4、$HClO_4$ 等与有机化合物溶液共沸，使有机化合物分解除去。干法灰化是在高温下灰化、灼烧，使有机物质被空气中的氧所氧化而破坏。本实验采用湿法消化菜叶中的有机物质。

三、实验仪器和试剂

实验仪器：原子吸收分光光度计、铜和镉空心阴极灯、无油空气压缩机、乙炔钢瓶、通风设备、容量瓶、移液管

实验试剂：

金属铜（优级纯）、金属镉（优级纯）、浓盐酸、浓硝酸、浓硫酸、去离子水、稀盐酸溶液（体积比为 1∶1 和 1∶100）、稀硝酸溶液（体积比为 1∶1 和 1∶100）、市售菜叶

标准溶液配制：

①铜标准贮备液（1.0000 g/L）：准确称取 0.5000 g 金属铜于 100 mL 烧杯中，盖上表面皿，加入 10 mL 浓硝酸溶液溶解，然后把溶液转移到 500 mL 容量瓶中，用 1∶100 的硝酸溶液稀释到刻度，摇匀备用。

②铜标准使用液（100 mg/L）：准确吸取 50 mL 上述铜标准贮备液于 500 mL 容量瓶中，用 1∶100 的硝酸稀释至刻度，摇匀备用。

③镉标准贮备液（1.0000 g/L）：准确称取金属镉 0.5000 g 于 500 mL 烧杯中，加入 10 mL 1∶1 盐酸溶液溶解，然后把溶液转移到 500 mL 容量瓶中，用 1∶100 盐酸溶液稀释至刻度，摇匀备用。

④镉标准使用液（10 mg/L）：准确吸取 1 mL 上述镉标准贮备液于 100 mL 容量瓶，用 1∶100 盐酸溶液稀释至刻度，摇匀备用。

四、实验条件

以 3200 型原子吸光分光光度计为例说明，实验条件如表 8-5 所示。若使用其他型号仪器，实验条件应根据具体仪器而定。

表 8-5　实验条件

名称	铜	镉
吸收线波长 λ/nm	324.8	228.8
空心阴极灯电流 I/mA	10	10
狭缝宽度 d/mm	0.2（2 档）	0.2（2 档）
燃烧器宽度 h/mm	5.0	5.0
乙炔流量 Q/(L · min^{-1})	0.8	0.8
空气流量 Q/(L · min^{-1})	4.5	5.0

五、实验步骤

1. 菜叶试样的消化

称取 200 g 菜叶试样研碎后放于 500 mL 高筒烧杯中，加热至浆液状，慢慢加入 20 mL 浓硫酸并搅拌，加热消化。若一次消化不完全，可再加入 20 mL 浓硫酸继续消化。然后加入 10 mL 浓硝酸，加热，若溶液呈黑色，再加入 5 mL 浓硝酸继续加热，如此反复直至溶液呈淡黄色，此时菜叶中的有机物质全部被消化完。将消化液转移到 100 mL 容量瓶中，并用去离子水稀释至刻度，摇匀备用。

2. 配制标准溶液系列

（1）铜标准溶液系列

取 5 只 100 mL 容量瓶，各加入 10 mL 上述菜叶消化液，然后分别加入 0.00 mL、2.00 mL、4.00 mL、6.00 mL、8.00 mL 铜标准使用液（100 mg/L），用去离子水稀释至刻度，摇匀备用。该标准溶液系列铜的质量浓度分别为 0.00 mg/L、2.00 mg/L、4.00 mg/L、6.00 mg/L、8.00 mg/L。

（2）镉标准溶液系列

取 5 只 100 mL 容量瓶，各加入 10 mL 上述菜叶消化液，然后分别加入 0.00 mL、2.00 mL、3.00 mL、4.00 mL、6.00 mL 镉标准使用液（10 mg/L），用去离子水稀释至刻度，摇匀备用。该标准溶液系列镉的质量浓度分别为 0.00 mg/L、0.20 mg/L、0.30 mg/L、0.40 mg/L、0.60 mg/L。

3. 测量铜标准系列溶液的吸光度

根据实验条件，将原子吸收分光光度计按操作步骤进行调节，待仪器读数稳定后即可进样。在测定之前，先用去离子水喷雾，调节读数值零点，然后按照浓度由低到高的原则，依次间隔测量铜标准系列溶液并记录吸光度。

4. 按相同的方法测定镉标准系列溶液的吸光度

测定结束后，先吸喷去离子水，清洁燃烧器，然后关闭仪器。关仪器时，必须先关乙炔，再关电源，最后关闭空气。

六、数据处理

①记录实验条件：仪器型号、吸收线波长（nm）、空心阴极电流（mA）、狭缝宽度（nm）、燃烧器高度（mm）、乙炔流量（$L \cdot min^{-1}$）、空气流量（$L \cdot min^{-1}$）、燃助比（乙炔：空气）

②在表 8-6 中记录铜、镉标准系列溶液的吸光度，然后以吸光度为纵坐标，质量浓度为横坐标绘制工作曲线。

表 8-6　铜、镉标准系列溶液的吸光度

铜的测定	铜标准溶液 V/mL	0.0	2.0	4.0	6.0	8.0
	P_{Cu}/（$mg \cdot L^{-1}$）					
	吸光度 A					

续表

镉的测定	镉标准溶液 V/mL	0.0	2.0	3.0	4.0	6.0
	P_{Cd}/（$mg \cdot L^{-1}$）					
	吸光度 A					

③延长铜镉工作曲线与质量浓度轴相交，交点为 P_x，根据求得的 P_x 分别换算成菜叶消化液中铜、镉的质量浓度（mg/L）。

④根据菜叶试液被稀释情况，计算菜叶中铜镉的含量，以 mg/L 表示。

七、问题与讨论

①采用标准加入法定量分析应注意哪个问题？

②以标准加入法进行定量分析有什么优点？

③为什么标准加入法中工作曲线外推与工作轴相交点，就是试液中待测元素的浓度？

实验七　桑色素荧光分析法测定水样中铍的含量

一、实验目的

①掌握桑色素荧光分析法测定微量铍的原理与方法。

②了解荧光光度法的基本原理。

③掌握荧光光度计的使用方法并熟悉其结构。

二、实验原理

在碱性介质中（pH 10.5～12.5），铍以铍酸盐形式存在，铍酸盐能与桑色素（2，3，4，5，7-五羟基磺酮）作用，形成的反应产物在紫外光的照射下发出黄色荧光（荧光波长 530 nm），在一定浓度范围内，荧光强度与铍的浓度成正比。利用此荧光反应可测定样品中微量铍。

三、实验仪器和试剂

实验仪器：Cary Eclipse 型荧光分光光度计、吸量管、容量瓶

实验试剂：

①1.00 $g \cdot L^{-1}$ 铍标准溶液：称取 0.1068 g $BeO_4 \cdot 4H_2O$（光谱纯）溶于 1 $mol \cdot L^{-1}$HCl 中，移入 100 mL 容量瓶，并用 1 $mol \cdot L^{-1}$HCl 稀释至刻度。临用时再用 2 次去离子水稀释成 0.100 $g \cdot L^{-1}$ 铍的工作溶液。

②0.1 $g \cdot L^{-1}$ 桑色素溶液：将 10 mg 桑色素溶于 100 mL 无水乙醇中，临用时配制。

③NaOH 溶液（5%）。

④EDTA 溶液（10%）。

四、实验步骤

1. 选择测量的激发波长与发射波长

打开计算机进入 Windows 系统，开 Cary Eclipse 主机，双击 Cary Eclipse 图标。选择 Scan 功能图标双击，进入仪器操作界面。单击 Setup 功能键，进入参数设置页面，设定仪器工作参数。选择预扫描功能，测出铍与桑色素形成的反应产物荧光的激发光谱和发射光谱。反应产物在 530 mm 左右有较强的荧光。再设定发射波长为 530 nm，对激发波长进行扫描，得出最佳的激发波长。

2. 标准曲线的绘制

移取 0. 00 mL、0. 05 mL、0. 10 mL、0. 15 mL、0. 20 mL 铍标准溶液于 5 个 25 mL 容量瓶中，依次用去离子水稀释至 5 mL，用 5% NaOH 调节 pH 为中性（0. 5~1 滴 5% NaOH 溶液），加入 0. 5 mL 10%EDTA 二钠盐、1 mL 5% NaOH 溶液、0. 5 mL 0. 1 $g \cdot L^{-1}$ 桑色素溶液，用去离子水稀释至刻度，摇匀，放置 3 min 后，在荧光分光光度计上测定荧光强度，记录数据。

3. 铍含量的测定

另取一支 25 mL 容量瓶，移取 2 mL 铍未知液，按上述相同操作，平行测定未知铍溶液的荧光强度。

五、实验结果

①用 Cary Eclipse 型荧光分光光度计处理软件绘制出标准溶液浓度与荧光强度 c-I 标准曲线。

②计算出未知铍溶液中的铍的浓度。

六、问题与讨论

在测量荧光时，为什么激发光的入射与荧光的接收呈一定的角度？

实验八　气相色谱法测定白酒中甲醇的含量

一、实验目的

①了解气相色谱仪（火焰离子化检测器）的使用方法。

②掌握外标法定量的原理。

③了解气相色谱法在产品质量控制中的应用。

二、方法原理

试样被汽化后，随同载气进入色谱柱，由于不同组分在流动相（载气）和固定相间分配系数的差异，当两相作相对运动时，各组分在两相中经多次分配而被分离。在酿造白酒的过程中，不可避免地有甲醇产生。根据国家标准（GB 10343—2016），食用酒精中甲醇含量应低于 150 mg · L^{-1}。

利用气相色谱可分离、检测白酒中的甲醇含量。在相同的操作条件下，分别将等量的试样和含甲醇的标准样进行色谱分析，由保留时间可确定试样中是否含有甲醇，比较试样和标准样中甲醇峰的峰面积，可确定试样中甲醇的含量。

三、实验仪器和试剂

实验仪器：气相色谱仪、火焰离子化检测器、微量注射器（1 μL）

实验试剂：甲醇（色谱纯）、无甲醇的乙醇（取 0.5 μL 进样，无甲醇峰即可）

四、实验步骤

1. 标准溶液的配制

用体积分数为 60% 的乙醇水溶液为溶剂，分别配制浓度为 0.1 g · L^{-1}、0.6 g · L^{-1} 的甲醇标准溶液。

2. 色谱条件

色谱柱：长 2 m、内径 3 mm 的不锈钢柱；GDX-102；80~100 目；载气（N_2）流速：37 mL · min^{-1}；氢气（H_2）流速：37 mL · min^{-1}；空气流速：450 mL · min^{-1}；进样量：0.5 μL；柱温：150℃；检测器温度：200℃；汽化室温度：170℃。

3. 操作

通载气后，启动仪器，设定以上温度条件。待温度升至所需值时，打开氢气和空气，点燃 FID（点火时，H_2 的流量可大些），缓缓调节 N_2、H_2 及空气的流量，至信噪比较佳时为止。待基线平衡后即可进样分析。

在上述色谱条件下进 0.5 μL 标准溶液，得到色谱图，记录甲醇的保留时间。在相同条件下进白酒样品 0.5 μL，得到色谱图，根据保留时间确定甲醇峰。

五、数据处理

测量两个色谱图上甲醇峰的峰高。按式（8-1）计算白酒样品中甲醇的含量：

$$\rho = \rho_s h / h_s \tag{8-1}$$

式中：ρ——白酒样品中甲醇的质量浓度，g · L^{-1}；

ρ_s——标准溶液中甲醇的质量浓度，g · L^{-1}；

h——白酒样品中甲醇的峰高，mm；

h_s——标准溶液中甲醇的峰高，mm。

比较 h 和 h_s 的大小即可判断白酒中甲醇是否超标。

六、问题与讨论

①为什么甲醇标准溶液要以 60% 乙醇水溶液为溶剂配制？配制甲醇标准溶液还需要注意些什么？

②外标法定量的特点是什么？外标法定量的主要误差来源有哪些？

③如何检查 FID 是否点燃？

实验九　气相色谱法测定饮料中苯甲酸和山梨酸的含量

一、实验目的

①掌握气相色谱外标法定量分析的方法。

②初步了解气相色谱仪的使用。

二、实验原理

气相色谱法（GC）具有操作简单、分析快速、分离效能高、样品用量少、灵敏度高、应用范围广的特点，现已成为现代实验室分离、分析复杂混合物最有效的手段之一。无论是有机物还是无机物，无论是气体、液体还是固体样品，只要在色谱温度适用的范围内，具有 $26.6 \sim 1.33 \times 10^3$ Pa 的蒸气压且热稳定性好的化学物质，都可以用 GC 进行分离和分析。

苯甲酸和山梨酸是果汁饮料中常用的两种防腐剂。它们都微溶于水，而易溶于乙醇、乙醚等有机溶剂。在饮料中，如果单独使用这两种防腐剂，能起到防腐作用的必要含量都大约为0.1%，而法定许可使用量要求低于0.1%。故在饮料中，这两种防腐剂同用。本实验在酸性条件下，将样品中的山梨酸和苯甲酸用乙醚提取出来，经浓缩、蒸干后，再溶于挥发性较小的乙醇中，成为可供测定的提取液。

以氮气为载气，在涂布5% DEGS+1% H_3PO_4 固定液的 Chromosorb WAX 色谱柱中，提取液中的山梨酸和苯甲酸被完全分离，用氢火焰离子化检测器（FID）检测，可得尖锐的窄形峰。测量各峰的峰高，并与标准曲线比较，便可同时测出样品中苯甲酸和山梨酸的含量。

这种利用标准曲线定量的方法在色谱分析中称为外标法。其优点是：制成工作曲线后，测量工作很简单，也不必求出定量校正因子 f。但此法要求各次进样严格相等，操作条件严格不变，难度较大。所以这种方法多用于批量液体样品的常规控制分析或气体样品的分析。

三、实验仪器和试剂

实验仪器：气相色谱仪（氢火焰离子化检测器，FID）、氮气钢瓶、氢气钢瓶、空气铜瓶、色谱柱（玻璃质，长 2 m，内径 3 mm，内装涂以 5% DEGS+1%H_3PO_4 固定液，60~80 目，Chromosorb WAX）、量筒、试管、吸量管、容量瓶、小漏耳、微量射器（5 μL）、分液漏斗

实验试剂：无水乙醇、乙醚、山梨酸、苯甲酸、石油醚、NaCl 酸性溶液（在 4% NaCl 溶液中加入少量 6 mol · L^{-1}HCl 溶液酸化）、无水 Na_2SO_4、市售蔬菜汁（或果汁）饮料

四、实验步骤

1. 山梨酸标准溶液的配制

①山梨酸标准储备液：准确称取0.2000 g山梨酸于小烧杯中，用少量3∶1（体积比，下同）的石油醚—乙醇混合液溶解后，移入100 mL容量瓶，用3∶1的石油醚—乙醇定容。此溶液含山梨酸2.0 $g \cdot L^{-1}$。

②山梨酸标准溶液系列：取5个10 mL容量瓶，分别加入2.0 $g \cdot L^{-1}$山梨酸标准储备液0.30 mL、0.50 mL、0.80 mL、1.00 mL、1.20 mL，再用3∶1的石油醚—乙醇稀释至刻度，摇匀。

2. 苯甲酸标准溶液的配制

①苯甲酸标准储备液：准确称取0.2000 g苯甲酸于小烧杯中，用少量3∶1的石油醚—乙醇溶解后定容于100 mL容量瓶。此溶液含苯甲酸2.0 $g \cdot L^{-1}$。

②苯甲酸标准溶液系列：取5个10 mL容量瓶，依次加入2.0 $g \cdot L^{-1}$苯甲酸标准储备液0.30 mL、0.50 mL、0.80 mL、1.00 mL、1.20 mL，再用3∶1的石油醚—乙醇稀释至刻度，摇匀。

3. 样品溶液的配制

吸取2.50 mL混合均匀的样品于25 mL带塞的量筒中，加0.5 mL 6 $mol \cdot L^{-1}$ HCl溶液酸化，分别用15 mL和10 mL乙醚各提取1次，每次振摇1 min，将上层醚液合并于50 mL分液漏斗中。用6 mL 4%NaCl酸性溶液分2次洗涤醚液，弃去水层。将醚液通过小漏斗中的无水Na_2SO_4，过滤于25 mL容量瓶中，加乙醚到刻度，摇匀。准确吸取上述乙醚提取液5.00 mL于5 mL带塞试管中，置于40~50℃的水浴上蒸干，加入2.00 mL 3∶1的石油醚—乙醇混合溶剂，使残渣溶解，盖好备用。

4. 测定

色谱条件。载气：N_2 50 $mL \cdot min^{-1}$；燃气：H_2 40 $mL \cdot min^{-1}$；助燃气：空气300 $mL \cdot min^{-1}$；温度：汽化室230℃、检测器230℃、柱温17℃；纸速5 $cm \cdot min^{-1}$。

①启动仪器并按上述参数调好仪器，点燃氢火焰，待基线稳定后进样。

②将前面配制的山梨酸标准溶液系列、苯甲酸标准溶液系列、样品溶液各2 μL于气相色谱仪中，记录色谱图。

五、实验结果

①测量色谱图中各色谱峰的峰高并填入表8-7。

表8-7　样品中山梨酸、苯甲酸的含量

名称	编号	1	2	3	4	5
山梨酸	2.0 $g \cdot L^{-1}$标液体积/mL	0.30	0.50	0.80	1.00	1.20
	浓度/($g \cdot L^{-1}$)	10.00	10.00	10.00	10.00	10.00
	色谱峰高/cm					

续表

名称	编号	1	2	3	4	5
苯甲酸	$2.0\ g \cdot L^{-1}$ 标液体积/mL	0.30	0.50	0.80	1.00	1.20
	浓度/($g \cdot L^{-1}$)	10.00	10.00	10.00	10.00	10.00
	色谱峰高/cm					

②在方格坐标纸上，以组成量度为横坐标，以峰高为纵坐标，绘制山梨酸和苯甲酸的标准曲线。

③根据标准曲线和样品溶液的峰高，查出样品溶液中山梨酸和苯甲酸的含量。饮料样品中山梨酸或苯甲酸的含量 ρ（$g \cdot mL^{-1}$）按下式计算：

$$\rho = \frac{\rho_0}{V_1 \times \frac{5.00}{25.00} \times \frac{1}{V_2}}$$

其中，ρ_0 为从标准曲线上查得样品溶液中山梨酸或苯甲酸的组成含量（$g \cdot L^{-1}$）；V_1 为饮料样品的体积（mL）；5.00 为配制样品溶液时所取乙醚提取液的体积（mL）；25.00 为样品乙醚提取液的定容体积（mL）；V_2 为配制样品溶液时加入 3∶1 的石油醚—乙醇混合溶剂的体积（mL）。

六、问题与讨论

①影响外标标准曲线法分析准确度的主要因素有哪些？

②为使进样定量、准确，应注意什么？

实验十　高效液相色谱法测定饮料中咖啡因的含量

一、目的要求

①理解高效液相色谱的原理，熟悉高效液相色谱仪的结构。

②掌握外标定量分析方法。

二、基本原理

咖啡因又称咖啡碱，属于黄嘌呤衍生物，化学名称为1,3,7-三甲基黄嘌呤，是从茶叶或咖啡中提取的一种生物碱。它能兴奋大脑皮层，使人精神亢奋。咖啡因在咖啡中的含量为1.2%~1.8%，在茶叶中的含量为2.0%~4.7%。可乐饮料、止痛药片等均含咖啡因。

在液相色谱法中，对于亲水性的固定相常采用疏水性流动相，即流动相的极性小于固定相的极性，这种情况称为正相色谱法。反之，若流动相的极性大于固定的极性，则称为反相色谱法，该方法目前的应用最为广泛。本实验采用反相液相色谱法，以 C_{18} 色谱柱分离饮料中的咖啡因，紫外线检测器进行检测，以咖啡因标准系列溶液的色谱峰面积对其浓度作标准曲线，再根据试样中的咖啡因峰面积，由标准曲线算出其浓度。

三、实验仪器和试剂

实验仪器：高效液相色谱仪、超声波清洗器。

实验试剂：甲醇（色谱纯）、咖啡因（优级纯）、超纯水、市售的可口可乐和百事可乐

咖啡因标准溶液的配制：配制含咖啡因 1000 mg/L 甲醇溶液备用。用上述备用液配制含咖啡因 0 mg/L、30 mg/L、60 mg/L、90 mg/L、120 mg/L、150 mg/L 的甲醇标准系列溶液。

四、实验条件

色谱柱：长 150 mm、内径 4.6 mm，装填 C18 烷基键合物，颗粒度 10 μm 的固定相；流动相：甲醇：水（60：40），流量 1 mL/min；紫外光度检测器：测定波长 254 nm，灵敏度 0.08；进样量：20 μL。

五、实验步骤

①将配制好的流动相置于超声波清洗器上脱气 15 min。

②根据实验条件，将仪器按照仪器的操作步骤调节至进样状态，待仪器液路和电路系统达到平衡时，色谱工作站或记录仪的基线呈平直，即可进样。

③依次分别吸取 10 μL 不同浓度的咖啡因标准溶液进样，记录各色谱数据。

④分别将约 20 mL 可口可乐和百事可乐试样置于 25 mL 容量瓶中，用超声波清洗器脱气 15 min。

⑤依次分别吸取 10 μL 的可乐试样进样，记录各色谱数据。

⑥实验结束后，按要求关好仪器。

六、数据处理

①记录实验条件（参见第四步实验条件）。

②处理色谱数据，将标准溶液及试样溶液中咖啡因的保留时间及峰面积列于表 8-8 中。

表 8-8 色谱数据记录表

标准溶液/($mg \cdot L^{-1}$)	保留时间/min	峰面积
0		
30		
60		
90		
120		

续表

标准溶液/($mg \cdot L^{-1}$)	保留时间/min	峰面积
150		
可口可乐		
百事可乐		

③绘制咖啡因峰面积—质量浓度的标准曲线，并计算回归方程和相关系数。

④根据试样溶液中咖啡因的峰面值，计算可口可乐和百事可乐中咖啡因的质量浓度。

七、问题与讨论

①用标准曲线法定量的优缺点是什么？

②根据结构式，咖啡因能用离子交换色谱法分析吗？为什么？

③若标准曲线用咖啡因质量浓度对峰高作图能给出准确结果吗？与本实验的峰面积质量浓度标准曲线相比，哪个更好？为什么？

实验十一　高效液相色谱分析对羟基苯甲酸酯类混合物

一、实验目的

①了解高效液相色谱仪构造。

②了解高效液相色谱分析操作基本步骤。

③进一步巩固色谱定性和定量方法。

二、实验原理

在对羟基苯甲酸酯类混合物中含有对羟基苯甲酸甲酯、对羟基苯甲酸乙酯、对羟基苯甲酸丙酯和对羟基苯甲酸丁酯，它们都是强极性化合物，可采用反相液相色谱进行分析。选用非极性的 C18 烷基键合相作固定相，甲醇的水溶液作流动相。由于在一定的实验条件下，酯类各组分的保留值保持恒定。因此，在同样条件下，将测得的未知物的各组分保留时间与已知纯酯类组分的保留时间进行对照，即可确定未知物中各组分是否存在。这种利用纯物质对照进行定性的方法，适用于来源已知且组分简单的混合物。

本实验采用归一化法定量，归一化法使用条件及计算公式与气相色谱分析法相同：

$$\omega_i = \frac{f_i' A_i}{\sum_{i=1}^{n} f_i' A_i}$$

对羟基苯甲酸酯类混合物属于同系物，具有相同的生色团和助色团，因此它们在紫外光度检测器上具有相近的校正因子，故上式可简化为：

$$\omega_i = \frac{A_i}{\sum_{i=1}^{n} A_i} \times 100\%$$

三、实验仪器和试剂

实验仪器：高效液相色谱仪、紫外光度检测器、记录仪、微量进样器（10 μL）、超声波发生器

实验试剂：对羟基苯甲酸甲酯、对羟基苯甲酸乙酯、对羟基苯甲酸丙酯、对羟基苯甲酸丁酯、甲醇、2 次蒸馏水

四、实验条件

1. 溶液的配制

①标准贮备液分别置于 100 mL 容量瓶中，配制浓度均为 1000 mg · L^{-1} 的上述四种酯类化合物的甲醇溶液。

②标准操作液用上述四种标准贮备液分别置于 10 mL 容量瓶中，配制浓度均为 10 mg · L^{-1} 的四种酯类化合物的甲醇溶液，混匀备用。

③未知样品。

2. 色谱条件

色谱柱：长 25 cm、内径 3 mm，装填 C18 烷基键合相，粒度为 10 m 的固定相；流动相：甲醇：水 = 50：50，流量 1 mL · min^{-1}；检测器：紫外光度检测器，检测波长 254 nm；记录仪：量程 5 mV，走纸速度 480 mm/h；进样量：3 μL。

五、实验步骤

①将配制好的流动相甲醇水溶液置于超声波发生器上脱气 15 min。

②根据实验条件，将仪器按照操作步骤调节至进样状态，待仪器达到平衡时，记录基线呈直线，即可进样。

③依次分别吸取 3 μL 的四种标准操作液和未知试液进样，记录各色谱图。

六、实验结果

①记录实验条件。

②测量四种对羟基苯甲酸酯化合物标准溶液色谱峰的保留时间 t_R，并填于表 8-9 中。

表 8-9 四种对羟基苯甲酸酯化合物标准溶液色谱峰的保留时间

组分名称	保留时间 t_R/min

③测量未知样品色谱图上各组分的峰高 h、半峰宽 $Y_{1/2}$，计算各组分的峰面积 A 及其含量 ω_i，并将数据列于下表 8-10 中。

表 8-10　未知样品色谱图上的各参数值

出峰顺序	组分	峰高 h/mm	半峰宽 $Y_{1/2}$/mm	峰面积 A	含量 ω_i/%

注：若使用色谱工作站，按照相应操作步骤进行。

七、问题与讨论

①色谱定量分析采用归一化法定量有何优缺点？本实验为什么可以不用相对质量校正因子？

②本实验为什么采用反相液相色谱，试说明理由。

③高效液相色谱分析的流动相为何要脱气，不脱气对实验有何妨碍？

实验十二　离子色谱法测定自来水中氯离子和硫酸根离子的含量

一、实验目的

①学习离子色谱法的基本原理及其定量分析方法。

②掌握离子色谱仪的基本结构和一般操作。

二、实验原理

离子色谱法是利用离子交换的方式，将样品中的阴离子或阳离子进行分离，分离后的阴离子或阳离子可用电导检测器检测，检测信号的强度与离子的浓度相关，由此可进行定量分析；离子在交换柱中被洗脱液洗脱的速度（即保留时间）与离子的性质相关，由此可进行定性分析。离子色谱法具有灵敏度高、分析速度快、应用广泛、可同时分析多种成分的特点，是测定水样中阴离子的首选方法。

离子色谱柱由色谱柱，高压泵、抑制器和检测器组成。色谱柱对样品中的离子进行分离；高压泵用于输送洗脱液，对在色柱中分离的离子进行洗脱；抑制器用于降低背景信号，提高组分的信号强度；检测器用于对分离后的组分进行检测。

三、实验仪器和试剂

实验仪器：离子色谱仪、色谱柱、计算机、分析天平、滤膜（0.45 μm）

实验试剂：氯化钠、硫酸钠、硫酸、碳酸钠、碳酸氢钠、超纯水

四、实验步骤

1. Cl^-和SO_4^{2-}标准溶液的配制

称取经200℃干燥2 h的氯化钠0.1649 g和无水硫酸钠0.1479 g，用超纯水溶解后分别转移至500 mL容量瓶中，定容。此两种标准溶液中Cl^-和SO_4^{2-}的浓度均为200 mg/L。在5个100 mL容量瓶中，分别加入Cl^-和SO_4^{2-}标准溶液各0.50 mL、2.50 mL、5.00 mL、10.00 mL、25.00 mL，定容，配成系列混合标准溶液，其中Cl^-和SO_4^{2}的浓度均为1 mg/L、5 mg/L、10 mg/L、20 mg/L、50 mg/L。

2. 洗脱液和再生液的准备

将洗脱液（1.8 mmol/L Na_2CO_3溶液+1.7 mmol/L $NaHCO_3$溶液），用隔膜真空泵抽滤、脱气后装入洗脱液瓶，将再生液（50 mmol/L H_2SO_4溶液）装入再生液瓶。

3. 自来水样的处理

用0.45 μm滤膜将自来水样过滤备用。

4. 仪器的准备

①连接好洗脱液瓶、再生液瓶、冲洗液瓶（内装高纯水）和废液瓶。

②接通电源，压紧蠕动泵。

③启动计算机，进入操作界面。

④平衡基线，直至系统压力和电导值稳定。

⑤标准溶液及样品的测定。用注射器分别吸取系列混合标准溶液注入样品环，进行测定，得到系列标准液的色谱图。将过滤后自来水样注入样品环，进行测定。由计算机自动计算并打印出水样中Cl^-和SO_4^{2-}的含量。

⑥关闭仪器：按仪器说明书操作。关机前用洗液冲洗分析柱30 min后，依次关闭双活塞泵、蠕动泵、系统、操作界面、电源，最后松开蠕动泵管。

五、实验结果

由仪器自动计算。

六、问题与讨论

①简述离子色谱法的主要特点。

②采用阴离子交换柱分离氯离子和硫酸根离子，哪种离子先被洗脱出来，为什么？

实验十三　红外光谱仪测定有机化合物的结构

一、实验目的

①学习和掌握红外光谱仪的基本原理和定性方法。

②了解红外光谱仪的基本结构和使用方法。

③掌握红外吸收光谱分析的基本方法和红外光谱分析法的应用。

二、实验原理

绝大多数有机化合物的基团振动频率分布在中红外区（波长 2.5~25 μm），研究和应用最多的也是中红外区的红外吸收光谱法。红外光谱主要用于有机物和无机物的定性和定量分析，其应用领域十分广泛，如石油化工、高聚物（塑料、橡胶、合成纤维）、纺织、农药、医药、环境监测、矿物和司法鉴定等。

红外吸收光谱法（IR）是以一定波长的红外光照射物质，若该红外光的频率能满足物质分子中某些基团振动能级的跃迁频率条件，则该分子就吸收这一波长红外光的辐射能量，引起偶极矩的变化，而由基态振动能级跃迁到较高能量的激发态振动能级。检测物质分子对不同波长红外光的吸收强度，就可以得到该物质的红外吸收光谱。红外光谱对有机化合物的定性分析具有鲜明的特征性。因为每一种化合物都具有特征的红外吸收光谱，其谱带数目、位置、形状和相对强度均随化合物及其聚集态的不同而不同，因此根据化合物的光谱可确定化合物或其官能团是否存在。

红外光谱定性，大致可分为官能团定性和结构分析两个方面。官能团定性是根据化合物的红外光谱的特征基团频率来鉴定物质含有的基团，从而确定有关化合物的类别。结构分析需要由化合物的红外光谱并结合其他实验资料（如相对分子质量、物理常数、紫外光谱、核磁共振波谱、质谱等）来推断有关化合物的化学结构。

光谱解析习惯上多用两区域法：特征区及指纹区。4000~1500 cm^{-1} 范围称为特征区，为基团和化学键的特征频率（基频），特征区的信息对结构鉴定是很重要的。1500~400 cm^{-1} 范围称为指纹区，主要是单键伸缩振动和 X—H 键的变形振动频率。在与测绘标准谱图尽可能一致的光谱条件下测绘样品，将样品的红外光谱与目标化合物标准谱图进行比较，来鉴定可能结构的化合物。使用该方法时，要注意以下 3 个方面：

①样品谱图的测绘条件要与标准谱图的测绘条件基本一致。

②注意检测样品的仪器性能与测绘标准谱图的仪器性能的差别，这种差别能够导致某些峰细微结构的不同。

③在制样时，尽量避免引入杂质，并掌握好样品与 KBr 的比例和锭片的厚度，以得到一个质量好的透明锭片。

三、实验仪器和试剂

实验仪器：傅里叶变换红外光谱仪、联机计算机、压片机、红外烘箱、玛瑙研钵、镊子

实验试剂：溴化钾、苯乙酮、苯甲酸

四、实验步骤

1. 打开仪器

打开主机、工作站和打印机开关，预热 10 min，打开红外操作软件。

2. 样品的制样及红外吸收谱图的绘制

（1）固体试剂苯甲酸的红外吸收谱图的绘制

①取干燥的苯甲酸样 1~2 mg 置于玛瑙研钵中充分磨细，再加入 150 mg 干燥的 KBr 研磨至完全混匀，颗粒粒度约 2 μm。

②取出约 100 mg 混合物装入干净的压模内，置于压片机上，在 80 MPa 压力下压 8 min，制成透过率超过 40%的透明样品薄片。

③将样品薄片装在样品架上，插入红外光谱仪样品池的光路中，以纯 KBr 薄片为参比片，按仪器操作方法从 4000 cm^{-1} 扫谱至 500 cm^{-1}。

④扫谱结束后，取下样品架，取出薄片，按要求将模具、样品架等擦净收好。

（2）液体样品苯乙酮的红外吸收谱图的绘制

①可拆式液体样品池的准备。戴上指套，将可拆式液体样品池的两氯化钠盐片从干燥器中取出，在红外灯下用少许滑石粉混入几滴无水乙醇磨光其表面。用软纸擦净后，加无水乙醇 1~2 滴，再用吸水纸擦干净，然后将盐片放置于红外灯下烘干备用。

②液体样品的测试。在可拆式液体样品池的金属板上垫上橡胶，在孔中央位置放一盐片，然后滴半滴液体样品于盐片上，将另一盐片压在上面（不能有气泡）。再将另一金属片盖上，谨慎地旋紧对角方向的螺丝，将盐片夹紧形成一层薄的液膜。把此液体池放于样品池的光路，以空气作参比，按仪器操作方法从 4000 cm^{-1} 扫谱至 500 cm^{-1}。

③扫谱结束后，取下样品池，松开螺丝，套上指套，小心取出盐片。用软纸擦净液体，滴几滴无水乙醇洗去样品，擦干、烘干后，将两盐片放干燥器中保存。

五、数据处理

①在标样和样品的红外吸收光谱上，标出各特征吸收峰的波数，并确定其归属。

②把样品的红外吸收谱图与标注谱库中给出的标准谱图进行对照比较，标出每个特征吸收峰的波数，并确定其归属。

六、问题与讨论

①用压片法制样时，为什么要求将固体样品颗粒粒度研磨到约为 2 μm？为什么要求 KBr 粉末干燥、避免吸水受潮？

②共轭效应和芳香性对羰基吸收频率有何影响？

实验十四　GC/MS 联用仪分析苯系物

一、实验目的

①掌握 GC/MS 工作的基本原理。

②了解 GC/MS 的基本构造，熟悉工作站软件的使用。

③了解运用 GC/MS 联用仪分析样品的基本过程，掌握利用质谱标准图库检索进行色谱峰

定性的方法。

二、实验原理

1. 气相色谱

气相色谱的流动相为情性气体，气固色谱法中以表面积大且具有一定活性的吸附剂作为固定相。当多组分的混合样品进入色谱柱后，由于吸附剂对每个组分的吸附力不同，经过一定时间后，各组分在色谱柱中的运行速度也就不同。吸附力弱的组分容易被解吸下来，最先离开色谱柱进入检测器，而吸附力最强的组分最不容易被解吸下来，因此最后离开色谱柱。如此，各组分得以在色谱柱中彼此分离，顺序进入检测器中被检测、记录下来。

2. 质谱

质谱分析法是通过对被测样品离子质荷比的测定来进行分析的一种方法。被分析的样品首先要离子化，然后利用不同离子在电场或磁场的不同运动行为，把离子按质荷比（m/z）分开而得到质谱。通过样品的质谱和相关信息，可以得到样品的定性定量结果。

3. 气质联用（GC/MS）

气质联用的有效结合，既充分利用了色谱的分离能力，又发挥了质谱的定性专长，优势互补，结合谱库检索，可以得到较满意的分离及鉴定结果。用于与气相色谱联用的质谱仪有磁式、双聚焦式、四极滤质器式、离子阱式等质谱仪，其中四极滤质器及离子阱式质谱仪由于具有较快的扫描速度（≈10 次/s），应用较多，离子阱式质谱仪由于结构简单价格较低，近些年发展更快。

GC/MS 的应用十分广泛，从环境污染分析、食品香味分析鉴定到医疗诊断、药物代谢研究等，而且 GC/MS 是国际奥林匹克委员会进行药检的有力工具之一。气相色谱仪分离样品中的各组分，发挥样品制备的作用。接口把气相色谱流出的各组分送入质谱仪进行检测，发挥气相色谱和质谱之间适配器的作用，由于接口技术的不断发展，接口在形式上越来越小，也越来越简单。质谱仪对接口依次引入的各组分进行分析，成为气相色谱仪的检测器。计算机系统交互式地控制气相色谱、接口和质谱仪，进行数据采集和处理，是 GC/MS 的中央控制单元。本实验使用的质谱检测器采用电子电离源（EI），它的灯丝能发射出能量为 70 eV 的电子束。从毛细管色谱柱流出的气体样品进入检测器后，被电子电离，生成的分子碎片经加速器加速后进入四极杆质量分析器进行分析。本实验分离分析的是苯、甲苯、二甲苯的混合物，溶剂选用甲醇。

三、实验仪器和试剂

实验仪器：Agilent 5973N GC/MS 仪、移液枪（0~5 mL）、针式过滤器（有机相）

实验试剂：苯、甲某、二甲苯（AR）、甲醇（色谱纯）

四、实验步骤

①以甲醇为溶剂，配制合适浓度的苯、甲苯、二甲苯混合溶液；本实验中它们和甲醇的物质的量比都是 1∶500。

②使用 0. 22 μm 的有机相微孔膜过滤器将混合溶液过滤至样品瓶中。

③设定好 GC/MS 操作参数后，可进样分析。温度设置进样口：140℃；质谱离子源：230℃；色质传输线：250℃；质谱四极杆：150℃；载气流量：N_2，0. 5 mL · min^{-1}；进样量：5 μL；分流比：20 ∶ 1。设置样品信息及数据文件保存路径后，按下“Start run”键，待“Pre-run”结束，系统提示可以进样时，使用 10 μL 进样针准确吸取 5 μL 样品溶液（不能有气泡）。将进样针插入进样口底部，快速推出溶液并迅速按下色谱仪操作面板上的“Start”按钮，分析开始。

④对得到的总离子流色谱图（TIC），在不同保留时间处双击鼠标右键得相应的质谱图，在质谱库中检索后，根据匹配度、置信度可确定各峰的归属。

五、实验结果

①绘制样品的总离子流色谱图，给出色谱峰定性结果（含质谱检索结果、物质名称、保留时间）。

②绘制某一保留时间处苯、甲苯的质谱图，分析它们主要产生了哪些离子峰。查阅质谱电离过程中分子碎裂的机理，写出苯、甲苯可能的分子碎裂过程。

六、问题与讨论

①GC/MS 联用仪是如何得到总离子流色谱的？

②GC/MS 联用系统一般由哪几个部分组成？

参考文献

[1] 国家质量监督检验检疫总局 . GB/T 14457. 3—2008 香料　熔点测定法 [S]. 北京：中国标准出版社，2008.

[2] 国家质量监督检验检疫总局 . JJG 701—2008 熔点测定仪 [S]. 北京：中国标准出版社，2008.

[3] 国家市场监督管理总局，国家标准化管理委员会 . GB/ T 614—2021 化学试剂　折光率测定通用方法 [S]. 北京：中国标准出版社，2021.

[4] 国家质量监督检验检疫总局，国家标准化管理委员会 . GB/T 613—2007 化学试剂　比旋光本领（比旋光度）测定通用方法 [S]. 北京：中国标准出版社，2017.

[5] 国家卫生和计划生育委员会，国家食品药品监督管理总局 . GB 31640—2016 食品安全国家标准　食用酒精 [S]. 北京：中国标准出版社，2016.

[6] 王小逸，夏定国 . 化学实验研究的基本技术与方法 [M]. 北京：化学工业出版社，2011.

[7] 宋光泉 . 大学通用化学实验技术：上册 [M]. 北京：高等教育出版社，2009.

[8] 申明乐，李霞 . 基础化学实验 [M]. 沈阳：辽宁大学出版社，2019.

[9] 夏玉宇 . 化学实验室手册 [M]. 3 版 . 北京：化学工业出版社，2015.

[10] 宋光泉 . 大学通用化学实验技术：下册 [M]. 北京：高等教育出版社，2009.

[11] 何红运 . 本科化学实验 [M]. 长沙：湖南师范大学出版社，2008.

[12] 石建新，巢晖 . 无机化学实验 . [M]. 4 版 . 北京：高等教育出版社，2019.

[13] 古凤才 . 基础化学实验教程 [M]. 北京：科学出版社，2005.

[14] 北京师范大学无机化学教研室 . 无机化学实验 [M]. 3 版 . 北京：高等教育出版社，2001.

[15] 武汉大学 . 分析化学实验：上册 [M]. 5 版 . 北京：高等教育出版社，2011.

[16] 武汉大学 . 分析化学：上册 [M]. 6 版 . 北京：高等教育出版社，2016.

[17] 钟桐生，连琰，卿湘东 . 分析化学实验 [M]. 北京：北京理工大学出版社，2019.

[18] 朱明芳 . 分析化学实验 [M]. 北京：科学出版社，2016.

[19] 王淑美 . 分析化学实验 [M]. 北京：中国中医药出版社，2018.

[20] 应敏 . 分析化学实验 [M]. 杭州：浙江大学出版社，2015.

[21] 曹淑红，王玉琴 . 无机及分析化学实验 [M]. 北京：化学工业出版社，2022.

[22] 曾昭琼 . 有机化学实验 [M]. 3 版 . 北京：高等教育出版社，2006.

[23] 高占先 . 有机化学实验 [M]. 4 版 . 北京：高等教育出版社，2004.

[24] 谢文林，刘汉文 . 有机化学实验 [M]. 湘潭：湘潭大学出版社，2012.

[25] 胡春．有机化学实验［M］. 北京：中国医药科技出版社，2010.

[26] 叶宪曾，张新祥．仪器分析教程［M］. 北京：北京大学出版社，2007.

[27] 朱明华，胡坪．仪器分析［M］. 北京：高等教育出版社，2008.

[28] 中国科学技术大学化学与材料科学学院实验中心．仪器分析实验［M］. 北京：中国科学技术大学出版社，2011.

[29] 复旦大学．物理化学实验［M］.3 版．北京：高等教育出版社，2004.

[30] 蔡邦宏．物理化学实验教程［M］.2 版．南京：南京大学出版社，2016.

[31] 中国标准出版社第五编辑室．化学实验室常用标准汇编：下册［M］.3 版．北京：中国标准出版社，2015.

[32] 北京大学化学学院物理化学实验教学组．物理化学实验［M］.4 版．北京：北京大学出版社，2002.

附录一　常用元素的元素符号及其相对原子质量

常用元素的元素符号及其相对原子质量

元素名称	元素符号	相对原子质量	元素名称	元素符号	相对原子质量
银	Ag	107.868	锂	Li	6.941
铝	Al	26.9815	镁	Mg	24.305
溴	Br	79.904	锰	Mn	54.938
钡	Ba	137.34	钼	Mo	95.94
钙	Ca	40.08	镍	Ni	58.71
碳	C	12.011	氮	N	14.0067
氯	Cl	35.453	钠	Na	22.9898
铬	Cr	51.996	氧	O	15.9994
钴	Co	58.9332	钴	Pb	207.20
铜	Cu	63.546	钯	Pd	106.4
铁	Fe	55.847	磷	P	30.9738
氟	F	18.9984	铂	Pt	195.09
氢	H	1.008	硅	Si	28.086
汞	Hg	200.59	硫	S	32.06
碘	I	126.9045	锡	Sn	118.69
钾	K	39.102	锌	Zn	65.37

附录二　市售酸碱试剂的浓度及比重

市售酸碱试剂的浓度及比重

试剂	比重	摩尔浓度/($mol \cdot L^{-1}$)	质量分数/%
冰醋酸	1.05	17.4	99.7
氨水	0.90	14.8	28.0
苯胺	1.022	11.0	—
盐酸	1.19	11.9	36.5
氢氟酸	1.14	27.4	48.0
硝酸	1.42	15.8	70.0
高氯酸	1.67	11.6	70.0
磷酸	1.69	14.6	85.0
硫酸	1.84	17.8	95.0
三乙醇胺	1.124	7.5	—
浓氢氧化钠	1.44	14.4	40
饱和氢氧化钠	1.539	20.07	—

附录三　常用指示剂

（1）酸碱指示剂

指示剂	变色范围 pH	颜色变化	pK_{HIn}	浓度
百里酚蓝	1.2~2.8	红~黄	1.65	0.1%的20%乙醇溶液
甲基黄	2.9~4.0	红~黄	3.25	0.1%的90%乙醇溶液
甲基橙	3.1~4.4	红~黄	3.45	0.1%的水溶液
溴酚蓝	3.0~4.6	黄~紫	4.1	0.1%的20%乙醇溶液或其钠盐水溶液
溴甲酚绿	4.0~5.6	黄~蓝	4.9	0.1%的20%乙醇溶液或其钠盐水溶液
甲基红	4.4~6.2	红~黄	5.0	0.1%的60%乙醇溶液或其钠盐水溶液
溴百里酚蓝	6.2~7.6	黄~蓝	7.3	0.1%的20%乙醇溶液或其钠盐水溶液
中性红	6.8~8.0	红~黄橙	7.4	0.1%的60%乙醇溶液
苯酚红	6.8~8.4	黄~红	8.0	0.1%的60%乙醇溶液或其钠盐水溶液
酚酞	8.0~10.0	无~红	9.1	0.2%的90%乙醇溶液
百里酚蓝	8.0~9.6	黄~蓝	8.9	0.1%的20%乙醇溶液
百里酚酞	9.4~10.6	无~蓝	10.0	0.1%的90%乙醇溶液

（2）混合指示剂

指示剂溶液的组成	变色时pH值	颜色		备注
		酸色	碱色	
一份0.1%甲基黄乙醇溶液 一份0.1%次甲基蓝乙醇溶液	3.25	蓝紫	绿	pH=3.2　蓝紫色 pH=3.4　绿色
一份0.1%甲基橙水溶液 一份0.25%靛蓝二磺酸水溶液	4.1	紫	黄绿	
一份0.1%溴甲酚绿钠盐水溶液 一份0.2%甲基橙水溶液	4.3	橙	蓝绿	pH=3.5　黄色 pH=4.05　绿色 pH=4.3　蓝绿色
三份0.1%溴甲酚绿乙醇溶液 一份0.2%甲基红乙醇溶液	5.1	酒红	绿	
一份0.1%溴甲酚绿钠盐水溶液 一份0.1%氯酚红钠盐水溶液	6.1	黄绿	蓝绿	pH=5.4　蓝绿色 pH=5.8　蓝色 pH=6.0　蓝带紫 pH=6.2　蓝紫色

续表

指示剂溶液的组成	变色时pH值	颜色		备注
		酸色	碱色	
一份0.1%中性红乙醇溶液 一份0.1%次甲基蓝乙醇溶液	7.0	蓝紫	绿	pH=7.0　紫蓝
一份0.1%甲酚红钠盐水溶液 三份0.1%百里酚蓝钠盐水溶液	8.3	黄	紫	pH=8.2　玫瑰红 pH=8.4　清晰的紫色
一份0.1%百里酚蓝50%乙醇溶液 三份0.1%酚酞50%乙醇溶液	9.0	黄	紫	从黄到绿，再到紫
一份0.1%酚酞乙醇溶液 一份0.1%百里酚酞乙醇溶液	9.9	无	紫	pH=9.6　玫瑰红 pH=10　紫色
二份0.1%百里酚酞乙醇溶液 一份0.1%茜素黄R乙醇溶液	10.2	黄	紫	

（3）配位滴定指示剂

名称	配制	用于测定		
		元素	颜色变化	测定条件
酸性铬蓝K	0.1%乙醇溶液	Ca Mg	红~蓝 红~蓝	pH=12 pH=10（氨性缓冲溶液）
钙指示剂	与NaCl配成1：100的固体混合物	Ca	酒红~蓝	pH>12（KOH或NaOH）
铬天青S	0.4%水溶液	Al Cu Fe（II） Mg	紫~黄橙 蓝紫~黄 蓝~橙 红~黄	pH=4（醋酸缓冲溶液），热 pH=6~6.5（醋酸缓冲溶液） pH=2~3 pH=10~11（氨性缓冲溶液）
双硫腙	0.03%乙醇溶液	Zn	红~绿紫	pH=4.5，50%乙醇溶液
铬黑T	与NaCl配成1：100的固体混合物	Al Bi Ca Cd Mg Mn Ni Pb Zn	 蓝~红 蓝~红 红~蓝 红~蓝红~蓝 红~蓝红~蓝 红~蓝 红~蓝	pH=7~8，吡啶存在下，以Zn^{2+}离子回滴 pH=9~10，以Zn^{2+}离子回滴 pH=10，加入EDTA-Mg pH=10（氨性缓冲溶液） pH=10（氨性缓冲溶液） 氨性缓冲溶液，加羟胺 氨性缓冲溶液 氨性缓冲溶液，加酒石酸钾 pH=6.8~10（氨性缓冲溶液）

续表

名称	配制	用于测定		
		元素	颜色变化	测定条件
紫脲酸胺	与 NaCl 配成 1∶100 的固体混合物	Ca Co Cu Ni	红~紫 黄~紫 黄~紫 黄~紫红	pH>10（NaOH），25%乙醇 pH=8~10（氨性缓冲溶液） pH=7~8（氨性缓冲溶液） pH=8.5~11.5（氨性缓冲溶液）
PAN	0.1%乙醇（或甲醇）溶液	Cd Co Cu Zn	红~黄 黄~红 紫~黄 红~黄 粉红~黄	pH=6（醋酸缓冲溶液） 醋酸缓冲溶液，70~80℃，以 Cu^{2+} 离子回滴 pH=10（氨性缓冲溶液） pH=6（醋酸缓冲溶液） pH=5~7（醋酸缓冲溶液）
PAR	0.05%或 0.2%水溶液	Bi Cu Pb	红~黄 红~黄（绿） 红~黄	pH=1~2（HNO_3） pH=5~11（六亚甲基四胺，氨性缓冲溶液） 六亚甲基四胺或氨性缓冲溶液
邻苯二酚紫	0.1%水溶液	Cd Co Cu Fe（Ⅱ） Mg Mn Pb Zn	蓝~红紫 蓝~红紫 蓝~黄绿 黄绿~蓝 蓝~红紫 蓝~红紫 蓝~黄 蓝~红紫	pH=10（氨性缓冲溶液） pH=8~9（氨性缓冲溶液） pH=6~7，吡啶溶液 pH=6~7，吡啶存在下，以 Cu^{2+} 离子回滴 pH=10（氨性缓冲溶液） pH=9（氨性缓冲溶液），加羟胺 pH=5.5（六亚次甲基四胺） pH=10（氨性缓冲溶液）
磺基水杨酸	1%~2%水溶液	Fe（Ⅱ）	红紫~黄	pH=1.5~2
试钛灵	2%水溶液	Fe（Ⅱ）	蓝~黄	pH=2~3（醋酸热溶液）
二甲酚橙 XO	0.5%乙醇（或水）溶液	Bi Cd Pb Th（Ⅳ） Zn	红~黄 粉红~黄 红紫~黄 红~黄 红~黄	pH=1~2（HNO_3） pH=5~6（六亚甲基四胺） pH=5~6（醋酸缓冲溶液） pH=1.6~3.5（HNO_3） pH=5~6（醋酸缓冲溶液）

（4）氧化还原指示剂

名称	氧化型颜色	还原型颜色	E_{ind}/V	浓度
二苯胺	紫	无色	+0.76	1%浓硫酸溶液
二苯胺磺酸钠	紫红	无色	+0.84	0.2%水溶液
亚甲基蓝	蓝	无色	+0.532	0.1%水溶液

续表

名称	氧化型颜色	还原型颜色	E_{ind}/V	浓度
中性红	红	无色	+0.24	0.1%乙醇溶液
喹啉黄	无色	黄	—	0.1%水溶液
淀粉	蓝	无色	+0.53	0.1%水溶液
孔雀绿	棕	蓝	—	0.05%水溶液
劳氏紫	紫	无色	+0.06	0.1%水溶液
邻二氮菲—亚铁	浅蓝	红	+1.06	（1.485 g 邻二氮菲+0.695 g 硫酸亚铁）溶于 100ml 水
酸性绿	橘红	黄绿	+0.96	0.1%水溶液
专利蓝 V	红	黄	+0.95	0.1%水溶液

（5）吸附指示剂

名称	配制	用于测定		
		可测元素（括号内为滴定剂）	颜色变化	测定条件
荧光黄	1%钠盐水溶液	Cl^-、Br^-、I^-、SCN^-（Ag^+）	黄绿～粉红	中性或弱碱性
二氯荧光黄	1%钠盐水溶液	Cl^-、Br^-、I^-（Ag^+）	黄绿～粉红	pH=4.4～7
四溴荧光黄（暗红）	1%钠盐水溶液	Br^-、I^-（Ag^+）	橙红～红紫	pH=1～2
溴酚蓝	0.1%的 20%乙醇溶液	Cl^-、I^-（Ag^+）	黄绿～蓝	微酸性
二氯四碘荧光黄		I^-（Ag^+）	红～紫红	加入（$(NH_4)_2CO_3$，且有 Cl^- 存在
罗丹明 6G		Ag^+、（Br^-）	橙红～红紫	0.3 $mol \cdot L^{-1}$ HNO_3
二苯胺		Cl^-、Br^-、I^-、SCN^-（Ag^+）	紫～绿	有 I_2 或 VO_3^- 存在
酚藏花红		Cl^-、Br^-（Ag^+）	红～蓝	

附录四 常用基准物质的干燥条件和应用

常用基准物质的干燥条件和应用

基准物质		干燥后的组成	干燥条件	标定对象
名称	分子式			
碳酸氢钠	$NaHCO_3$	Na_2CO_3	270～300℃	酸
碳酸钠	$Na_2CO_3 \cdot 10H_2O$	Na_2CO_3	270～300℃	酸
硼砂	$Na_2B_4O_7 \cdot 10H_2O$	$Na_2B_4O_7 \cdot 10H_2O$	放在含 NaCl 和蔗糖饱和液的干燥器中	酸
碳酸氢钾	$KHCO_3$	K_2CO_3	270～300℃	酸
草酸	$H_2C_2O_4 \cdot 2H_2O$	$H_2C_2O_4 \cdot 2H_2O$	室温空气干燥	碱或 $KMnO_4$
邻苯二甲酸氢钾	$KHC_8H_4O_4$	$KHC_8H_4O_4$	110～120℃	碱
重铬酸钾	$K_2Cr_2O_7$	$K_2Cr_2O_7$	140～150℃	还原剂
溴酸钾	$KBrO_3$	$KBrO_3$	130℃	还原剂
碘酸钾	KIO_3	KIO_3	130℃	还原剂
铜	Cu	Cu	室温干燥器中保存	还原剂
三氧化二砷	As_2O_3	As_2O_3	室温干燥器中保存	氧化剂
草酸钠	$Na_2C_2O_4$	$Na_2C_2O_4$	130℃	氧化剂
碳酸钙	$CaCO_3$	$CaCO_3$	110℃	EDTA
硝酸铅	$Pb(NO_3)_2$	$Pb(NO_3)_2$	室温干燥器中保存	EDTA
氧化锌	ZnO	ZnO	900～1000℃	EDTA
锌	Zn	Zn	室温干燥器中保存	EDTA
氯化钠	NaCl	NaCl	500～600℃	$AgNO_3$
氯化钾	KCl	KCl	500～600℃	$AgNO_3$
硝酸银	$AgNO_3$	$AgNO_3$	220～250℃	氯化物

附录五 常用有机化合物的物理常数

常用有机化合物的物理常数

化合物	熔点/℃	沸点/℃	密度/(g·cm^{-3})	折光率（n_D^{20}）
甲醛	-92	-21	0.815	—
甲酸	8.4	100.7	1.220	1.3714
甲醇	-93.9	64.96	0.7914	1.3288
甲苯	-95	110.6	0.8669	1.4961
甲酰胺	3	211	1.133	1.4475
乙醇	-117.3	78.5	0.7893	1.3611
乙烯	-169.15，-181（凝固）	-103.71	1.260	1.363（-100℃）
乙炔	-80.8	-84.0（升华）	0.6208	1.00051
乙醛	-121	20.8	0.7834	1.3316
乙醚	-117	34.51	0.71378	1.3526
乙腈	-44	82	0.7875	1.3460
乙酸	16.604	118	1.0492	1.3716
乙酸乙酯	-84	77.06	0.9003	1.3724
乙二胺	8.5	116.5	0.8995	1.4568
乙二醇	-15.6	197	1.1088	1.4318
乙二醛	15	51	1.14	1.3828
乙二酸	189.5	157	1.900	—
乙烯酮	-151	-56	—	—
乙酰水杨酸	135	—	—	—
乙酰苯胺	114.3	304	1.2190（15℃）	—
乙酰氯	-112	50.9	1.1051	1.38976
丙酮	-93.35	56.2	0.7899	1.3588
丙酸	-20.8	140.99	0.9930	1.3869
丙三醇	20	290 分解	1.2616	1.4746
异丙醇	-89.5	82.4	0.7855	1.3766
丁醇	89.53	117.25	0.8098	1.3993
异丁醇	-108	108	0.7982	1.3939
仲丁醇	-114.7	99.5	0.8063	1.3978

续表

化合物	熔点/℃	沸点/℃	密度/(g·cm^{-3})	折光率（n_D^{20}）
叔丁醇	25.5	82.2	0.7887	1.3878
戊烷	−130	36	0.63	—
异戊醇	−117.2	128.5	0.8092	1.4053
己烷	−95	68.95	0.6603	1.37506
己酸	—	205.4	0.9274	1.4163
己醇	−46.7	158	0.8136	1.4078
二氯乙烷	−95	40	1.3255	1.4246
二甲胺	−93	7.4	0.6804	1.350（17℃）
二乙胺	−50	56	0.707	1.3864
二甲基亚砜	18.5	189	1.0954	1.4783
N，*N*−二甲基苯胺	2.45	194.15	0.9557	1.5582
N，*N*−二甲基甲酰胺	−60	152	0.9487	1.4305
N，*N*−二甲基乙酰胺	−20	166	0.937	1.4384
1，2−二溴乙烷	9.79	131.36	2.1792	1.5387
1，2−二氯乙烷	−36	83.9	1.253	1.4448
1，4−二氧六烷	12	101.5	1.0337	1.4224
1，2−二甲氧基乙烷	−68	85	0.863	1.3796
三乙胺	−115	90	0.726	1.4010
三氯乙烯	−86	87	1.465	1.4767
三氟乙酸	−15	72	1.489	1.2850
2，2，2−三氟乙醇	−44	77	1.384	1.2910
四氢呋喃	−109	67	0.8892	1.4050
六甲基膦酰胺	7	235	1.027	1.4588
硝基甲烷	−28	101	1.137	1.3817
氯乙烯	−153.8	−13.37	0.9106	1.3700
氯乙烷	−138.7	12.37	0.8978	1.3673
苯乙烯	−30.63	145.2	0.9060	1.5468
苯乙酮	20.5	202	1.0281	1.53718
环己烷	6.55	80.74	0.77855	1.42662
环己酮	−16.4	155.65	0.9478	1.4507
环己醇	25.15	161.1	0.9624	1.4641
氯仿	−64	61.7	1.4832	1.4455
苯	5.5	80.1	0.87865	1.5011
苯胺	−6.3	184.13	1.02173	1.5863

续表

化合物	熔点/℃	沸点/℃	密度/(g·cm^{-3})	折光率（n_D^{20}）
氯苯	-46	132	1.106	1.5248
溴苯	-31	156	1.495	1.5580
硝基苯	5.7	210.8	1.2037	1.5562
吡啶	-42	115.5	0.9819	1.5095
呋喃	-85.65	31.36	0.9514	1.4214
甘油	20	290	1.2613	1.4746

附录六　物理化学实验常用数据表

（1）不同温度下水的饱和蒸气压

温度/℃	蒸汽压/Pa	温度/℃	蒸汽压/Pa	温度/℃	蒸汽压/Pa
0	601.5	35	5622.9	70	31176
5	872.3	40	7375.9	75	38563
10	1227.8	45	9583.2	80	47373
15	1704.9	50	12334	85	57815
20	2337.8	55	15752	90	70117
25	3167.2	60	19932	95	84529
30	4242.9	65	25022	100	101325

（2）常见有机物的蒸气压

名称	$\lg p=A-B/(t+C)$，p（mmHg），t（℃）			$\ln p=b-M/T$，p（Pa），T（K）	
	A	B	C	M	b
乙醇	8.3211	1718.1	237.52	2190.37	14.8405
乙酸乙酯	7.1018	1244.95	217.88	1829.92	13.8396
环己烷	6.8413	1201.53	222.65	1693.34	13.3974
氯仿	6.4934	929.44	196.03	1779.47	13.9681
苯	6.9057	1211.03	220.79	1724.91	13.4892

（3）不同温度下水的折光率

温度/℃	折光率 n_D	温度/℃	折光率 n_D	温度/℃	折光率 n_D
10	1.33370	17	1.33324	24	1.33263
11	1.33365	18	1.33316	25	1.33252
12	1.33359	18	1.33307	26	1.33242
13	1.33352	20	1.33299	27	1.33231
14	1.33346	21	1.33290	28	1.33219
15	1.33339	22	1.33281	29	1.33208
16	1.33331	23	1.33272	30	1.33196

（4）不同温度下不同浓度 KCl 溶液的电导率

温度/℃	$\kappa/(S \cdot cm^{-1})$	
	$0.01\ mol \cdot L^{-1}$	$0.02\ mol \cdot L^{-1}$
15	0.001147	0.002243
16	0.001173	0.002294
17	0.001199	0.002345
18	0.001225	0.002397
19	0.001251	0.002449
20	0.001278	0.002501
21	0.001305	0.002553
22	0.001332	0.002606
23	0.001359	0.002659
24	0.001386	0.002712
25	0.001413	0.002765

（5）常见离子无限稀释时的摩尔电导率（$10^{-4}\ m^2 \cdot S \cdot mol^{-1}$）

离子	0℃	18℃	25℃
H^+	240	314	350
Na^+	26	43.5	50.9
K^+	40.4	64.6	74.5
NH_4^+	40.2	64.5	74.5
OH^-	105	172	192
Cl^-	41.1	65.5	75.5
NO_3^-	40.4	61.7	40.8

附录七　部分溶剂、试剂的性质与制备纯化

附录八　小型仪器设备的使用介绍

附录九　实验报告内容书写实例